计算机系列教材

王爱华 刘锡冬 王轶凤 编著

HTML+CSS+JavaScript
网页设计实用教程

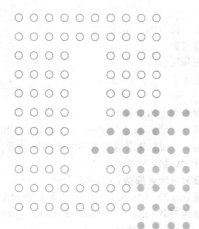

清华大学出版社

北 京

内 容 简 介

根据 Web 标准规范,目前设计网页是采用 HTML＋CSS＋JavaScript,将网页的内容、外观样式及动态效果彻底分离,从而简化页面代码,方便用户访问和使用。

作者根据多年网页制作的教学、实践经验以及学生的认知规律,精心编写了这本教材。

本书采用全新的 Web 标准,以 DHTML 技术为基础,由浅入深、完整详细地介绍了 HTML、CSS 及 JavaScript 网页制作内容,除此以外,还适当增加了部分应用较为广泛的 HTML5 元素和 CSS3 样式属性,可以使读者系统、全面地掌握网页制作技术,紧跟时代潮流。

本书内容系统、全面,例题丰富,实用性强,既可以作为应用型本科和高职院校相关专业的教材,也可作为网站开发人员的自学或参考用书。

图书在版编目(CIP)数据

HTML＋CSS＋JavaScript 网页设计实用教程/王爱华,刘锡冬,王轶凤编著. —北京:清华大学出版社,2017 (2019.7 重印)

(计算机系列教材)

ISBN 978-7-302-48049-5

Ⅰ. ①H… Ⅱ. ①王… ②刘… ③王… Ⅲ. ①超文本标记语言-程序设计-教材 ②网页制作工具-教材 ③JAVA 语言-程序设计-教材 Ⅳ. ①TP312.8 ②TP393.092

中国版本图书馆 CIP 数据核字(2017)第 201855 号

责任编辑:张　民　李　晔
封面设计:常雪影
责任校对:胡伟民
责任印制:丛怀宇

出版发行:清华大学出版社
　　　　网　　址:http://www.tup.com.cn,http://www.wqbook.com
　　　　地　　址:北京清华大学学研大厦 A 座　　　　　　邮　　编:100084
　　　　社 总 机:010-62770175　　　　　　　　　　　　邮　　购:010-62786544
　　　　投稿与读者服务:010-62776969,c-service@tup.tsinghua.edu.cn
　　　　质量反馈:010-62772015,zhiliang@tup.tsinghua.edu.cn
　　　　课件下载:http://www.tup.com.cn,010-62795954
印 装 者:涿州市京南印刷厂
经　　销:全国新华书店
开　　本:185mm×260mm　　　印　　张:21.25　　　字　　数:525 千字
版　　次:2017 年 10 月第 1 版　　　　　　　　　　印　　次:2019 年 7 月第 3 次印刷
定　　价:49.00 元

产品编号:076169-01

在"互联网+"时代,各种网站的需求越来越多,规范性标准越来越高,技术越来越先进,传统的网站制作教材从技术实现的角度来看,使用的技术比较落后;从代码结构来看,没有将页面内容和样式进行分离,导致代码过于烦琐,不便于学习者阅读。

为适应现代技术的飞速发展,帮助众多喜爱网站开发的人员学习标准的网页设计规范,提高网站的设计及编码水平,编者根据多年的教学经验和学生的认知规律,在潜心研读网站制作的前沿技术之后,由众多教师经过多次讨论、多次修改之后精心编写了这本教材。本书既可作为应用型本科、高职院校、成人继续教育的教材,也可作为网页开发人员的自学或参考用书。

本书采用全新的 Web 标准,由浅入深、系统全面地介绍了 HTML、CSS 和 JavaScript 的基本知识及常用技巧,打破传统教材独立讲解三个模块的做法,摒弃了传统 HTML 元素中大部分属性的应用,完全按照当前流行网站的设计特点,将 HTML 每种元素及针对该元素能够使用的各种样式有效整合,做到每种元素都会按照标准方式在页面中出现,让读者通过各种丰富实用的案例直接学习到最新标准下的知识,内容翔实、完整、实用。考虑到网页制作较强的实践性,本书配备了大量的页面例题和丰富的运行效果图,能够有效帮助读者理解所学习的理论知识、全面系统地掌握网页制作技术。

除此之外,本书中还适当引入了当前较为广泛应用的 HTML5 和 CSS3 中的部分知识,引领读者走向 Web 开发的更前沿。

本书在每章之后附有适量的理论与实践操作习题,并在附录中给出了习题答案,供读者巩固所学的内容。

全书共分 8 章。各章的主要内容说明如下:

第 1 章介绍 Web 服务器、网站部署与发布等与网站制作相关的基础知识,说明在 Web 服务器下页面的运行方式,并且采用简单易懂的实例和文字说明了 HTML、CSS 和 JavaScript 在页面中的功能、特点及应用方法,简单讲述了 HTML 和 XHTML 文档的结构及 HTML 中的基本语法。

第 2 章主要以页面中的段落、文本块为切入点,详细介绍 CSS 样式表在网页制作中的重要应用,包括样式表的结构、分类、样式规则、各种选择符的特点及用法,文本和颜色相关的样式属性和样式规则的优先级问题。

第 3 章围绕盒模型展开相关知识的讲解,包括盒状模型的宽度、高度、边框、填充、边距和居中、浮动和定位等布局样式属性,适当引入了 CSS3 中设置盒子的阴影、圆角边框等当前页面中广泛使用的样式。

第 4 章讲解页面设计中常用的标记元素及各种元素的相关样式,例如图像、超链接、表格、列表等,同时强调各种元素样式在不同浏览器下兼容性的标准做法。本章最后以山东商职学院网站首页的设计为案例,详细介绍了页面的布局和实现过程,并给出了全部代码帮助读者提高页面设计能力。第 5 章讲解框架、表单和页面中的媒体元素,以丰富的案例讲解交互式页面中表单的应用,并引入了 HTML5 中新增的表单输入元素,增强表单页面的功能。

第 6~8 章通过丰富实用的案例详细介绍 JavaScript 脚本语言的相关知识,包括基础语句语法、流行的事件处理方式、函数(包括匿名函数和闭包)、自定义类与对象、全局对象、系统对象、内置对象、各种 DOM 标记对象、事件对象以及样式对象。

本书由王爱华、刘锡冬、王轶凤编著,参加编写的还有朱佳、孟繁兴、曹福德。

本书虽然倾注了编者的很多努力,但是难免会存在一些错误,读者遇到错误或问题时敬请与我们联系,并诚恳欢迎提出宝贵的建议。

编者 E-mail: aihuamengru@163.com。

编者

2017 年 5 月

FOREWORD

第1章 HTML、CSS、JavaScript 基础知识和基本语法

学习目的与要求

知识点

- 了解静态网页与动态网页的基本概念
- 理解网页的工作原理
- 了解 HTML、CSS、JavaScript 在网页中的作用
- 掌握页面文档结构和基本语法
- 掌握文档头部<title>、<meta>和<link>标记的作用

难点

- 网页的工作原理
- XHTML 中的文档类型
- 文档头部<meta>标记的应用

1.1 Web 网页的基本概念

1.1.1 网页

1. Web

Web(World Wide Web)即全球广域网,也称为万维网,它是一种基于超文本和 HTTP 的、全球性的、动态交互的、跨平台的分布式图形信息系统。是建立在 Internet 上的一种网络服务,为浏览者在 Internet 上查找和浏览信息提供了图形化的、易于访问的直观界面,其中的文档及超级链接将 Internet 上的信息节点组织成一个互为关联的网状结构。

Web 的表现形式包括超文本(HyperText)、超媒体(HyperMedia)和超文本传输协议(HyperText Transfer Protocol,HTTP)。

超文本的格式有很多,目前最常使用的是超文本标记语言(Hyper Text Markup Language,HTML)及富文本格式 (Rich Text Format,RTF),我们浏览的网页上的链接都属于超文本,超文本链接是 Web 中一个非常重要的概念。

超媒体是超级媒体的简称,是超文本和多媒体在信息浏览环境下的结合。

超文本传输协议是互联网上应用最为广泛的一种网络协议。

2. 网页

打开浏览器浏览网页时,一个窗口中显示的内容就是一个页面,一个页面的组成内容可以是多样化的,通常可以包括站标 Logo、导航栏、主体内容和版权信息区,通过单击超链接可打开需要的多个页面。

请观察如图 1-1 所示的山东商业职业技术学院网站首页结构。

图 1-1　山东商业职业技术学院网站首页

Internet 采用超文本(文本、图片、声音、影视)的信息组织方式,在打开的页面上,用户不仅可以实现页面的跳转,还可以激活一段声音、显示一幅图像、播放一段视频或者动画、下载自己需要的各种文件,这些内容可以分别来自不同国家或地区的网站。

可以说"网页"就是保存在计算机中的一个 HTML 文件,是用户在浏览器中看到的一个页面的内容,所谓"网页制作"就是按 Web 标准用 HTML+CSS+JavaScript 来编写 HTML 文件,每个 HTML 文件在浏览器中都将表现为一个页面,习惯上就把这种文件叫做"网页"或者统称为"HTML 文件"或"HTML 文档"。

网页的扩展名表示了网页文件的类型,例如.htm 或.html 是用 HTML/CSS/JavaScript编写的静态网页,.asp、.jsp 或.php 则分别是用 ASP、JSP 或 PHP 编写的动态网页。

1.1.2　网站

在逻辑上可作为一个整体的若干个网页的组合就构成了一个网站,网页是构成网站的基本元素,网站的本质就是一个文件夹,在该文件夹中保存了相关联的所有网页文件及所有资源文件,设计网站就是逐个设计网页,并将它们分类保存在网站文件夹的各个子文件夹中。

网站文件夹也称为网站的根目录,一般网站目录的结构如图 1-2 所示。

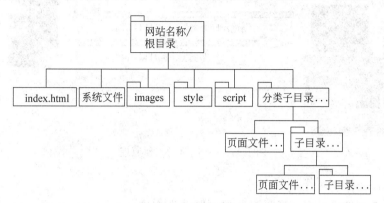

图 1-2　网站目录结构

这里,index.html 是网站中的主页文件名称,主页文件在网站中是不可或缺的,主页文件名可以根据实际需要更换,可以是一个静态页面,也可以是一个动态页面。

网站文件夹中的子文件夹的类别及个数并不固定,可以根据实际需求来确定。一个网站中包含的页面的个数也可以根据实际需求来增加或者减少。

1.2　静态网页工作原理与制作工具

1.2.1　静态网页的工作原理

静态网页部署在服务器端,服务器收到客户请求后需要将整个页面的内容全部下载到客户机器上由客户端浏览器运行。

静态网页最大的特点是,网页中显示的内容通常不会因人、因时的不同而不同,即任何人在任何时候来看页面时,内容都是一样的。

当用户在浏览器地址栏中输入某网站的一个静态页面地址后,该网站服务器会通过 HTTP 协议把用户指定的“网页”文件及所有相关的资源文件传输到用户计算机中,再由用户计算机的浏览器解析执行该“网页”文件,将执行结果显示在浏览器中,从而形成用户看到的页面。

强调:静态页面一定是在浏览器端执行的。

静态网页的工作原理如图 1-3 所示。

静态页面的执行需要两步来完成:

第一步,在客户端浏览器地址栏输入 URL,向服务器发出 HTTP 请求;

第二步,服务器发回 HTTP 响应,将用户请求页面的所有代码及资源文件都返回给浏览器,浏览器解释执行之后,可看到页面效果。

所以,我们访问的静态页面,在浏览器端查看源文件时,能够查看到文件的所有代码,

图 1-3　静态网页的工作原理

不具有任何保密性。

　　虽然静态文件可以直接通过浏览器预览或者在文件夹中双击运行，但是本书统一采取规范化做法，所有的页面文件都通过 Web 服务器的方式来运行。

1.2.2　运行 Web 服务器中的页面

1. 使用 Apache 搭建 Web 服务器

　　提供的 Apache 软件：httpd-2.2.17-win32-x86-no_ssl.msi。

　　Apache 默认安装到 C:\Program Files\Apache Software Fundation\Apache2.2\目录下（说明：不同版本的软件、不同的操作系统环境，默认的安装目录不完全相同，但一定都是在系统盘符下面），但是因为在安装目录下的 htdocs 文件夹是 Apache 默认的主目录，即创建的页面文件都必须放在该文件夹中才能在 Apache 服务器环境下运行，所以建议大家安装 Apache 之前，在某个工作盘符下创建 apache 文件夹，在安装过程中选择这个文件夹作为安装目录，以避免将各种页面文件及相关的素材文件都放在系统盘符下面。当然，也可以选择将 Apache 安装在系统盘符下，后期将某个工作盘符下的文件夹更改为主目录的做法。

　　安装步骤如下：

　　双击运行上述 Apache 软件之后，得到如图 1-4 所示的欢迎界面。

　　在图 1-4 中单击 Next 按钮，得到如图 1-5 所示的许可协议界面。

　　选中图 1-5 中的 I accept the terms in the license agreement 单选按钮，接受相关的协议规定，单击 Next 按钮得到如图 1-6 所示界面。

　　单击 Next 按钮，得到如图 1-7 所示的服务器信息界面。

　　在如图 1-7 所示界面的三个文本框中按照图示内容的格式分别输入服务器所使用的域名、服务器主机的名称和服务器管理员的邮件地址等内容，之后选定图中选择的单选按钮，该选项的意思是"对所有用户有效、运行在 80 端口下，作为 Windows 的一个服务在开机时自动启动"，单击 Next 按钮，得到如图 1-8 所示安装类型界面。

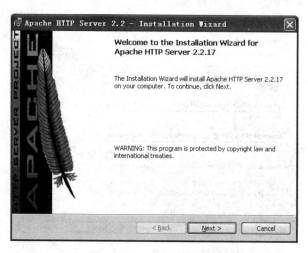

图 1-4　Apache 服务器安装第一步

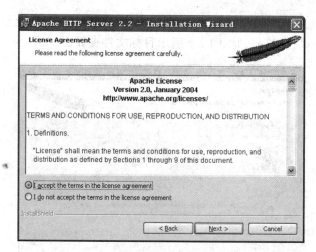

图 1-5　Apache 服务器安装第二步

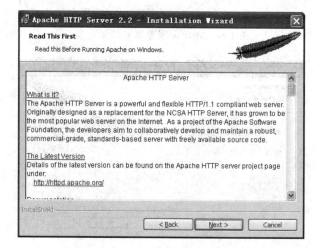

图 1-6　Apache 服务器安装第三步

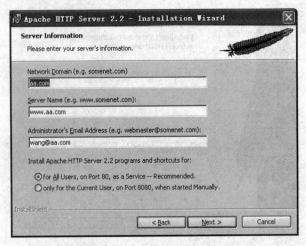

图 1-7　Apache 服务器安装第四步

　　图 1-8 中 Typical 表示典型安装、Custom 表示用户自定义安装，这里选中典型安装的单选按钮，单击 Next 按钮，得到如图 1-9 所示目标文件夹界面。

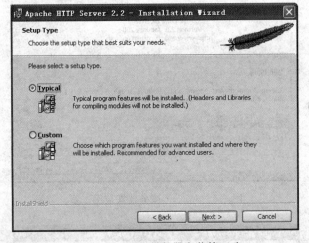

图 1-8　Apache 服务器安装第五步

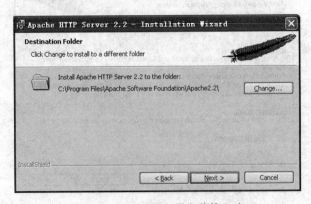

图 1-9　Apache 服务器安装第六步

在如图 1-9 所示的界面中，单击 Change 按钮，可以更换 Apache 软件的安装路径。此处选择在安装之前创建的 apache 文件夹为安装位置。更换路径之后单击 Next 按钮得到如图 1-10 所示的准备安装界面。

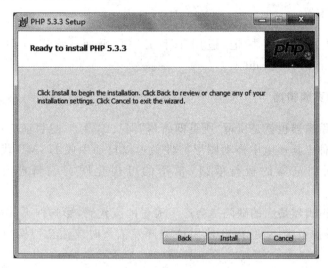

图 1-10　Apache 服务器安装第七步

单击图 1-10 中的 Install 按钮开始安装，在安装过程中系统会弹出几个窗口显示一些信息，这些窗口都会自动关闭，无须处理，等到系统完成安装过程即可。

2. Apache 服务器的主目录及主目录下文件的运行方式

主目录是服务器的默认站点在服务器上的存放位置，每个服务器中都要存在主目录。

安装 Apache 服务器之后，网站的主目录默认为安装目录下的 htdocs 文件夹，放在该文件夹中的任何页面文件都可以通过 http://localhost/文件名或者 http://127.0.0.1/文件名的方式来运行，这里可以将 localhost 看作是到主目录 htdocs 的映射，若是在 htdocs 文件夹下面存在子文件夹，那么在浏览器中运行的时候，在 localhost 后面增加子文件夹名称即可找到并运行子文件夹内部的页面文件。

例如，若是在 htdocs 文件夹下存在文件 page1.html，则可以在浏览器地址栏中输入 http://localhost/page1.html 来运行该文件。

再如，若是 htdocs 文件夹下包含子文件夹 exam，在该文件夹中存在文件 exam.html，则可以在地址栏中输入 http://localhost/exam/exam.html 来运行该文件。

Apache 服务器的主目录可以根据用户需要进行修改，修改的方法如下：

打开 apache 安装目录子目录 conf 中的配置文件 httpd.conf，搜索到 DocumentRoot "E:/apache/htdocs"（编者使用的环境），使用自己需要的路径更换原来的 E:/apache/htdocs 路径即可。

说明：本书所有示例都保存在默认主目录 htdocs 子文件 example 下面，然后分章节定义了文件夹 chap01、chap02 等，存放各自的示例，因此所有示例运行效果图示中浏览器地址栏都是 localhost/example/chap0n/…

1.2.3 静态网页制作工具

1. HTML 编辑器

可以自动生成成对的标记，适用于手工编写页面。常用的 HTML 编辑器有 HomeSite、Hotdog Pro、BBEdit 等。

2. 可视化网页编辑器

可视化网页编辑器也就是所谓"所见即所得"网页编辑器，是目前应用最广泛的网页制作工具。在这种工具环境中拖动图形控件就可以自动生成 HTML 代码，并能在编辑页面时直接看到浏览器的运行效果，常用的可视化网页编辑器有 Dreamweaver、FrontPage 等。

可视化网页编辑器最大的缺陷是会产生大量的废代码，影响网页的可读性和传输速度，更为日后的维护带来不便，因此使用这类开发工具时应注意切换视图，及时删除废代码。

本书采用在 Dreamweaver 代码视图下编写页面代码，使读者能专心学习并掌握 HTML、CSS、JavaScript 的相关知识。

1.3 HTML、CSS、JavaScript 简介

Web 标准目前流行的设计方式就是采用 HTML（XHTML）+CSS+JavaScript 将网页的内容、表现和行为分离。HTML、CSS、JavaScript 都是跨平台与操作系统无关的，只依赖于浏览器，目前所有浏览器都支持 HTML、CSS 与 JavaScript。

HTML 语言部分用于在页面上添加各种元素，例如，文本、图片、链接、列表、表格、表单、框架、各种媒体文件等，是制作网页的最基本的知识；

CSS 样式用于美化所制作的网页，包括设计页面元素的格式（例如，文本的字号、颜色、对齐方式）、各种元素在页面中的排列布局（例如，横向排列、纵向排列）等；

JavaScript 则用于在页面中增加各种特效设计，使所设计的页面更加活泼，从而吸引用户注意力，例如，图片的轮换效果、漂浮的广告效果等。

1.3.1 HTML 超文本标记语言

1. HTML

HTML 的全称是超文本标记语言（HyperText Markup Language），是表示网页的一种规范或标准，通过标记符描述页面显示的文本、图片、声音和视频动画等各种元素。

所谓超文本，主要是指它的超链接功能，通过超链接将图片、声音和影视及其他网页或其他网站链接起来，构成内容丰富的 Web 页面。

HTML 是最早使用的超文本标记语言，HTML 的发展经历了 HTML1.0、2.0、3.0、4.0、4.01 和 5 的版本，在发展的过程中，尤其是从 HTML 4.0 开始淘汰了很多标记和属性，本书中对这些标记和属性不再赘述，只介绍那些常用的标记以及与这些标记对应的 CSS 样式。

2. XHTML

XHTML(eXtensible HyperText Markup Language)即可扩展超文本标记语言，表现方式与超文本标记语言(HTML)类似，但是语法要求上更加严格。目前推荐使用的版本是 W3C 于 2000 年发布的 XHTML 1.0 或 XHTML 1.1，其功能与 HTML 4.0 对应。

本书将完全采用 XHTML 标准方式来介绍那些必须使用的 HTML 标记。

【例 h1-1. html】 采用 XHTML 过渡型标准的第一个 HTML 页面。

```
<!DOCTYPE html PUBLIC "-//W3C//DTD XHTML 1.0 Transitional//EN"
          "http://www.w3.org/TR/xhtml1/DTD/xhtml1-transitional.dtd" >
<html  xmlns="http://www.w3.org/1999/xhtml" >
<head>
    <title>第一个 HTML 页面</title>
</head>
<body>
    <h2 style="text-align:center; color:blue" >这是 HTML 页面</h2>
    <hr />
    <p style="color:red">我们在学习 HTML+CSS+JavaScript。</p>
</body>
</html>
```

页面运行效果如图 1-11 所示。

图 1-11　HTML 页面的运行效果

代码说明：

在例 h1-1. html 中，＜…＞被称为标记，例如＜head＞、＜body＞、＜hr＞等都是 HTML 中的标记；

起始的＜!DOCTYPE…＞指定使用的是 XHTML 标准中的 transitional 过渡型标准；

＜h2＞标记生成页面内容标题，读者可以自行尝试＜h1＞～＜h6＞的使用效果；

<hr />标记在页面中生成一条水平线；

<p>标记生成页面中的段落；

在标记<h2>和<p>中使用了 style 属性定义了属于标记的样式效果；

"text—align:center;"设置文本的对齐效果为居中，"color:blue|red;"设置文本颜色为蓝色或者红色。

1.3.2　CSS 层叠样式表

CSS(Cascading Style Sheets)即层叠样式表，用于设置 HTML 页面中各种元素的外观效果或布局排列方式，例如，文本的字体、字号和对齐方式，图片的排列、边框的样式、表格的背景等。

Web 标准中 XHTML 标记只与文档结构内容有关而与表现无关，应最大限度地使用 CSS 表现布局与外观样式。因此目前网页设计模式都仅用 XHTML 编写网页内容，所有版面布局及文本或图片的外观都用 CSS 指定。

采用 CSS 实现了页面内容结构与外观表现的彻底分离，可以按自己喜欢的样式专注于页面外观的设计，使页面样式更丰富，而且易于维护（改变样式时只需修改 CSS）、可移植、可通用。配合 JavaScript 还可实现样式的动态更新（如鼠标滑过时自动改变样式）。

CSS 可直接写入 HTML 文件，也可单独创建.css 外部文件。

【例 h1-2. html】　XHTML+CSS 采用外部独立 CSS 文件的第一个 HTML 页面。

(1) 创建独立的 c1—2. css 文件，包含下面代码：

```
h2     { color:blue; text-align:center; }
p      { color:red; }
```

(2) 在 c1-2. css 同一目录中创建 h1—2. html 页面文件。

```
<!DOCTYPE html PUBLIC "-//W3C//DTD XHTML 1.0 Transitional//EN"
         "http://www.w3.org/TR/xhtml1/DTD/xhtml1-transitional.dtd" >
<html xmlns="http://www.w3.org/1999/xhtml" >
<head>
    <title>这是 HTML 页面</title>
    <link type="text/css" rel="stylesheet" href="c1-2.css" />
</head>
<body>
    <h2>这是 HTML 页面</h2>
    <hr />
    <p>我们在学习 HTML+CSS+JavaScript。</p>
</body>
</html>
```

本例用外部 CSS 文件将 HTML 页面内容与表现样式完全分离，使网页代码简洁。运行效果与图 1-11 完全相同。

代码说明：在例 h1-2. html 中，<link>标记用于关联外部样式文件，使用 href 属性设置 c1-2. css 文件中的样式在页面中起作用。

请读者做如下尝试：

(1) 修改 c1-2. css 中"color:red;"为"color:green;"，刷新页面观察效果；

(2) 在 h1-2. html 中</body>标记前面增加代码"<p>这是新增加的段落</p>"，刷新页面观察效果。

思考问题：上面运行效果的变化说明了什么问题？

1.3.3 JavaScript 脚本语言

JavaScript 是一种只拥有简单语法的脚本语言，可以开发客户端浏览器的动态应用程序。目前推荐使用的版本是欧洲计算机制造商协会（ECMA）的 ECMAScript 262 标准，目前流行使用的 JavaScript、JScript 可认为是 ECMAScript 的扩展。

HTML 与 CSS 配合只能实现静态页面，提供固定信息与外观，而配合使用 JavaScript 则可以设计出具有丰富特效的静态页面，例如，漂浮的广告、图片轮换、选项卡的选择、页面中的计算器等，都需要使用脚本代码来实现。

考虑到脚本代码的复杂性，这里暂不举例说明，将在本书后面的章节中进行详细介绍。

1.4 页面文档结构和基本语法

1.4.1 HTML 文档结构

HTML 4.0 文档以<html>标记开始，到</html>标记结束，一对<html></html>表示一个页面，也称为 HTML 文档的根标记或根元素。一个完整的页面由文档头部标记<head></head>和文档主体标记<body></body>两部分构成。

```html
<html>
<head>
    <title>文档标题</title>
    <!--文档头内容标记,设置页面参数-->
    <!--定义 CSS 样式表及 JavaScript 代码或引用外部文件-->
</head>
<body>
    <!--文档主体标记,定义页面显示的内容-->
</body>
</html>
```

1. HTML 文档头部标记<head>

文档头部标记<head>与</head>之间可以设置页面标题和页面参数相关标记、可以定义 CSS 样式表及 JavaScript 代码或引用外部样式文件或外部脚本文件。除脚本代码以外，<head>与</head>之间的标记只控制页面的性能而不会显示在网页上。

一个 HTML 文档最多拥有一对<head></head>标记。

2. HTML 文档主体标记<body>

HTML 文档主体标记<body></body>用于定义页面所要显示的内容，除使用脚本添加的特效之外，浏览器页面所显示的所有文本、图像、音频和视频等元素都必须位于<body></body>标记之间。

一个 HTML 文档最多使用一对<body></body>标记，这对标记必须在<head></head>标记之后。

3. HTML 的树形文档结构

HTML 文档结构属于树形结构，因此经常把 HTML 文档称为文档树，如图 1-12 所示。

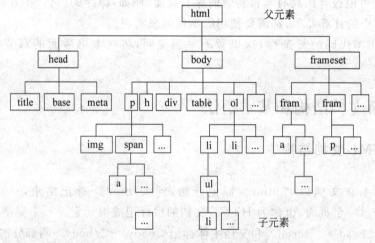

图 1-12　HTML 文档树

HTML 文档中的每个标记称为文档树的一个元素或节点，在 JavaScript 中每个标记节点都被当作一个对象。其中上层元素（外层标记）是所有下层元素（内层标记）的父元素，下层元素是所有上层元素的子元素，<html>标记是所有标记的父元素，也称为根元素。

在 JavaScript 中可通过 DOM 中的各种方法获取指定的元素或指定组合的元素。

1.4.2　HTML 基本语法

1. 标记语法

HTML 文档全部由标记构成，所有标记都是<标记名>结构，即<tag>格式。

大多数标记需要成对出现,起始标记<tag>和结束标记</tag>,称为双标记。

部分标记不需要结束标记,称为空标记或单标记,表示形式为<tag />(注意斜杠/前面空格的应用),例如
为换行标记;<hr />为水平线标记。

注意:

- 标记名与<或</之间不允许有空格;
- 开始标记可以带有属性,结束标记必须以/开头,且不能带属性;
- 在 XHTML 规范中所有双标记必须闭合;
- 单标记的标记名与"/>"之间,即"/>"之前最好留有空格,否则有些标记在某些浏览器中可能会出现解释错误。

2. 属性语法

HTML 大多数标记都具有属性,属性与标记名称之间必须使用空格间隔,多个属性的设置顺序任意。

例如,水平线标记<hr />可以具有线条粗细 size、颜色 color、长度 width 及对齐方式 align 等属性。

```
<hr size="线条粗细" align="对齐方式" width="长度" color="颜色" />
```

例如,<hr size="5" align="left" width="75%" color="red" /> 表示显示一条粗细为 5 像素、红色、左对齐显示、宽度为页面 75%(随页面宽度变化)的水平线。

任何标记的属性都有默认值,省略该属性则取默认值。

例如,<hr /> 等价于 <hr size="2" align="center" width="100%" color="black" />,表示显示一条粗细为 2 像素、黑色、居中、宽度与页面宽度相同的水平线。

注意:在 XHTML 规范中,大多数标记的属性都可以使用样式取代,只要能够使用样式的地方都不要再使用普通的属性设置。

【例 h1-3. html】 显示不同属性的水平线。

```
<!DOCTYPE html PUBLIC "-//W3C//DTD XHTML 1.0 Transitional//EN"
    "http://www.w3.org/TR/xhtml1/DTD/xhtml1-transitional.dtd">
<html xmlns="http://www.w3.org/1999/xhtml">
<head>
<meta http-equiv="Content-Type" content="text/html; charset=gb2312" />
<title>设置水平线的属性</title>
</head><body>
    <p>粗细为 5 像素、红色、居中对齐、宽度为页面 70%的水平线:
    <hr size="5" align="center" width="70%" color="red" />
    <p>粗细为 6 像素、蓝色色、右对齐、宽度为页面 50%的水平线:
    <hr size="6" align="right" width="50%" color="blue" />
    <p>默认效果的水平线:
    <hr />
</body></html>
```

文档运行效果如图 1-13 所示。

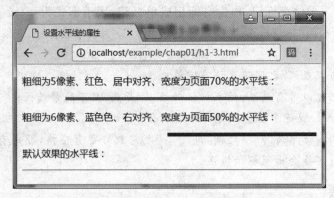

图 1-13　页面文件 h1-3.html 的运行效果

改变页面宽度时,width 为 50％的水平线会随页面的宽度变化而变化。

1.4.3　XHTML 文档结构

1. XHTML 文档结构

XHTML1.0 的文档结构如下:

```
<!DOCTYPE html PUBLIC "-//W3C//DTD XHTML 1.0 Transitional//EN"
        "http://www.w3.org/TR/xhtml1/DTD/xhtml1-transitional.dtd" >
<html   xmlns="http://www.w3.org/1999/xhtml" >
<head>
    <title>文档标题</title>
    <!--文档头内容标记,设置页面参数-->
    <!--定义 CSS 样式表及 JavaScript 代码或引用外部文件-->
</head>
<body>
    <!--文档主体内容标记,页面内容-->
</body>
</html>
```

2. 指定 XHTML 文档类型

XHTML 文档必须在开头用<!DOCTYPE>标记说明该文档是一个 XHTML 文档并指定该文档所采用的 XHTML 版本和 DTD 类型,只有这样才能让浏览器将该网页作为有效的 XHTML 文档并按指定的 DTD 类型进行解析执行。

1) 指定 Strict DTD 的严格型 XHTML 文档

```
<!DOCTYPE html PUBLIC "-//W3C//DTD XHTML 1.0 Strict//EN"
        "http://www.w3.org/TR/xhtml1/DTD/xhtml1-strict.dtd" >
```

浏览器对 Strict DTD 文档的解析比较严格，在采用该类型的 XHTML 文档中不允许使用任何表现样式的标记或属性，初学者或已有传统 HTML 基础的读者不建议使用这种类型。

其中 XHTML 1.0 及 xhtml1 指定了所用 XHTML 的版本，由于 XHTML 文档的默认类型为 Strict，所有 Strict 也可以省略。例如，XHTML1.0 版本采用 Strict DTD 可以写为：

```
<!DOCTYPE html PUBLIC "-//W3C//DTD XHTML 1.0//EN"
          "http://www.w3.org/TR/xhtml1/DTD/xhtml1.dtd" >
```

而 XHTML1.1 版本采用 Strict DTD 则可以写为：

```
<!DOCTYPE html PUBLIC "-//W3C//DTD XHTML 1.1//EN"
          "http://www.w3.org/TR/xhtml11/DTD/xhtml11.dtd" >
```

2）指定 Transitional DTD 的过渡型 XHTML 文档

```
<!DOCTYPE html PUBLIC "-//W3C//DTD XHTML 1.0 Transitional//EN"
          "http://www.w3.org/TR/xhtml1/DTD/xhtml1-transitional.dtd" >
```

浏览器对 Transitional DTD 文档的解析比较宽松，在采用该类型的 XHTML 文档中仍可以使用传统 HTML 4.0 表现样式的标记或属性，但必须符合 XHTML 语法。

本书全部采用 Transitional 过渡型 DTD 编写 XHTML 1.0 版本的文档。

1.5 页面文档头部的相关标记

文档头部的相关标记必须嵌入在＜head＞＜/head＞标记之间，用于设置页面的功能，包括页面标题及各种参数，＜head＞＜/head＞之间大部分标记内容不会显示在页面上。

1.5.1 设置页面标题＜title＞

一个网页最多使用一对＜title＞＜/title＞标记，该标记可以省略。

```
<title>[文档标题文本]</title>
```

＜title＞标记用于将指定文本显示在页面标题栏左边——作为浏览器窗口标题，省略标记文本内容则显示空白。如果省略＜title＞标记，则显示默认标题（一般为页面路径或浏览器名称版本）。

如图 1-13 中"设置水平线属性"，不同浏览器显示标题的位置也有所不同。

＜title＞标记一般不使用属性。

1.5.2 定义页面元信息＜meta /＞

在＜head＞头部中可以包含任意数量的＜meta /＞标记，用于定义该页面的相关参数信息。例如，为搜索引擎提供信息、为浏览器设置显示该页面的相关参数。

1. ＜meta name＝"键名" content＝"键值" /＞

许多搜索引擎都会根据网页 meta 标记提供的信息进行搜索，例如，按关键字、作者姓名、内容描述等进行搜索。

在＜meta /＞标记中使用 name/content 属性可为网络搜索引擎提供信息，其中 name 属性提供搜索内容名，content 属性提供对应的搜索内容值。例如：

```
<meta name="keywords" content="内容关键字 1, 关键字 2, …" />
<meta name="author" content="网页作者姓名" />
<meta name="description" content="页面描述文字" />
<meta name="others" content="其他搜索内容" />
```

2. ＜meta http-equiv＝"键名" content＝"键值" /＞

服务器向客户浏览器发送页面文件之前都会先发送一个 HTTP 头部信息，默认至少发送 content-type：text/html 键/值对通知浏览器发送的文件类型是 html 文档。

使用 http-equiv/content 属性可设置服务器发送给浏览器的 HTTP 头部信息，为浏览器显示该页面提供相关的参数。其中 http-equiv 属性提供参数类型，content 提供对应的参数值。例如：

```
<meta http-equiv="content-type" content="文档类型[;编码方式]" />    -默认 text/html
<meta http-equiv="charset" content="文档字符编码方式" />
<meta http-equiv="refresh" content="页面自动刷新秒数" />
<meta http-equiv="refresh" content="秒数;url=页面 url" />    -延时后自动转向指定页面
<meta http-equiv="expires" content="客户机器页面缓存过期时间" />
```

注意：name 属性与 http－equiv 属性不能同时在一个＜meta /＞标记中使用。

【例 h1-4. html】 设置搜索信息及浏览器参数，到 10 秒钟后自动链接到百度页面，该页面客户机器缓存过期时间设置为 2020 年 10 月 1 日 0 时。

```
<!DOCTYPE html PUBLIC "-//W3C//DTD XHTML 1.0 Transitional//EN"
          "http://www.w3.org/TR/xhtml1/DTD/xhtml1-transitional.dtd">
<html xmlns="http://www.w3.org/1999/xhtml">
<head>
    <title>设置搜索信息与浏览器参数</title>
    <meta name="keywords" content="图书,计算机,网页编程" />
    <meta http-equiv="refresh" content="10;url=http://www.baidu.com" />
    <meta http-equiv="expires" content="Mon,1 Oct 2020 00:00:00 GMT" />
</head>
<body>
    我们在学习 HTML+CSS+JavaScript。10秒钟后自动链接到百度页面。<br />
    …
</body>
```

```
</html>
```

页面初始运行效果如图 1-14 所示。10 秒钟后自动跳转到百度页面,如图 1-15 所示。

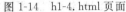

图 1-14　h1-4.html 页面

图 1-15　10 秒钟后自动连接到百度页面

在 2020 年 10 月 1 日 0 点之前再次运行该网页时,如果用户没有删除缓存文件,则浏览器直接读取客户端机器内保存的副本,而不会向 Web 服务器发送新请求。若将机器时间调整为 2020 年 10 月 1 日之后再运行该页面,客户端浏览器则会直接向 Web 服务器发送新请求以重新获得该网页信息。

思考问题:若是在 h1-4.html 页面中增加代码<meta http-equiv="refresh" content="5" />,运行页面 10 秒钟之后能否转到百度页面? 为什么?

1.5.3　引用外部文件<link />

一个页面往往需要多个外部文件配合,在<head>中使用<link />标记可引用外部文件,一个页面允许使用多个<link />标记引用多个外部文件。

<link type="目标文件类型" rel/rev="stylesheet" href="相对路径/目标文档或资源 URL"/>

href:属性指定引用外部文件的 URL。

type:属性规定目标文件类型,常用取值有 text/css、text/javascript、image/gif。

rel/rev:属性表示当前源文档与目标文档之间的关系和方向。rel 属性指定从源文档到目标文档(前向链接)的关系,而 rev 属性则指定从目标文档到源文档(逆向链接)的关系。这两种属性可以在<link>或<a>标记中同时使用。该属性的取值为:alternate 可选版本、stylesheet 外部样式表、start 第一个文档、next 下一个文档、prev 前一个文档、contents 文档目录、index 文档索引、copyright 版权信息文档、chapter 文档的章、section 文档的节、subsection 文档子段、appendix 文档附录、help 帮助文档、bookmark 相关文档、glossary 文档字词的术语表或解释、external 外部文档。

例如 h1-2.html 代码中的 <link rel="stylesheet" type="text/css" href="c1-2.css" /> 表示引用当前页面文件目录中的 c1-2.css 文件。

1.6 习题

一、填空题

1. 超文本标记语言的英文全拼是_____,英文缩写为_____。

2. XHTML 是可扩展超文本标记语言,其全称是_____。

3. CSS(Cascading Style Sheets)即层叠样式表,其功能为_____。

4. JavaScript 是一种脚本语言,其功能为_____。

5. 定义网页标题时使用的一对标记是_____。

6. 要设置一条 1 像素粗的水平线,代码是_____。

7. XHTML 文档可以使用_____、_____或_____类型的 DTD,不同类型的 XHTML 文档须使用不同的 DTD。

8. HTTP 的英文全称为_____,中文译为_____。

9. 设置运行网页 20 秒后,自动跳转到 http://www.sina.com.cn,则代码书写为_____。

10. 引用外部文件时使用的标记是_____。

二、选择题

1. html 代码的开始和结束标记是( )。

    A. 以<html>开始,以</html>结束

    B. 以<head>开始,以</head>结束

    C. 以<style>开始,以</style>结束

    D. 以<body>开始,以</body>结束

2. 下面不属于 html 标记的是( )。

    A. <html>   B. <head>   C. color   D. <body>

3. 为了标识一个 HTML 文件,应该使用的 HTML 标记是( )。

    A. <p></p>   B. <body></body>

    C. <html></html>   D. <table></table>

4. 用 HTML 标记语言编写一个简单的网页,网页最基本的结构是( )。

    A. <html><head> </head><frame> </frame></html>

    B. <html><title> </title><body> </body></html>

    C. <html><title> </title><frame> </frame></html>

    D. <html><head> </head>body> </body></html>

5. <hr color="red">表示( )。

    A. 页面的颜色是红色   B. 水平线的颜色是红色

    C. 框架颜色是红色   D. 页面顶部是红色

6. 下面描述正确的是( )。

    A. align 是水平线标记<hr />的一个属性

    B. text-align 是段落标记<p>的一个属性

    C. <hr>标记中 width 属性用于设置水平线的粗细

    D. width 属性取值只能使用百分比形式

第 2 章　CSS 样式表基础

学习目的与要求

知识点

- 理解页面中样式应用的重要性
- 掌握各种样式的概念
- 掌握常用的颜色样式取值和文本样式规则
- 掌握样式表中各种选择符的定义及应用方法
- 掌握样式规则的优先级

难点

- 样式表中各种基本选择符的特点、定义及应用
- 包含选择符的特点、定义及应用
- 相邻选择符和子对象选择符的定义及应用
- 样式优先级

2.1　CSS 中层叠的概念

CSS(Cascading Style Sheets)称为层叠式样式表,用于设置网页中文本、图像等各种元素的外观样式及版面布局。

目前流行、符合 Web 标准的网页设计模式是将页面内容和外观样式分离,也就是仅用 HTML 标记添加网页内容,而用 CSS 设计版面布局及元素的外观样式。使用 CSS 可以使页面布局定位更精确、样式更丰富,实现代码重用、易于移植,并能对网站快速动态更新,更有利于网站的设计与维护。

样式中层叠的概念包含如下几个方面:

第一,在树形结构中的子元素能够继承父元素定义的大多数样式;

第二,除了继承父元素的样式,子元素还可以多次定义自己的样式,定义时遵循的规则要从两个方面来考虑:

- 如果不发生冲突,全部样式可以按从外到内、由先到后的顺序叠加起来都有效;
- 重复定义发生冲突时依照内层优先、后定义优先的原则进行覆盖,即内层子元素样式覆盖父元素样式、后定义的样式覆盖先定义的样式。

CSS 层叠概念示例。存在如下样式代码：

```
body{font-size:16pt; color:#00f; font-family:"黑体";}
    .p1{font-size:30pt; color:#f00;}
    .p1{text-align:center;}
    .p1{color:#990066;}
```

存在如下页面主体代码：

```
<body>
    <h1>这是一级标题应用</h1>
    <p class="p1">这是第一个段落</p>
    <p>这是第二个段落</p>
</body>
```

代码说明：class="p1"，在段落中引用 p1 所定义的样式。

显示效果说明：

h1 标题的显示效果除了自身默认效果外，继承了父元素<body>标记的 16pt 字号、蓝色黑体效果；第一个段落的效果则显示为♯990066 颜色、居中对齐、30pt 字号、黑体；第二个段落显示为 16pt 字号、蓝色黑体。

具体原因请读者自己思考。

2.2　CSS 样式规则与内联 CSS 样式

2.2.1　CSS 样式规则

CSS 样式表的核心是样式规则，样式表可以由一个或多个样式规则组成。

样式规则由样式属性和属性值构成，每个样式属性都必须带有属性值，且样式属性与属性值必须以西文冒号分隔，样式规则之间以西文分号间隔（可以简单理解为样式规则以西文分号结束）。

```
样式属性:属性值;
```

例如，设置文本字号的样式属性 font-size 与冒号后的字号大小属性值 10pt 就构成了设置字号的样式规则：

```
font-size : 35pt;
```

设置颜色的样式属性 color 与属性值 red 构成设置文本颜色的样式规则：

```
color:red;
```

设置边框为红色、1 像素实线的样式规则：

```
border:1px solid red;
```

注意：

- 如果一个属性值由多个单词组成，则必须要用空格隔开；
- 样式规则中允许使用空格的地方可以包含任意多个空格或换行；
- 多个样式规则之间不论是否换行都必须用西文分号分开，最后一个样式规则后的分号可以省略（为便于增加新样式规则，建议保留最后的分号）。

2.2.2 内联 CSS 样式

设置页面内容的 CSS 样式可以使用标记内部的内联 CSS 样式、网页文件内部的内嵌样式表和引用外部独立的 .css 样式表文件三种方式，而且三种方式可以混用。

内联 CSS 样式也称为行内 CSS 样式，就是在标记内部使用 style 属性定义的样式规则：

```
<标记名 style="样式规则 1；样式规则 2；…；">
```

任何标记的 style 属性都可包含任意多个 CSS 样式规则，但这些样式规则只对该元素及其子元素有效，即这种样式代码无法共享和移植，并且导致标记内部的代码烦琐，所以一般很少使用，只在一些特定场合使用。

本书先通过内联 CSS 样式学习了解 CSS，为更好地学习 CSS 样式表打下基础。

【例 h2-1.html】 内联 CSS 样式的应用。

```
<head>
<title>内联 CSS 样式应用</title>
</head>
<body style="font-size:20pt; font-family:黑体; color:green;">
    <p>该段落继承了 body 设置的样式效果</p>
    <p style="color:red;">
        该段落覆盖了<span style="color:black">body 标记</span>默认的颜色</p>
    <p style="font-size:24pt; font-family:新宋体; text-align:center;">
```

该段落继承了 body 标记设置的绿色，覆盖了 body 标记设置的字号和字体，采用 24pt 新宋体，增加了居中对齐</p>

```
    <p style="color:blue; font-size:28pt; font-family:楷体_GB2312;">
    该段落覆盖并设置了自己的文本样式为：28pt、蓝色、楷体</p>
</body>
```

运行效果如图 2-1 所示。

代码说明：

第二个段落中"body 标记"文本块受…标记控制，定义的文本颜色为黑色，属于最内层的样式定义，覆盖了父元素<p>所定义的红色效果。

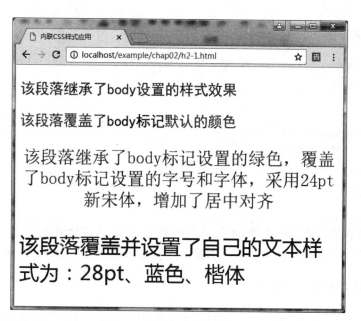

图 2-1　内联 CSS 样式的应用

2.3　CSS 样式表

2.3.1　CSS 样式表结构与使用

除了在标记内部使用内联 CSS 样式规则外，网页内部的内嵌样式表和外部独立的 .css 样式表文件都要通过选择符定义样式表。

1. CSS 样式表的结构

CSS 样式表由选择符和若干个样式规则构成：

```
选择符 { 属性名 1:属性值 1;              /* 样式规则 1 */
         属性名 2:属性值 2;              /* 样式规则 2 */
         … ;
         /* 样式表注释内容 */
         属性名 n:属性值 n;              /* 样式规则 n */
}
```

选择符也称为选择器，包含三种基本的选择符和几种复杂的选择符形式。三种基本的选择符分别是 HTML 标记名选择符、id 选择符和 class 类选择符，复杂的选择符有包含选择符、群组选择符、子对象选择符和相邻选择符等。

样式表中的注释格式为：/* 注释内容 */，使用定界符 /* … */ 可以注释掉包含选择符在内的整个样式表，也可以只注释掉其中的某个样式规则。

2. 内嵌样式表

内嵌样式表是在页面头部＜head＞与＜/head＞标记之间使用＜style＞…＜/style＞标记定义的样式表。

```
<head>
    <style type="text/css">
            样式表 1~n
    </style>
    … 头内部的其他标记
<head>
```

内嵌样式表只对该页面有效,不能重用和移植,一般只在样式表比较少的情况下、或需要简单覆盖原样式表时使用。可将内部样式表直接复制创建为外部.css 文件。

3. 外部样式表文件及引用

可以将样式表保存在单独的.css 样式表文件中,多个页面的样式表可集中存放在一个样式表文件中。一个样式表文件可以被多个页面文件引用,一个页面文件也可引用多个样式表文件。

使用样式表文件既可以将页面内容与样式分离,也能实现代码重用和移植。

HTML 页面必须在＜head＞中＜title＞之后用＜link＞或在＜style＞标记中用@import 引用外部样式表文件。

1) 使用＜link＞标记引用外部样式表文件。

```
<head>
    <title>标记名选择符</title>
    ⋮
    <link href="相对或绝对路径/样式文件 1.css" type="text/css" rel="stylesheet" />
    <link href="相对或绝对路径/样式文件 2.css" type="text/css" rel="stylesheet" />
    ⋮
<head>
```

2) 在＜style＞标记内的开头用@import 引用外部样式表文件。

```
<style type="text/css">
    @import url(相对或绝对路径/样式表文件 1.css) 目标设备 ;
    @import url(相对或绝对路径/样式表文件 2.css) 目标设备 ;
    ⋮
    定义内部样式表,如果使用@import 则必须在@import 之后,否则定义无效
    ⋮
</style>
```

其中,目标设备指定导入的样式表应用于何种媒介类型,如 all 所有设备、screen 显示

器、print 打印机、aural 语音和音频合成器、braille 盲人点字法触觉回馈设备、embossed 分页盲人点字法打印机、handheld 手持设备、projection 方案展示（如幻灯片）、tv 电视机等。

注意：IE7 及以下浏览器不支持目标设备选项，如果指定了目标设备，则导入样式表无效。而 IE8 及以上或火狐等标准浏览器则可以指定为不同的目标设备导入不同的样式表文件。

为了保证浏览器的兼容性，建议使用＜link＞标记引用外部样式文件。

2.3.2 基本选择符

1. 标记名选择符

标记名选择符也称为类型选择符，就是用 HTML 的标记名称作为选择符名称，其实质就是按标记名分类为页面中某一类标记指定统一的 CSS 样式。

标记名 { 样式规则 1; 样式规则 2; … }

用标记名选择符定义的样式表默认对页面中该类型的所有标记都有效。

例如，div { 样式规则; }，则该样式表默认对页面中所有的＜div＞标记都有效。

【例 h2-2. html】 使用内部样式定义标记名选择符样式表。

```
<head>
<title>标记名选择符应用示例</title>
<style type="text/css">
    h3{ font-size:20pt; font-family:隶书; text-align:center; }
    P{ font-family:宋体; font-weight:bold; color:red; text-align:right;}
</style>
</head>
<body>
    <h3>使用内嵌 CSS 样式表</h3>
    <hr />
    <p>第一个段落使用默认字号、红色加粗宋体,文本右对齐。</p>
    <p style="text-align:left;" >第二个段落标记修改为文本左对齐。</p>
</body>
```

运行效果如图 2-2 所示。

注意：p 标记样式表对所有＜p＞标记有效，但第二个＜p＞标记又叠加了内联样式规则，根据层叠优先级规则，对重复定义有冲突的样式则最内层样式（这里是内联样式）优先，因此第二个段落中的对齐方式用 left 覆盖了 right。

2. id 选择符

#某标记的 id 属性值 { 样式规则 1; 样式规则 2; … }

HTML 标记都可使用标准属性 id 为该标记指定一个唯一的标识，要求同一页面中

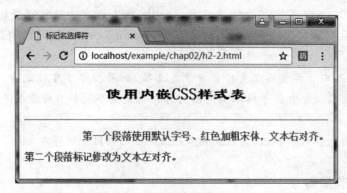

图 2-2　使用标记名选择符的样式表

所有标记的 id 属性值都必须唯一,即一个 id 值只能对应一个标记。

如果使用某个标记的 id 属性值作为选择符,就等于是为该标记单独定义样式表,该样式表也只对唯一的这个标记有效。

id 选择符必须以"♯"开头,"♯"与 id 属性值之间不能有空格。

例如,♯first { 样式规则 },则该样式表仅对具有 id="first" 属性的标记有效。

【例 h2-3. html】　使用.css 外部样式表文件定义标记名选择符、id 选择符样式表。

(1) 创建样式表文件 c2-3. css。

```
h3{font-size:20pt; font-family:隶书; text-align:center; }
#first{font-family:宋体; font-weight:bold; color:red; text-align:right;}
```

(2) 在同一目录下创建 XHTML 文件 h2-3. html。

```
<head>
<title>id选择符</title>
<link href="c2-3.css" type="text/css" rel="stylesheet" />
</head>
<body>
    <h3>使用外部 CSS 样式表文件</h3>
    <hr />
    <p id="first" >第一个段落使用默认字号、红色加粗宋体,文本右对齐。</p>
    <p>第二个段落没有使用样式表,使用 body 页面默认样式。</p>
</body>
```

运行效果如图 2-3 所示。

思考问题:能否在第二个段落中也使用 id="first"引用样式? 为什么?

注意:id 选择符名称区分大小写,若是定义样式时使用选择符♯First,引用样式时使用 id="first",则样式引用无效。

3. class 类选择符

HTML 标记的 class 属性值称为样式类名,任意个数的、相同类型或不同类型的标记都可以使用同一个类名,如果用 class 类名作为选择符,那么该样式表则对所有使用该

图 2-3　使用 id 选择符样式表

class 属性的标记有效,使用类选择符可以为多个相同类型或不同类型的标记指定相同的样式。

class 类选择符必须以圆点“.”开头,“.”与样式类名之间不能有空格。

.样式类名 { 样式规则 1; 样式规则 2; … }

该样式表对所有使用 class="样式类名"属性的标记都有效,也就是说,任何使用该 class 属性值的标记都会使用该样式。

例如,.sec { 样式规则; },则该样式表对诸如<p class="sec" > <div class ="sec" > <h2 class="sec" > <li class="sec" >等所有使用 class="sec"属性的任意类型的标记都有效。

注意:一个标记的 class 属性值可以包含多个样式类名,从而可以引用多个样式表,但样式类名必须以空格隔开。例如,class="sec exe",该标记可以同时使用.sec 和.exe 两个样式表的效果。

另外,class 类选择符名称区分大小写,若是定义样式时使用选择符.First,引用样式时使用 class="first",则样式引用无效。

【例 h2-4. html】　混合使用内部样式表和.css 外部样式表文件。

(1) 创建样式表文件 c2-4.css。

```
h3 { font-size:20pt; font-family:隶书; text-align:center; }
p { font-family:宋体; font-weight:bold; text-align:right; }
```

(2) 在同一目录下创建 h2-4.html 文档并使用类选择符定义内部样式表。

```
<head>
<title>class 类选择符</title>
<link href="c2-4.css" type="text/css" rel="stylesheet" />
<style type="text/css">
    .fir {font-size:10pt;}
    .sec { color:red; background:yellow; }
</style>
</head>
```

```
<body>
    <h3>混合使用内部、外部 CSS 样式表</h3>
    <hr />
    <p class="fir sec">第一个段落字号为 10pt、黄色背景、红色加粗宋体,文本右对齐。</p>

    <p>第二个段落只使用加粗宋体、文本右对齐,其余使用 body 默认样式。</p>
</body>
```

运行效果如图 2-4 所示。

图 2-4   混合使用内部样式和外部样式

2.3.3   群组与通用选择符

1. 群组选择符

群组选择符可以为任意多种不同类型的选择符定义一个统一的样式表。

标记名选择符, #id 选择符, .class 选择符,…｛样式规则;｝

群组选择符就是将任意多个标记名选择符、id 选择符或者 class 类选择符用逗号隔开共同定义一个样式表,该样式表对所有的选择符都有效,相当于对各个选择符单独定义了完全相同的样式表。

例如,p, h3｛样式规则;｝,则该样式表对页面中所有的<p>和<h3>标记都有效。

再如,#first, .sec, .item, p｛样式规则;｝,则该样式表对 id="first"的标记、所有 class="sec"的标记、所有 class="item"的标记、所有的<p>标记全部有效。

2. 通用选择符

* ｛样式规则;｝

通用选择符是一个特殊的群组选择符,就是用通配符 * 表示任意标记,为页面中的所有元素定义通用的样式规则,该方式定义的样式表对所有标记都有效,包括<body>标记。

不同厂商对浏览器的默认值设置会有所不同,例如,某些块级元素的内外边距具有不

同的默认值,为了在不同浏览器中具有统一的布局样式,可以使用通用选择符取消不同厂商内外边距的不同默认值:

```
* {margin:0; padding:0; }
```

注意:如果为 body 定义样式表 body{ 样式规则;}则有些样式在子元素中不能继承,尤其对<h>、<table>等标记不起作用,而 * 通用选择符样式表则对所有标记有效。即,不可使用标记名选择符 body 取代通用选择符 * 。

【例 h2-5.html】 使用群组和通用选择符定义样式表。

(1)创建样式表文件 c2-5.css。

```
* { font-family:宋体; font-weight:bold; text-align:right; }
h3 { font-size:20pt; font-family:隶书; text-align:center; }
p, div{ color:red; background:yellow; }
```

(2)在同一目录下创建 h2-5.html 文档。

```
<head>
<title>群组与通用选择符</title>
<link href="c2-5.css" type="text/css" rel="stylesheet" />
</head>
<body>
    <h3>使用群组和通用选择符定义样式表</h3>
    <hr />
    <p>段落为黄色背景、红色加粗宋体,文本右对齐。</p>
    <div>div 与 p 标记相同,黄色背景、红色加粗宋体,文本右对齐。</div>
    <br />
    <div style="text-align:left" >第二个 div 标记修改覆盖为文本左对齐。</div>
</body>
```

本例使用的 * 通用选择符样式表"宋体加粗右对齐"对所有标记有效,<p><div>通过群组选择符叠加了字符和背景颜色,<h3>使用了标记名选择符,根据层叠优先级规则覆盖了通用选择符中的字体和对齐,运行效果如图 2-5 所示。关于样式层叠规则在后面详细介绍。

如果将 p、div 选择符中的字符和背景颜色都放在通用选择符中,则整个页面包括<h3>都会使用相同的背景和字符颜色,除非用优先级高的样式覆盖它们。

2.3.4 包含与子对象选择符

多个选择符用空格隔开的组合称为包含选择符,又称为派生选择符,相当于条件选择样式表,仅对包含在指定父元素内符合条件的子元素有效。包含选择符包括标记名包含选择符、id 标记名包含选择符和 class 类名标记名包含选择符。

1. 标记名包含选择符

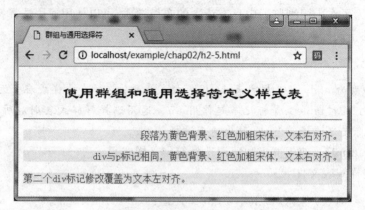

图 2-5　使用群组和通用选择符定义样式表

标记名 1　标记名 2　…｛样式规则；｝

标记名包含选择符结构为父元素和子元素使用的选择符类型都是标记名选择符。样式表仅对逐级包含在指定类型父元素内符合指定类型的子元素有效（不需要是连续相邻的父子元素），各标记名之间必须用空格隔开。

例如，

div span ｛样式规则；｝

该样式表仅对包含在＜div＞标记内的＜span＞子标记有效（不论中间还有多少层标记），而对不在＜div＞内的＜span＞标记无效，对＜div＞自身、对包含在＜div＞内的其他标记无效。

再如，

div p span ｛样式规则；｝

该样式表仅对包含在＜div＞标记内的＜p＞标记中的＜span＞标记有效，两个条件必须按顺序逐级成立缺一不可，对其他不满足条件的＜span＞标记无效。

【例 h2-6.html】　使用包含选择符定义样式表。

```
<head>
<title>包含选择符</title>
<style type="text/css">
div p span { color:red; font-weight:bold; }
</style>
</head>
<body>
<span>样式无效</span>
<p>…样式无效…<span>样式无效</span>…样式无效…</p>
<div>
    …样式无效…<span>样式无效</span>…样式无效…
    <p>…样式无效…<span>样式表有效红色文本</span>…样式无效…</p>
```

```
</div>
</body>
```

运行效果如图 2-6 所示。

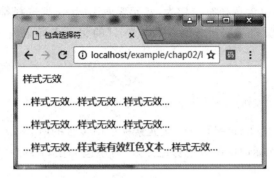

图 2-6　使用包含选择符定义样式表

思考问题：若是将选择符 div p span 分别换作 div span 和 p span，上面代码运行效果如何变化？

可以看出，使用包含选择符的优点就是无须为特定的＜span＞标记特别定义 class 或 id 属性，可以使 HTML 页面代码更简洁。

例如，定义两个样式表：

```
span   { color: red; }
p span { color: blue; }
```

所有不在＜p＞标记内的＜span＞文本使用红色，而所有包含在＜p＞标记内的＜span＞文本则会覆盖为蓝色。

2. id 标记名包含选择符

```
#id属性值   标记名 { 样式规则; }
```

id 标记名包含选择符结构为，父元素使用 id 选择符，而子元素使用标记名选择符。样式表仅对指定 id 的父元素标记内所包含的指定类型的子元素标记有效。

例如，

```
#sidebar img { 样式规则; }
#sidebar p { 样式规则; }
```

选择符名称为♯sidebar img 的样式表仅对 id＝"sidebar"标记内所包含的＜img＞标记有效，对 id 标记内的其他标记无效，对不包含在 id 标记内的其他＜img＞标记也无效。

同样，选择符名称为♯sidebar p 的样式表仅对 id＝"sidebar"标记内所包含的＜p＞标记有效。

这种方式只需对某个父标记指定 id 属性，即可对该父标记内的多个同类子元素标记设置样式而无须对这些子元素标记再设置 id 或 class 属性。

3. class 类名标记名包含选择符

.样式类名 标记名 ｛样式规则；｝

class 类名标记名包含选择符结构为，父元素使用 class 类选择符，而子元素使用标记名选择符。样式表对所有使用 class＝"样式类名"的父元素标记内包含的符合指定类型的子元素标记有效。

例如，

.fancy span ｛样式规则；｝

该样式表仅对所有使用 class＝"fancy"父元素标记中包含的所有＜span＞元素有效，对引用 fancy 类名的父元素标记内的其他标记无效，对不包含在 class＝"fancy"标记内的其他＜span＞元素也无效。

4. 子对象选择符

子对象选择符类似包含选择符，如果要对父元素标记内包含的某种特定子标记定义样式，可使用子对象选择符。

与包含选择符不同的是，子对象选择符只对父元素内一级子元素即直接子元素定义样式

＃id属性值或.样式类名或 html 标记名＞.样式类名或＃ id 属性值或 html 标记名 ｛样式规则；｝

【例 h2-7. html】 使用子对象选择符定义样式表，并与包含选择符进行对比。

```
<head>
<meta http-equiv="Content-Type" content="text/html; charset=gb2312" />
<title>子对象选择符</title>
<style type="text/css">
    .content1 { width:400px; height:80px; padding:10px; margin:10px; border:
    blue 1px solid; }
    .content1>div { width:300px; height:60px; padding:10px; border:1px dashed
    #f00; }
    #divTxt1{color:#f00; font-size:12pt; line-height:40px; background:#aaf;}
    .content2 { width:400px; height:80px; padding:10px; margin:10px; border:
    blue 1px solid; }
    .content2 div { width:300px; height:60px; padding:10px; border:1px dashed #
    f00; }
    #divTxt2{width:240px; height:40px; color: # f00; font - size:12pt; line-
    height:40px; background:#aaf;}
</style>
</head>
<body>
    <div class="content1">
     <div>
```

```
        <div id="divTxt1">最内层 div 中的文本</div>
   </div>
   </div>
   <div class="content2">
    <div>
        <div id="divTxt2">最内层 div 中的文本</div>
    </div>
   </div>
</body>
```

运行效果如图 2-7 所示。

图 2-7　使用子对象选择符

说明：图 2-7 中分上下两个部分，分别是.content1 和.content2，两部分均包含了内外嵌套的三层 div。.content1 中使用.content1＞div{ }定义样式时，该样式只对中间层 div 有效，对最内层 div 无效，例如，虚线框效果。.content2 中使用.content2 div{ }定义样式时，该样式对中间层 div 和最内层 div 都有效，例如，虚线框效果。

2.3.5　相邻选择符

相邻选择符是指根据标记的前后关系用前一个标记为条件，对它相邻的下一个标记定义样式表。

标记名||id 属性||class 类选择符＋标记名||id 属性||class 类选择符 { 样式规则；}

相邻选择符仅对前面相邻标记满足"＋"前的选择符条件，而它自己又满足"＋"后选择符条件的那些标记定义样式表。

例如，

span+p {样式规则；}

则该样式表仅对＜span＞之后相邻的＜p＞标记有效，对＜span＞标记无效、对前面相邻不是＜span＞标记的＜p＞标记也无效。

再例如，

```
.one+.two {样式规则；}
```

则该样式表仅对使用了 class＝"one"的标记之后相邻的且使用 class＝"two"的标记有效。

【例 h2-8.html】 使用相邻选择符定义样式表（注意优先覆盖顺序）。

```
<head>
<meta http-equiv="Content-Type" content="text/html; charset=gb2312" />
<title>属性存在选择符</title>
<style type="text/css">
    p{font-size:16pt;}
    span+p {width:500px; height:60px; background:#ff0; border:blue 1px solid;
    color:red;}
</style>
</head><body>
    <span>这是 span 标记。</span>
    <p>这是 span 相邻下一个 p 标记,黄色背景,红色 16pt 文本蓝色实边框指定区域。</p>
    <p>这不是与 span 相邻的 p 标记,只有 16pt 文本</p>
</body>
```

运行效果如图 2-8 所示。

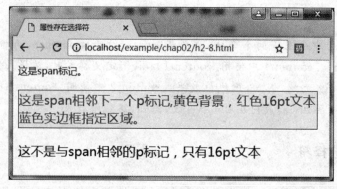

图 2-8　使用相邻选择符

2.3.6　属性选择符

属性选择符是指根据标记的 id、class、title、alt（图像标记属性）某个属性是否定义、或根据某个属性的取值作为条件为这些标记定义样式表。

使用属性选择符的优点是不再局限于以标记的名称、id 或 class 属性为依据定义样式表，将定义样式表选择符的范围扩大到了 id、class、alt、title 等属性的模糊匹配、半模糊匹配和精确匹配。

属性选择符必须在选择符后用中括号[ ]包含指定的属性,且选择符与[ ]之间不能有空格,一般只定义一些与字体样式有关的简单样式规则。

注意:IE6.0 及以下版本不支持属性选择符,没有安装 IE6.0 以上浏览器的读者可以使用火狐、Opera 或 Safari 等其他浏览器进行测试。

1. 属性存在选择符

标记名||id属性||class 类选择符[id||class||alt||title] { 样式规则; }

属性存在选择符也称为属性赋值匹配选择符,是指那些既满足选择符条件又定义了[ ]中指定属性的标记,也就是说,符合选择符的标记只要定义有[ ]中指定的属性而不论它的值是什么(甚至可以是空值),只要指定的属性存在即可使用该样式表。

例如,

div[id] {样式规则; }

则该样式表仅对<div>中已定义了 id 属性(不论 id 属性值是什么)的标记有效,其他不是<div>的标记无效,没有定义 id(不存在 id 属性)的<div>标记也无效。

再例如,

.sec[title] { 样式规则; }

则该样式表仅对所有使用 class="sec"且定义了 title 属性(不论 title 属性值是什么)的那些标记有效。

【例 h2-9. html】 使用属性存在选择符定义样式表(注意优先覆盖顺序)。

```
<head>
<meta http-equiv="Content-Type" content="text/html; charset=gb2312" />
<title>属性存在选择符</title>
<style type="text/css">
    * { width:500px; height:auto; margin:5px 0; font-size:12pt; color:red; }
    #new{ background:yellow; }
    #test{ background:cyan; }
    .one{ color:blue; border:blue 1px solid; }
    div[id]{ font-size:14pt; font-weight:bold; }
    .one[id]{ font-size:10pt; }
</style>
</head><body>
    <div> * 选择符指定所有标记区域大小、字号 12pt、红色字符。</div>
    <div id="new">#new 叠加黄色背景、div[id]叠加字号 14pt 加粗。</div>
    <div id="new" class="one">#new 黄色背景、.one 蓝字蓝框、div[id]14pt 加粗、.one
    [id]10pt。</div>
    <div id="test">#test 淡绿背景、div[id]14pt 加粗。</div>
    <div id="" class="one">.one 蓝字蓝边框、div[id]14pt 加粗、.one[id]10pt。</div>
    <div id="">div[id]14pt 加粗。</div>
    <div class="one">.one 蓝字蓝边框。</div>
</body>
```

运行效果如图 2-9 所示。

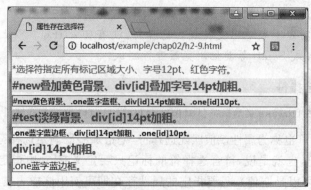

图 2-9　使用属性存在选择符

2. 属性值精确匹配选择符

标记名||id 属性||class 类选择符[id||class||alt||title="属性值"] { 样式规则；}

属性值精确匹配选择符是指那些满足选择符条件又必须定义[ ]中指定的属性，且属性值必须与指定的属性值完全相同的标记。

例如，

img[alt= % 95% 95;"汽车"] { 样式规则；}

则该样式表仅对<img>图像中定义了 alt="汽车"属性的那些标记有效，不是<img>的标记无效，<img>中没有定义 alt 的无效、定义了 alt 但属性值不是"汽车"的也无效。

再例如，

.xinw[title="学校"] { 样式规则；}

则该样式表仅对使用 class="xinw"又必须定义了 title="学校"的那些标记有效。

3. 属性值前缀匹配选择符

标记名||id 属性||class 类选择符[id||class||alt||title^="属性值前缀"] { 样式规则；}

属性值前缀匹配选择符是指那些满足选择符条件且属性值前缀与指定的属性值相同的标记。

例如，

img[alt^="汽车"] { 样式规则；}

则该样式表对<img>图像中定义了 alt="汽车…"属性的那些标记都有效，例如，alt="汽车"、alt="汽车保养"、alt="汽车加速"，不是<img>的标记无效，<img>中没有定义 alt 的无效,定义了 alt 但开头不是"汽车"的也无效。

再例如，

.xinw[title^="学校"] { 样式规则；}

则该样式表仅对使用 class=" xinw "又必须定义了 title="学校…"的那些标记有效。

4. 属性值后缀匹配选择符

标记名||id属性||class类选择符[id||class||alt||title$="属性值后缀"] { 样式规则; }

属性值后缀匹配选择符是指那些满足选择符条件且属性值后缀与指定的属性值相同的标记。

例如，

img[alt$="汽车"] { 样式规则; }

则该样式表对<img>中定义了 alt="…汽车"属性的那些标记都有效，例如，alt="公共汽车"、alt="专用汽车"，只要后缀是"汽车"。

再例如，

.xinw [title$="学校"] { 样式规则; }

则该样式表仅对使用 class=" xinw "又必须定义了 title="…学校"的那些标记有效。

5. 属性值子串匹配选择符

标记名||id属性||class类选择符[id||class||alt||title＊=**"属性值子串"] { 样式规则; }**

属性值子串匹配选择符是指那些满足选择符条件且属性值中包含指定属性值的标记。

例如，

img[alt＊="汽车"] { 样式规则; }

则该样式表对<img>中定义了 alt="…汽车…"属性的那些标记都有效。

再例如，

.xinw[title＊="学校"] { 样式规则; }

则该样式表仅对使用 class="xinw"又必须定义了 title="…学校…"的那些标记有效。

6. 属性值连字符匹配选择符

标记名||id属性||class类选择符[id||class||alt||title|="属性值子串"] { 样式规则; }

属性值连字符匹配选择符是指那些满足选择符条件且属性值中包含指定属性值子串,该属性值子串还必须是与其他内容用连字符"－"连接的标记。

例如，

img[alt|="汽车"] { 样式规则; }

则该样式表对<img>中定义了 alt="汽车－…"属性的那些标记都有效，例如，alt="汽车－加油"。

再例如，

.xinw[title|="学校"] { 样式规则; }

则该样式表仅对使用 class＝"xinw"又必须定义 title＝"学校－其他内容"的那些标记有效。

7. 属性值内部空白符匹配选择符

标记名||id 属性||class 类选择符[id||class||alt||title~="属性值"] { 样式规则; }

在介绍 class 选择符时已经说明，一个标记的 class 属性值可以包含用空格隔开的多个样式类名，这些样式类名是"或"的关系。例如，class＝"sec exe"标记可以同时使用.sec 和.exe 两个样式表。

属性值内部空白符匹配选择符对属性值中的空白符作为条件使用，是指那些满足选择符条件且属性值中必须包含以空格隔开的指定内容的标记。

例如，

```
img[alt~="汽车"] { 样式规则; }
```

则该样式表仅对＜img＞中 alt 属性值是由空格隔开的多个内容，且其中一部分是"汽车"的标记有效，如 alt＝"汽车 火车 小推车"或者 alt＝"火车 汽车 小推车"。

再例如，

```
.xinw[title~="学校"] { 样式规则; }
```

则该样式表仅对使用 class＝"xinw"且定义了 title＝"… 学校 …"，或者 title＝"学校 …"或 title＝"… 学校"的那些标记有效。

2.3.7 伪对象（伪元素）选择符

伪元素选择符可对某些标记添加特殊效果。

标记名||id 属性||.class 类名:伪元素名 { 样式规则; }

```
::first-line          {设置指定标记内第一行文本的样式}
::first-letter        {设置指定标记内第一个字符(包括前导符号)的样式}
```

例如，将＜p＞段落标记内的字符采用 12pt，其中第一行文本设置为蓝色字符，首字母则设置为 24pt 红色：

```
p                 {font-size:12pt;}
p::first-line     {color:blue;}
p::first-letter {color:red; font-size:24pt;}
```

【例 h2-10.html】 使用伪对象选择符设置首行独立样式、首字母下沉。

```
<!DOCTYPE html PUBLIC "-//W3C//DTD XHTML 1.0 Transitional//EN"
    "http://www.w3.org/TR/xhtml1/DTD/xhtml1-transitional.dtd">
<html xmlns="http://www.w3.org/1999/xhtml">
<head>
<meta http-equiv="Content-Type" content="text/html; charset=gb2312" />
<title>首行独立样式、首字母下沉</title>
```

```
<style type="text/css">
    #main::first-letter{float:left; /* 第一个字母左浮动,否则还在第一行不下沉 */
        color:blue; font-size:3em; font-weight:bold; }
    #main::first-line     { color:red; font:bold 1.5em 黑体, 宋体; }
</style>
</head>
<body>
    <p id="main">通常利用 first-letter 伪对象实现首字母下沉效果, 利用 first-line
    伪对象实现第一行的特殊样式。</p>
</body>
</html>
```

运行效果如图 2-10 所示,如果去掉首字母下沉样式中的"float:left;"表示(左浮动),则首字母还在第一行而不会产生下沉的效果,如图 2-11 所示。

图 2-10　首行独立样式、首字母下沉

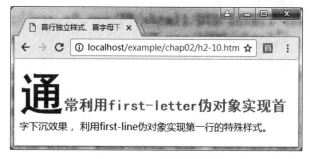

图 2-11　取消左浮动首字母不会下沉

说明: 在 CSS3 中推出了大量的伪对象选择符,例如,::after、::before、::placeholder、::selection 等等,此处不做详细介绍,感兴趣的读者可自行查阅相关资料。

注意: 伪对象选择符的规范写法要求前面有两个西文冒号,但是为了兼容过去的写法,写成一个冒号也是允许的。

2.3.8　伪类选择符

1. 伪类选择符的概念及应用

伪类是将条件和事件考虑在内的样式表类型,它不是真正意义上的类或标记对象,可以看作是从某一个标记中分解出来的一个子状态,伪类的名称是由系统定义的而不是用户随意指定的。

CSS 的伪类名不区分大小写,伪类选择符的前面必须使用一个西文冒号。

使用伪类作选择符可为一个标记的不同子状态指定样式表以添加特殊效果,由于很多浏览器支持不同类型的伪类,所以很多伪类不常被用到。常见的伪类如下:

:link——设置超链接文本在超链接尚未被访问时的样式(默认字符蓝色带下画线)。

:visited——设置超链接文本已被访问过之后的样式(默认字符红色带下画线)。

:hover——设置鼠标指向、经过、悬浮在某个元素上方时该元素的样式。

:active——设置鼠标单击激活某个元素时该元素的样式。

:focus——设置某个元素被选中(获得焦点)时该元素的样式。

:first-child——设置某个元素被包含为其他元素的第一个子元素时的样式。

其中超链接伪类是各种浏览器都支持的,包括:link、:visited、:hover、:active,超链接伪类的具体应用方式将在 4.5.4 节进行讲解。

另外,CSS3 中提供了大量新的伪类选择符,各位读者请自行查阅。

伪类选择符的使用格式:

标记名[.样式类名│#id属性]:伪类名 { 样式规则; }

伪类样式可以继承、覆盖父标记定义的样式。

【例 h2-11.html】 对页面中的段落元素,设置鼠标指向、经过或悬浮在该段落上方时,段落的背景变为黄色,文本变为红色。

注意:段落的伪类在 IE 浏览器中不支持,可以在学习超链接元素之后使用转换为块元素的超链接伪类来实现下面的效果。

```
<head>
<meta http-equiv="Content-Type" content="text/html; charset=gb2312" />
<title>应用伪类选择符:hover</title>
<style type="text/css">
    p{width:260px; height:60px; border:blue 1px solid;font-size:12pt;}
    p:hover{ background:#ff0; color:red;}
</style>
</head>
<body>
    <p>这是页面中的段落,当鼠标指向时,背景变为黄色,文本变为红色</p>
</body>
```

页面初始效果如图 2-12 所示,鼠标指向段落时效果如图 2-13 所示。

2. 伪类:hover 与其他选择符的组合应用

伪类:hover 与包含选择符、子对象选择符、相邻选择符等组合使用之后,能够为页面带来丰富的动态效果。

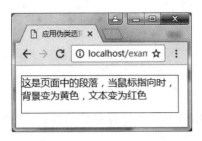

图 2-12　段落的初始效果

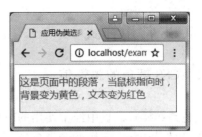

图 2-13　鼠标指向段落的效果

【例 h2-12. html】　鼠标指向＜span＞元素时，设置其相邻的下一个段落的背景变为黄色，文本变为红色。

注意：＜span＞元素的伪类在 IE 浏览器中不支持，可以在学习超链接元素之后使用转换为块元素的超链接伪类来实现下面的效果。

```
<head>
<meta http-equiv="Content-Type" content="text/html; charset=gb2312" />
<title>应用伪类选择符:hover</title>
<style type="text/css">
    p{width:260px; height:60px; border:blue 1px solid;font-size:12pt;}
    span:hover+p{ background:#ff0; color:red;}
</style>
</head>
<body>
    <span>这是 span 标记。</span>
    <p>这是 span 相邻下一个 p 标记,当鼠标指向 span 标记时,该段落背景变为黄色,文本变为红色</p>
    <p>这不是与 span 相邻的 p 标记,效果不会发生变化</p>
</body>
```

页面初始效果如图 2-14 所示，鼠标指向 span 标记时效果如图 2-15 所示。

图 2-14　h2-12. html 页面的初始效果

图 2-15　鼠标指向 span 标记时的效果

2.4 CSS 常用样式

2.4.1 CSS 颜色的属性值

颜色是在样式设置中经常使用的一种属性,包括前景色和背景色的设置,例如,文字的颜色、边框的颜色、区块的背景色等。

HTML 页面中的文本、区域块的背景、边框等颜色属性值一般都可以使用预定义颜色或十六进制、十进制、十进制百分比的三原色分量数值共 4 种方式设置。

1. 预定义颜色值

预定义颜色值就是用英文单词表示的颜色,例如红色 red、白色 white 等。

2. 十六进制数值 ♯RRGGBB

十六进制颜色值是以 ♯ 开头的 6 位十六进制数值组成,每 2 位为一个颜色分量(不足 2 位高位补 0),分别表示红、绿、蓝 3 种颜色分量。当 3 个分量的 2 位十六进制数都各自相同时可使用 CSS 缩写: ♯RGB。

每个颜色分量以 FF(即 255)为最大、CC 为 80%、99 为 60%、66 为 40%、33 为 20%。

例如,red 红色的十六进制表示为 ♯FF0000,在样式代码中可缩写为 ♯F00。

注意:缩写♯RGB 只能用于 CSS 样式,HTML 传统颜色属性值的十六进制不能使用缩写。

例如,代码<hr color="♯f00" />在浏览器中生成的水平线是默认的黑色,而不是指定的红色。

3. 十进制数值 rgb(r, g, b)

十进制颜色值是写在 rgb()括号中用逗号隔开的 3 个十进制数值,分别表示红、绿、蓝 3 个颜色分量,各分量取值范围为 0~255。

例如,red 红色的十进制表示为: rgb(255, 0, 0)。

4. 十进制百分比 rgb(r%, g%, b%)

十进制百分比颜色值是写在 rgb()括号中用逗号隔开的 3 个百分数,分别表示红、绿、蓝 3 个颜色分量占最大值 255 的百分比。

例如,red 红色的十进制百分比表示为: rgb(100%, 0%, 0%)。

注意:颜色分量取值为 0 时不能省略百分号,必须写为 0%。

2.4.2 CSS 设置鼠标形状 cursor

cursor:指针类型 1, 指针类型 2, … ;

cursor属性可指定当鼠标放在元素边界范围内时所显示的鼠标光标形状。实际使用时,可以用逗号隔开指定多个指针类型,浏览器按顺序选择第一个可用的指针类型。常用指针类型属性值见表2-1。

表 2-1 常用指针类型

属性值	描 述	属性值	描 述
auto	浏览器默认光标(默认)	url(图标文件)	自定义图标
default	默认形状(通常是箭头)	e-resize	东方右箭头
pointer	链接指针(一只手)	ne-resize	东北方右上箭头
hand	小手	n-resize	北方上箭头
crosshair	精确定位(交叉十字)	nw-resize	西北方左上箭头
wait	等待	w-resize	西方左箭头
move	对象可被移动	sw-resize	西南方左下箭头
text	文本选择符号(光标)	s-resize	南方下箭头
help	带问号帮助选择	se-resize	东南方右下箭头

注意:用url自定义图标指针类型时,请在之后指定常用指针以防url无效,例如,p{cursor:url("first.cur"),url("second.cur"),pointer;}。

IE浏览器可以使用pointer或hand表示一只小手,而火狐浏览器不支持hand,为了浏览器的兼容,建议统一使用pointer。

2.4.3 CSS大小尺寸量度的属性值

HTML页面中的大小尺寸量度属性包括显示的文本字号行高、边框宽度、区域块的高度宽度边距填充等,这些量度属性的取值一般都可以使用绝对单位值或相对单位值两种方式设置。

1. 绝对单位

绝对单位的值就是用磅、像素、毫米等度量单位设置为固定数值。绝对单位值见表2-2。

表 2-2 绝对单位值

属性值单位	描 述	属性值单位	描 述
px	像素	mm	毫米
pt	磅,1pt=1/72英寸	cm	厘米
pc	皮卡,1pc=12 pt	in	英寸

说明:像素单位因为与屏幕的分辨率有关也可看作是相对单位,如果使用像素px作为字号单位,则受显示器分辨率影响较大,分辨率高则同样大小的字号显示的较小,分辨

率低则显示的字号就比较大，因此，推荐使用计算机字体的标准单位 pt（最好使用 9pt、10.5pt 和 12pt），这种度量单位可以根据显示器的分辨率自动调整，防止在不同分辨率的显示器上显示的字号不统一。

注意：传统 HTML 属性的数值不用带单位，默认为 px，例如，＜hr width＝"200" /＞。

而 CSS 尺寸大小采用数值时必须带有单位否则无效，CSS 仅在取值为 0 时可以省略单位，数值与单位符号之间不能有空格。

2．相对单位

块元素的宽度或高度使用相对取值单位时，就是相对浏览器或者父元素宽度或高度的百分比；在文本中使用相对取值单位时，是指相对当前字号尺寸的大小，采用这种单位可随浏览器（或父元素）大小或者字号大小的变化而自动调整。相对单位值见表 2-3。

表 2-3　相对单位值

属性值单位	描　　　述
em	是当前字号大小的倍数，可根据字号的改变而自动调整。例如，2em 是当前字号的 2 倍，若当前字号为 12pt，则 2em 就是 24pt。 通常用于设置段落的首行缩进
ex	是当前字号高度值的倍数
％	适用区域大小或线条长度，一般是相对浏览器窗口或父元素同方向尺寸的百分比。如"width：90％；"表示当前元素宽度是浏览器窗口宽度或其父元素宽度的 90％。 如果用于设置字号大小，则表示相对当前字号的百分比，如 200％相当于 2em

2.4.4　文本字符的 CSS 样式属性

文本字符的字体、字号、风格样式、粗细、变体样式都用 CSS 样式的 font 属性设置，各具体样式属性见表 2-4。

表 2-4　设置文本字符字体的 CSS 样式属性

CSS 样式属性	取值和描述
font-family：字体集；	系统支持的各种字体，彼此用逗号隔开
font-size：字号大小；	不同单位的绝对固定值（建议用 pt）、％和 em 两个相对单位值、预定义取值
font-style：风格样式；	normal 常规、italic 斜体、oblique 偏斜体
font-weight：粗细；	normal 常规、100～900、bold 粗、bolder 更粗
font：综合属性；	font：样式 变体 粗细 字号 字体 ；——按顺序用空格隔开

1．font-family：字体集列表；

CSS 使用 font-family"字体家族"属性允许同时指定多种字体，用户浏览器将按顺序采用第一个可用的字体,即第一个字体不可用时才会依次尝试下一个。

例如,"font-family:"华文彩云", "宋体", "黑体", " Arial ";",则首选使用华文彩云,如果机器没有安装该字体则选择宋体,如果也没有安装宋体则选择黑体,以此类推。如果指定的字体都没有安装则使用浏览器默认字体。

如果使用通用的字体族(如 sans-serif),浏览器可自动从该字体系列中选择一种字体(如 Helvetica)。

注意:

* 多种字体之间必须用西文逗号隔开;
* 字体属性值不区分大小写但必须准确;
* 如果字体名中包含空格、#、$ 等符号则该字体必须加西文单引号或双引号。例如,"font-family:Arial, "Times New Roman", 宋体,黑体;";
* 尽量使用系统默认字体,保证在任何用户浏览器中都能正确显示。

说明:在 CSS3 之前,开发者必须使用已在用户计算机上安装好的字体,但是通过 CSS3,开发者可以使用自己喜欢的任意字体,开发者需要在 CSS3 @font-face 规则中定义字体,具体使用方法请读者自行查阅相关资料。

2. font-style:风格样式;

风格样式的属性值:normal 常规(默认)、italic 斜体、oblique 歪斜体。

说明:大部分浏览器中对 italic 和 oblique 的解析效果是相同的。

3. font-size:字号大小;

字号属性值可使用不同单位的绝对数值、相对于当前默认字号的%或 em 倍数,也可使用预定义值。

预定义绝对字号:xx-small、x-small、small、medium、large、x-large、xx-large 均为固定大小。

预定义相对字号:smaller 比当前默认字号小、larger 比当前默认字号大。

4. font-weight:粗细;

字体粗细的属性值可以使用 100、200~900 的数字值,值越大字体越粗。也可使用预定义值:normal 常规(默认)、lighter 细体、bold 粗体(约 700)、bolder 加粗体(约 900)。

说明:实际上设置字体粗细时,预定义值中的 lighter 不起作用,bold 和 bolder 效果是相同的;数字值中 100~500 效果都是常规的,600~900 加粗效果是相同的。各位读者可自行尝试。

5. 综合设置字体样式缩写

font: style 风格 variant 变体 weight 粗细 size 字号/行高 family 字体集;

综合设置字体样式的各个属性必须以空格隔开,不需要设置的属性可以省略(取默认值),但必须按上述指定的顺序设置。

例如：

```
font-family: arial, sans-serif; font-size: 30px; font-style: italic; font-weight:
bold;
```

等价于：

```
font: italic bold 30px arial, sans-serif;      --注意顺序
```

使用综合设置时还可以在设置字号的同时设置行高，即在字号后加"/"再跟行高值。

2.4.5 文本外观 CSS 样式属性

文本外观格式属性可定义文本颜色、字符间距、行间距、文本装饰、文本排列对齐、文本段落缩进等外观格式。文本外观格式的 CSS 属性见表 2-5。

表 2-5 设置文本外观格式的 CSS 样式属性

文本外观格式属性	取值和描述
color:前景字符颜色；	预定义颜色、十六进制、十进制、十进制百分比
letter-spacing:字间距；	带单位的固定数值
word-spacing:单词间距；	带单位的固定数值
line-height:行间距；	带单位固定数值、字符高度倍数、字符高度百分比％
text-decoration:装饰；	none 无装饰（默认）、underline 下画线、overline 上画线、line-through 删除线、blink 闪烁
text-align:水平对齐方式；	left(默认)、right、center、justify 两端对齐
text-justify:两端对齐；	IE 浏览器配合"text-align:justify;"样式规则实现两端对齐
text-indent:首行缩进量；	带单位的固定数值、百分比％
word-break:切断单词；	normal 英文单词词间换行而中文任意（默认）、break-all 允许英文单词中间断开换行中文任意、keep-all 不允许中日韩文换行英文正常
word-wrap:控制换行；	normal 不允许换行（默认）、break-word 强制换行
direction:书写方向；	ltr 从左向右、rtl 从右向左

1. color（前景字符颜色）

字符颜色属性可以使用预定义颜色值、十六进制 ♯RRGGBB（♯RGB）、十进制 rgb(r，g，b) 或十进制百分比 rgb(r％，g％，b％)。

2. letter-spacing（字符间距值）

字符间距就是字符与字符之间的水平间距，适用于汉字和各种字符，属性值可用不同单位的数值，默认 normal。

例如，"letter-spacing:6px;"设置字符间距为 6 个像素。

3. word-spacing（单词间距）

字间距就是英文单词之间的水平间隔，属性值可用不同单位的固定数值，默认normal。

例如，"word-spacing:10px;"设置英文单词间的距离为10px。

4. line-height（行高）

行高指的是文本行的基线间的距离。而基线（Baseline）指的是一行字横排时下沿的基础线，基线并不是汉字的下端沿，而是英文字母 x 的下端沿。

可以将行高简单理解为一行文本占据的实际高度。

属性值可用不同单位的数值，也可用不带单位的数字表示字符高度的倍数，或者使用％表示相对于字符高度的百分比。

为一行文本设置了字号和行高之后，页面解析执行时，会使用（行高－字号）/2，将结果分别增加到文本的上方和下方，从而形成一个行内框（该框是无法显示但确实存在的），行内框中的文本在垂直方向是居中的，页面设计中经常利用这一特点控制一行文本在某个 div 中垂直方向居中。

对于行内框的观察，可以在 DW 的设计视图中进行，如图 2-16 所示。

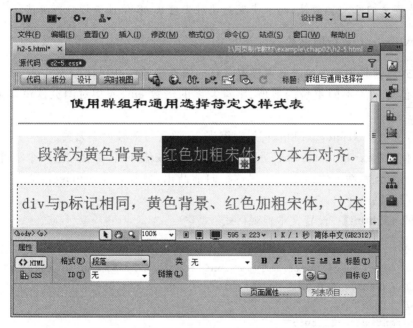

图 2-16　行内框在 DW 设计视图中的显示效果

图 2-16 中段落中的文本行高为 60px，在设计视图中，选择一个文本块，可以看到选定区域的高度与 line-height 取值相同，这个高度范围就是行内框，文本在垂直方向是居中的。

5．text-decoration（装饰）

none：没有装饰（正常文本默认值）。

underline：下画线。

overline：上画线。

line-through：删除线。

blink：闪烁（目前各种主流浏览器均不支持）。

例如，对＜a＞标记使用样式规则"text-decoration：none；"，则可以取消默认的下画线。

6．text-align（水平对齐方式）和 **text-justify**（两端对齐）

该样式属性只用于为块级元素设置文本内容的水平对齐，对行内标记无效。

left：左对齐（默认）。

right：右对齐。

center：居中对齐。

justify：两端对齐，字符不满一行时强制充满一行。

注意：有材料写，justify 在 IE 浏览器中会起作用，但是编者在各种浏览器中（包括 IE8）、对中英文内容反复尝试，均未实现两端对齐效果，各位读者请自行尝试。

7．text-indent（首行缩进量）

该样式属性只用于为块级元素设置首行的缩进量，对行内标记无效。

属性值可采用不同单位的数值、字符宽度的倍数 em、或相对浏览器窗口宽度的百分比％。

例如，使用"text-indent：30px；"设置缩进 30 像素与字号大小无关。

如果使用"text-indent：2em；"，则无论字号大小取值如何，都会缩进两个字符。

text-indent 属性可使用负值实现首行向前凸出，例如，"text-indent：-2em；"，则可让首行向前凸出两个字符。

【例 h2-13．html】　设置文本外观格式。

```
<head>
<meta http-equiv="Content-Type" content="text/html; charset=gb2312" />
<title>文本修饰、对齐、缩进与行高</title>
<style type="text/css">
    p{font-size:10.5pt;}
    h2{font-family:黑体; text-align:center}
    .p1{text-decoration:underline; text-align:left; text-indent:-2em;}
    div{width:500px; height:60px; padding:0; margin:0; border:1px dashed #00f;
    text-align:center; line-height:60px; font-size:10.5pt;}
</style>
</head>
```

```
<body>
    <h2>添加文字修饰、对齐、缩进与行高</h2>
    <hr />
    <p class="p1">添加下画线、左对齐、首行缩进-2个字</p>
    <div>文本行高取用 div 的高度 60px,设置了文本在 div 中垂直方向居中</div>
</body>
```

代码说明：样式中定义的 div 宽度 500px,高度 60px,使用 padding 设置填充 0,margin 设置边距为 0,边框为 1px 虚线蓝色,文本在水平和垂直方向都居中。

运行效果如图 2-17 所示。

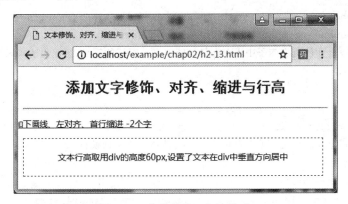

图 2-17　文本修饰、对齐、缩进

8. word-break(单词换行方式)

word-break 功能与 white-space 类似,用于设置块级元素内的文本是否换行、换行时是否切断单词。

normal：常规(默认),英文单词词间换行——单词不被拆开,中文可任意换行。

break-all：允许英文单词词内断开换行,中文可任意换行。

keep-all：英文单词词间换行,但不允许中、日、韩文换行,如果文本中有标点符号或空格,当超出边界时可在标点符号或空格处换行。

【例 h2-14. html】 设置文本的断行。

```
<head>
<meta http-equiv="Content-Type" content="text/html; charset=gb2312" />
<title>文本的断行问题</title>
<style type="text/css">
    h2{text-align:center;}
    div{width:500px; height: auto; padding:0; margin:5px; border:1px dashed
    #00f; text-align:center; line-height:24px; font-size:12pt;}
    p{margin:0;}
    .div4{word-break:break-all;}
</style></head><body>
```

```
<h2>文本的断行问题</h2>
<hr />
<div>div 宽度 500px,高度自动,填充是 0,边距是 5px,边框 1px 虚线蓝色,文本行高
40px,水平方向居中,文本默认自动断行</div>
<div>
    Longlong ago there was a lion and a mouse,one fine day in spring,a mouse
    came out to the lawn and enjoyed the sun.
    <p>上面的英文句子因为有空格的存在,也能实现自动断行</p>
</div>
<div>
    Longlongagotherewasalionandamouse,onefinedayinspring,
    amousecameouttothelawnandenjoyedthesun.
    <p>上面的英文句子中不存在任何能够自动断行的符号,因而无法实现换行</p>
</div>
<div>
    Longlongagotherewasalionandamouse,one-finedayinspring,
    amousecameouttothelawnandenjoyedthesun.
    <p>上面的英文句子中存在了一个-,从该位置自动换行</p>
</div>
<div class="div4">
    Longlongagotherewasalionandamouse,onefinedayinspring,
    amousecameouttothelawnandenjoyedthesun.
    <p>该 div 中应用了 word-break:break-all;,在合适的位置自动换行</p>
</div>
</body>
```

页面运行效果如图 2-18 所示。

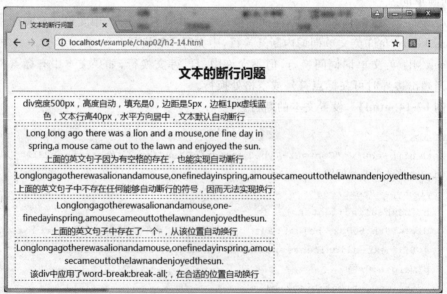

图 2-18 文本的断行问题

9. word-wrap（控制换行）

word-wrap 的功能是设置块级元素内的文本在超出容器边界时是否断开换行。

normal：词内不换行，词间及中文都可换行（默认），类似于"word-break：normal"。

break-word：内容在边界内强制换行，类似于"word-break：break-all；"。

10. direction（文本书写方向）

属性值：ltr 从左向右（默认）、rtl 从右向左、inherit 继承父标记设置的书写方向。

【例 h2-15.html】 处理书写方向。

```
<head>
<meta http-equiv="Content-Type" content="text/html; charset=gb2312" />
<title>空白符及书写方向</title>
<style type="text/css">
    h3{color:blue; text-align:center;}
    p{direction:rtl;}
</style>
</head><body>
    <h3>书写方向</h3>
    <hr />
    <p>从右向左的文本类似右对齐,注意末尾句号。</p>
</body>
```

运行效果如图 2-19 所示。

图 2-19 空白符处理及书写方向

2.5 样式规则的优先级

标记内的内联 CSS 样式、页面文件中的内嵌样式表和外部样式表文件 3 种样式设置可以混合使用，每个标记还可以使用各种选择符（包括群组、包含、相邻、属性、伪类选择符）反复多次定义样式。

子标记首先继承父标记的样式，一个标记不论是继承还是自己反复定义多少个样式都可以有效叠加，如果同一个样式属性重复定义多次，则根据优先级的原则进行覆盖，即优先级高的样式覆盖优先级低的样式。

利用层叠覆盖的特点，当需要改变某个标记的样式时不用修改原样式，只需把改动部分重新定义一个样式表即可覆盖原样式。

2.5.1 样式规则的优先级原则

样式规则的优先级从低到高的顺序是：继承父标记的样式→样式表（标记名→class类→id选择符）→style内联样式规则。

各种样式的优先级说明如下：

第一，继承父标记的样式级别最低，可以被子标记自己定义的任何样式覆盖。

第二，标记内style定义的内联样式优先最高，可以覆盖其他的任何样式表。

第三，各个样式表的优先级根据选择符确定，原则是应用范围越广的选择符级别越低，限制条件越多即应用范围越小的选择符优先级越高。

第四，单一选择符（逗号隔开的群组选择符等价于多个单一选择符）样式表优先级从低到高的顺序是：

标记名选择符→class类选择符→id选择符→元素指定选择符

第五，包含、相邻、属性、伪类等条件选择符都包含多个单一选择符，可以理解为每个单一选择符都有一个权值，而条件选择符是多个单一选择符的权值相加，比子元素的同类单一选择符的优先级要高。条件选择符相互比较的原则仍然按单一选择符的优先级（标记名→class→id→元素指定）先对其中第一个选择符比较，如果相同再对第二个比较，以此类推，直到能区分出高低。所有样式表的优先级顺序为：

* 通用选择符→标记名→class→id→元素指定→标记名条件→class条件→id条件

第六，相同优先级的样式表以定义的顺序确定：先定义的优先级低，后定义的优先级高，即后者覆盖前者。

第七，如果页面既引用了外部样式表文件，也定义了内部样式表，则按引用定义的顺序确定，若是先定义内部样式表再引用外部样式表文件，则外部样式优先于内部样式，否则相反。

例如，不论内部样式表、外部样式表文件，假设定义有如下样式表：

```
*          {样式规则 0}
p          {样式规则 1}
#abc       {样式规则 5}
div   .p1  {样式规则 4}
.xyz       {样式规则 3}
p          {样式规则 2}
```

则以上规则对<div><p id="abc" class="xyz p1" style="样式规则 6">…</p></div>标记都有效，层叠覆盖的顺序为：*{样式规则 0}→p{样式规则 1}→p{样式规则 2}→.xyz{样式规则 3}→div.p1{样式规则 4}→#abc{样式规则 5}→style="样式规则 6"。

若是将 div.p1 选择符换为#div1.p1,则样式规则 4 和样式规则 5 的优先顺序需要
颠倒。

【例 h2-16.html】 样式表的优先级问题。

```
<head>
<meta http-equiv="Content-Type" content="text/html; charset=gb2312" />
<title>CSS样式表的优先级问题</title>
<style type="text/css" >
    .divw1 { width:600px;height:150px;padding:10px;margin:10px; border:blue
    1px solid; }
    .divw1 div { width:560px; height:120px; padding:10px; border:1px dashed #f00; }
    #divn1{width:500px; height:90px;color:#f00; font-size:12pt; line-height:
    26px; background:#ccf;}

    .divw2 { width:600px;height:150px;padding:10px;margin:10px; border:blue
    1px solid; }
    .divw2 div { width:560px; height:120px; padding:10px; border:1px dashed #f00; }
    .divn2{width:500px; height:90px;color:#f00; font-size:12pt; line-height:
    26px; background:#ccf;}
    h2{font-size:20pt; font-family:隶书; text-align:center;}
</style>
</head><body>
    <h2>样式表的优先级尝试</h2>
    <div class="divw1">
     <div>
        <div id="divn1">
            该 div 的 id 为 divn,使用#divn1 定义的宽度 500、高度 90,覆盖了使用
            包含选择符.divw1 div 定义的宽度 560、高度 120,因为#divn1 的优先
            级高于包含选择符中父元素选择符.divw1 的优先级
        </div>
     </div>
    </div>
    <div class="divw2">
     <div>
        <div class="divn2">
            该 div 的 class 为 divn2,使用.divn2 定义的宽度 500、高度 90 被包含选
            择符.divw2 div 定义的宽度 560、高度 120 覆盖,因为。divn2 的优先级
            与包含选择符中父元素选择符.divw2 的优先级相同,而包含选择符中
            还有子元素选择符,权值增加,因此此时包含选择符优先级高
        </div>
     </div>
    </div>
</body>
```

运行效果如图 2-20 所示。

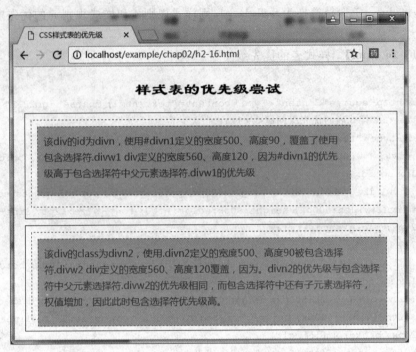

图 2-20　样式表的优先级问题

【例 h2-17.html】　样式表的继承覆盖,不需要使用父标记的样式时则可覆盖。

```
<head>
<meta http-equiv="Content-Type" content="text/html; charset=gb2312" />
<title>CSS 样式表的继承覆盖</title>
<style type="text/css" >
    .first { color:green; font-family:楷体_GB2312 }
    body { color:red; font-size:20pt; font-family:黑体; }
</style>
</head>
<body>
    <p>用继承 body 默认样式显示的段落</p>
    <p style="color:blue" >用内联样式仅修改蓝色字符的段落</p>
    <p style="font-size:15pt" >用内联样式仅修改 15pt 字号的段落</p>
    <p class="first">用.first 样式表覆盖父样式(与样式表定义顺序无关)</p>
</body>
```

运行效果如图 2-21 所示。

2.5.2　用!important 提高样式优先级

当某个样式属性有可能会重复定义,但又不希望被优先级高的样式覆盖掉,则可以在样式属性之后使用!important 关键字将该属性提高到最高优先级,相当于锁定该属性防

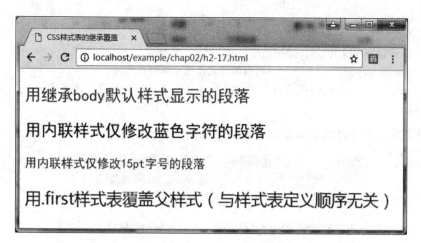

图 2-21　样式表的继承覆盖

止以后被优先级高的样式表覆盖。

注意：

- 父标记用！important 定义的样式子标记继承后可以覆盖，即提高优先级对继承无效。

- ！important 必须写在样式规则结束的分号"；"之前，例如"color：blue！important；"，如果将分号写在！important 前面，如"color：blue；！important"，则！important 无效而且还会与下一个样式属性（不论是否另起一行或有多少空行）混合，导致下一个样式属性失效。

- IE6 及以下浏览器带！important 的样式仅仅对其他样式表中重复定义的该样式提高优先级不被覆盖，但在同一个选择符样式表内部重复定义的样式仍然可以覆盖前面带！important 的样式，而且一旦被内部样式覆盖后！important 也失去了功效，其他样式表也可以对其进行覆盖。而 IE7 及以上或火狐等浏览器带！important 的样式属性可以不被任何重复定义的样式覆盖。

【例 h2-18.html】 使用！important 提高优先级锁定样式。

```
<head>
<meta http-equiv="Content-Type" content="text/html; charset=gb2312" />
<title>用!important 提高样式优先级</title>
<style type="text/css" >
    body{ color:red !important;        /* 提高优先级对子标记的继承无效 */
          font-weight:bold; }
    p{ color:blue !important;          /* 对更高级别样式有效-不被覆盖 */
       font-size:15pt !important;
       font-size:20pt; }               /* IE6 及以下浏览器仍然可以覆盖 */
    .first{ color:green;               /* 覆盖提高优先级的样式无效 */
            font-size:24pt;            /* IE6 一旦被内部覆盖则可以继续覆盖 */
            font-family:楷体_GB2312; }
</style>
```

```
</head>
<body>
    <p>可以覆盖继承 body 父标记带!important 的样式。</p>
    <p style="color:green" >用内联样式修改字符颜色无效</p>
    <p class="first">用.first 样式表修改字号颜色无效,只能叠加字体。</p>
</body>
```

在 IE7 及以上等高版本浏览器运行效果如图 2-22 所示。

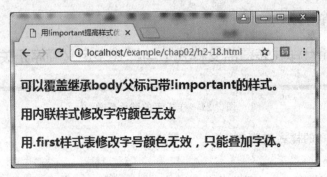

图 2-22　高版本浏览器运行效果

如果将 body 样式表改写为:

```
body { color:red; !importantfont-weight:700; }
```

则不但!important 无效,还会使"font-weight:700;"加粗样式无效。

2.6　案例分析与实现

定义并应用样式表完成图 2-23 的文本排版效果,案例样式要求:

第一个段落字号 20pt,居中显示,文本行高为 30px。

第二和第四个段落字号 12pt,居中显示,行高为 24px。

第二个段落后半部分斜体带下画线。

第三个段落字号 12pt,居中显示,行高为 24px,加下画线。

第五到第九个段落开头设置字号 12pt,行高 24px,两个字符的缩进,其中所有政策名称都使用加粗效果。

第五个段落首字下沉,字号 3 倍,行高 30pt,加粗,文本颜色♯a00。

相关样式代码如下:

```
p{margin:8px 0; font-size:12pt; line-height:24px;}
.p1{text-align:center; font-size:20pt; line-height:30px;}/*用于第一个段落*/
.p2_4{text-align:center;}                              /*用于第二、四段落*/
.p2_4 span{text-decoration:underline; font-style:italic;}/*第二个段落后半部分*/
.p3{text-align:center;text-decoration:underline;}      /*用于第三个段落*/
.p5_9{text-indent:2em; line-height:20pt;}              /*用于第五~九个段落*/
```

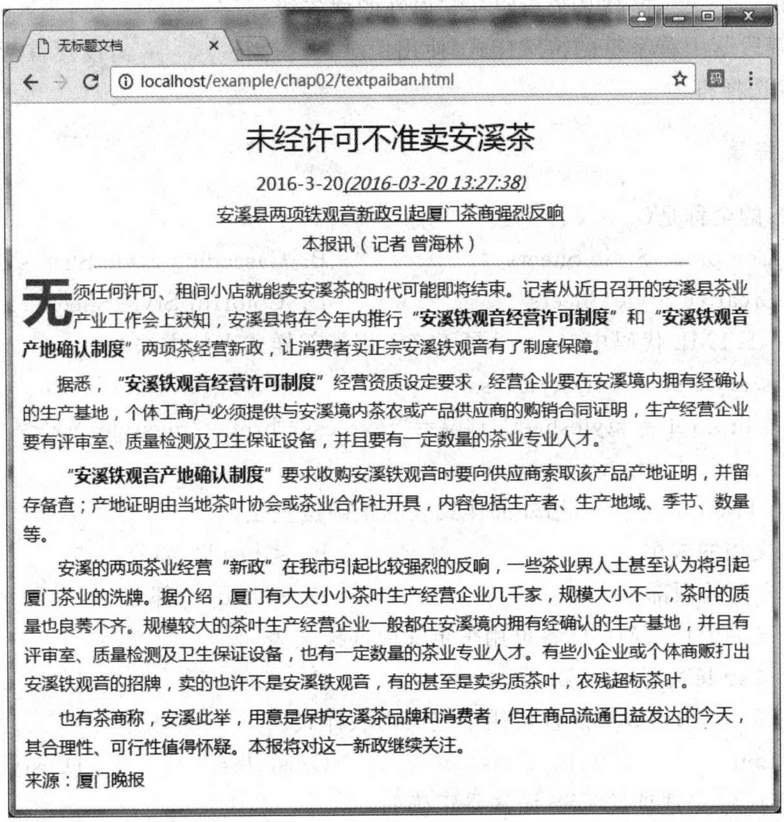

未经许可不准卖安溪茶

2016-3-20*(2016-03-20 13:27:38)*

安溪县两项铁观音新政引起厦门茶商强烈反响

本报讯（记者 曾海林）

无须任何许可、租间小店就能卖安溪茶的时代可能即将结束。记者从近日召开的安溪县茶业产业工作会上获知，安溪县将在今年内推行**“安溪铁观音经营许可制度”**和**“安溪铁观音产地确认制度”**两项茶经营新政，让消费者买正宗安溪铁观音有了制度保障。

据悉，**“安溪铁观音经营许可制度”**经营资质设定要求，经营企业要在安溪境内拥有经确认的生产基地，个体工商户必须提供与安溪境内茶农或产品供应商的购销合同证明，生产经营企业要有评审室、质量检测及卫生保证设备，并且要有一定数量的茶业专业人才。

“安溪铁观音产地确认制度”要求收购安溪铁观音时要向供应商索取该产品产地证明，并留存备查；产地证明由当地茶叶协会或茶业合作社开具，内容包括生产者、生产地域、季节、数量等。

安溪的两项茶业经营“新政”在我市引起比较强烈的反响，一些茶业界人士甚至认为将引起厦门茶业的洗牌。据介绍，厦门有大大小小茶叶生产经营企业几千家，规模大小不一，茶叶的质量也良莠不齐。规模较大的茶叶生产经营企业一般都在安溪境内拥有经确认的生产基地，并且有评审室、质量检测及卫生保证设备，也有一定数量的茶业专业人才。有些小企业或个体商贩打出安溪铁观音的招牌，卖的也许不是安溪铁观音，有的甚至是卖劣质茶叶，农残超标茶叶。

也有茶商称，安溪此举，用意是保护安溪茶品牌和消费者，但在商品流通日益发达的今天，其合理性、可行性值得怀疑。本报将对这一新政继续关注。

来源：厦门晚报

图 2-23　文本排版效果图

```
.p5_9 span{font-weight:bold;}
#p5{ text-indent:0;}                    /*用于第五个段落*/
#p5::first-letter{float:left;font-size:3em; line-height:30pt; font-weight:
bold; color:#a00;}                      /*用于第五个段落第一个字*/
```

2.7　习题

一、填空题

1. 设置鼠标指针的样式属性是________，设置等待形状的指针，取值为________。

2. 使用十进制百分比形式表示黄色，代码为________。

3. 在某个标记中引用类选择符.sp1，代码为________。

4. 三种基本选择符分别是________、________和________。

5. 包含选择符中多个选择符的间隔符号是________，群组选择符中多个选择符的间隔符号是________。

6. 若div高度为40px，其中有一行文本，要设置这行文本在div中垂直方向居中，需要设置div中的样式代码为________。

7. 使用_____提高某个指定样式属性的优先级。

8. 设置段落中首字符的特殊样式,使用伪对象选择符_____,设置首行特殊样式,使用伪对象选择符_____。

二、选择题

1. CSS 的全称是(   )。
   A. Computer Style Sheets   B. Cascading Style Sheets
   C. Creative Style Sheets   D. Colorful Style Sheets

2. 以下 HTML 代码中,(   )是正确引用外部样式表的方法。
   A. <style src="mystyle.css">
   B. <link rel="stylesheet" type="text/css" href="mystyle.css">
   C. <stylesheet>mystyle.css</stylesheet>

3. 在 HTML 文档中,引用外部样式表的正确位置是(   )。
   A. 文档的末尾   B. <head>部分
   C. 文档的顶部   D. <body>部分

4. 以下(   )HTML 标签可用来定义内部样式表。
   A. <style>   B. <script>   C. <css>   D. <meta>

5. 以下(   )HTML 属性可用来定义内联样式。
   A. font   B. class   C. styles   D. style

6. 以下(   )选项的 CSS 语法是正确的。
   A. body:color=black   B. {body:color=black(body}
   C. body {color: black}   D. {body:color:black}

7. 以下(   )属性可用来改变背景颜色。
   A. text-color   B. bgcolor
   C. color   D. background-color

8. (   )可以为所有的<h1>元素添加背景颜色。
   A. h1.all {background-color:#FFFFFF}
   B. h1 {background-color:#FFFFFF}
   C. all.h1 {background-color:#FFFFFF}

9. 以下(   )CSS 属性可控制文本的尺寸。
   A. font-size   B. text-style   C. font-style   D. text-size

10. CSS 选择符的样式规则之间使用(   )符号分隔。
    A. #   B. ,(逗号)   C. ;(分号)   D. :(冒号)

11. 不同的选择符定义相同的元素时,优先级别的关系是:(   )。
    A. 类选择符最高,id 选择符其次,HTML 标记选择符最低
    B. 类选择符最高,HTML 标记选择符其次,id 选择符最低
    C. id 选择符最高,HTML 标记选择符其次,类选择符最低
    D. id 选择符最高,类选择符其次,HTML 标记选择符最低

第 3 章　盒子的应用

学习目的与要求

知识点

- 理解块级元素与盒子模型的概念
- 掌握块级元素的背景、边框、内外边距的样式定义规则
- 掌握 CSS3 中圆角边框及盒子阴影的设置方法
- 掌握块级元素的总宽度计算方法
- 掌握盒子的居中、浮动与高度塌陷
- 掌握相对定位的样式定义及定位的原则
- 掌握绝对定位的样式定义及定位的原则
- 掌握元素定位的混合应用
- 掌握层叠的概念
- 掌握元素的显示方式与可见性设置方法

难点

- 盒子垂直外边距的合并问题
- 盒子的高度塌陷的概念及解决高度塌陷的方法
- 相对定位的样式定义及定位的原则
- 绝对定位的样式定义及定位的原则
- 元素定位的混合应用

3.1　盒模型的结构

盒模型也称为框模型，是 CSS 布局中的一个核心概念，所谓盒模型，就是把 HTML 的块级元素看作是一个矩形框的盒子，也就是一个可以盛放各种内容的容器，所涉及到的概念有内容、宽度、高度、内填充、外边距、边框和背景等。

如何在页面中摆放这些盒子就是所谓的页面布局。

标准的盒模型结构如图 3-1 所示。

在盒模型中，最内层的是内容区，通常需要定义该区的宽度与高度，紧挨内容区的外边是内填充 padding，然后是边框 border，最外边的是外边距 margin。

说明：为盒子设置的宽度、高度、填充、边框、边距和背景等样式在子元素中都不能继承。

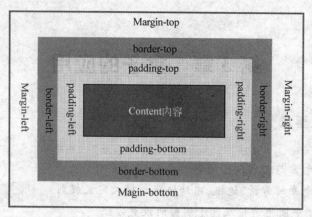

图 3-1 盒模型的结构

3.1.1 盒子的宽度与高度

CSS 规范中 width 和 height 仅指块级元素的内容区域宽度和高度,IE6 及以上版本和其他各种标准浏览器都遵守该规范。

定义一个盒子时,对其宽度要求通常有如下几种情况:

第一,为了保证页面内容的总宽度,盒子的宽度必须要固定;

第二,盒子的宽度根据内部内容的宽度或者浏览器窗口宽度或者该盒子所在父元素的宽度来确定,此时将盒子的宽度定义为 auto 或者百分比取值形式。

对盒子的高度要求通常有如下几种情况:

第一,盒子中内容的总高度确定,则可以将盒子的高度设置为一个固定值;

第二,若盒子中内容的总高度并不确定,则通常将盒子的高度设置为 auto,此时,盒子的高度将根据其实际内容的多少来确定。

注意:为了保证盒子的运行效果在各大浏览器中是一致的,只要盒子中内容的总高度不确定,就不要将 height 设置为固定值,否则出现的后果是,这个盒子在有些浏览器中会被撑高,在有些浏览器中则会出现滚动条,若是禁止滚动条,则造成盒子中的部分内容无法显示出来。

3.1.2 盒子的内填充与外边距

许多浏览器都对盒子的内填充和外边距(以下都简称填充和边距)提供了默认值,而且不同厂商对浏览器的默认值设置会有所不同。

为了在不同浏览器中具有统一的布局效果,定义盒子时要根据需要自行设置填充和边距取值,覆盖厂商的默认值。

1. 设置内填充 padding

填充是指元素内容与边框之间的距离,该区域中取用的颜色是为盒子设置的背景色。可以使用如下的样式属性分别设置四个方向的填充值。

padding-top: 上填充;
padding-bottom: 下填充;
padding-left: 左填充;
padding-right: 右填充;

也可以使用综合的样式属性 padding 同时设置四个方向的填充,具体用法如下:
(1) padding:值 1;使用一个值设置四个方向的填充都相同。
(2) padding:值 1 值 2;值 1 设置上下方向的填充,值 2 设置左右方向的填充。
(3) padding:值 1 值 2 值 3;值 1 设置上填充,值 2 设置左右填充,值 3 设置下填充。
(4) padding:值 1 值 2 值 3 值 4;四个值分别设置上、右、下、左四个方向的填充。

2. 设置外边距 margin

边距 margin 是元素的边框到相邻元素(或页面边界)的距离,是在元素边框之外添加的透明区域,该区域取用的颜色是父元素或 body 的背景色。

margin-top: 上边距值;
margin-bottom: 下边距值;
margin-left: 左边距值;
margin-right: 右边距值;

也可以使用综合的样式属性 margin 同时设置 4 个方向的边距,具体用法如下:
(1) margin:值 1;使用一个值设置 4 个方向的边距都相同。
(2) margin:值 1 值 2;值 1 设置上下方向的边距,值 2 设置左右方向的边距。
(3) margin:值 1 值 2 值 3;值 1 设置上边距,值 2 设置左右边距,值 3 设置下边距。
(4) margin:值 1 值 2 值 3 值 4;4 个值分别设置上、右、下、左 4 个方向的边距。

3.1.3 盒子的边框

1. 盒模型的边框

边框包括上右下左四个方向的,每个方向的边框都可以单独设置其样式、宽度和颜色,使用的样式属性如表 3-1 所示。

设置盒子的边框时,除了可以使用表 3-1 中提供的各个单独的样式属性来进行之外,更多的时候是使用综合样式属性来完成。

边框的综合样式属性可以有不同的用法,若是四个方向的边框要求的效果不一致,可以使用两种常见的综合设置方法。

表 3-1　CSS 边框属性

设　置　内　容	样　式　属　性	属　性　值
盒子的上、右、下、左边框的样式	border-top-style border-right-style border-bottom-style border-left-style	none 无（默认）、hidden 隐藏、dotted 点线、dashed 虚线、solid 单实线、double 双实线、groove 沟线、ridge 脊线、inset 内陷、outset 外凸
盒子的上、右、下、左边框的宽度	border-top-width border-right-width border-bottom-width border-left-width	取值单位为像素
盒子的上、右、下、左边框的颜色	border-top-color border-right-color border-bottom-color border-left-color	取值为任意颜色的组合

第一种用法：

- border-style：上边　右边　下边　左边；
- border-width：上边　右边　下边　左边；
- border-color：上边　右边　下边　左边；

第一种用法是将四个方向的样式一起定义，宽度一起定义，颜色一起定义，在每个综合的样式属性后面可以跟定四个值，顺序必须是上、右、下、左，不可颠倒，4 个值之间用空格间隔，每个方向的样式、宽度和颜色都可以设置为不同的取值。

第二种用法：

- border-top：上边框宽度　样式　颜色；
- border-bottom：下边框宽度　样式　颜色；
- border-left：左边框宽度　样式　颜色；
- border-right：右边框宽度　样式　颜色；

第二种用法是将每个方向的宽度、样式和颜色综合在一起定义，这三个值之间也需要使用空格间隔，顺序可以随意颠倒。

使用第二种方法设置四个方向边框的不同效果时更为方便。

若是四个方向边框要求的效果完全相同，则可以直接使用下面的综合样式属性设置：
border：四边宽度 四边样式 四边颜色；

3 个取值的顺序也可以随意颠倒。

例如，设置某个块元素边框为蓝色实线一像素，代码为"border：1px solid ＃00f；"或者"border：solid ＃00f 1px；"或者其他任意的组合顺序都可。

注意：设置边框宽度必须同时设置边框样式，如果未设置样式或设置为 none，则不论宽度设置为多少都无效——自动设置为 0。

若是不设置边框宽度，默认为 5px；若是不设置边框颜色，则默认为黑色。

【例 h3-1. html】　为段落设置宽度、高度、填充、边距和边框，观察效果，代码如下：

```
<head>
<meta http-equiv="Content-Type" content="text/html; charset=gb2312" />
<title>为段落设置宽度与高度</title>
<style type="text/css">
    p{width:400px; font-size:10pt; line-height:20px; border:1px solid #00f;}
    .p1{height:auto; padding:20px 10px; margin:10px;}
    .p2{height:60px; padding:10px 20px; margin:0;}
</style>
</head>
<body>
    <p class="p1">页面中的第一个段落,高度为 auto,上下填充 20px,左右填充 10px,边距 10px</p>
    <p class="p2">页面中的第二个段落,高度设置为 80px,上下填充 10px,左右填充 20px,边距 0</p>
</body>
```

运行效果如图 3-2 所示。

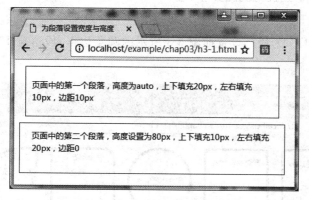

图 3-2　h3-1.html 的运行效果

2. 圆角边框的设置

在 CSS3 中对边框的设置增加了很多新的属性,此处只讲解最常用的圆角边框设置,其余属性请读者自行查阅相关资料。

可以使用下面方式同时设置四个角的样式:

border-radius:水平半径 1~4/垂直半径 1~4

取值分为两部分:第一部分位于斜杠/前面,表示圆角的水平半径,可使用空格间隔同时设置 4 个角的不同水平半径;第二部分位于斜杠/后面,表示圆角的垂直半径,可使用空格间隔同时设置四个角的不同垂直半径;若只设置一部分取值,则表示水平半径与垂直半径相同。

取值单位可以是 px,表示圆角半径,值越小,角越尖锐,负数无效,例如 8px;还可以使用百分比,此时圆角半径将基于盒子的宽度或高度像素数进行计算,例如 50%,此时若盒子宽与高取值相同,则得到一个圆形,否则为椭圆形。

若只给定一对取值,形如"水平半径 1/垂直半径 1",这一对取值同时设置四个角的效果。

　　若给定两对取值,形如"水平半径 1 水平半径 2/垂直半径 1 垂直半径 2",则"水平半径 1/垂直半径 1"代表左上圆角半径和右下圆角半径,"水平半径 2/垂直半径 2"代表右上圆角半径和左下圆角半径。

　　例如,"border-radius:10px 50px/30px 20px;"表示左上和右下圆角的水平半径为10px,垂直半径为 30px;右上和左下圆角水平半径为 50px,垂直半径为 20px。

　　若给定三对取值:第一对表示左上圆角半径,第二对代表右上圆角半径和左下圆角半径,第三对代表右下圆角半径;

　　若给定四对取值,分别表示左上、右上、右下、左下圆角水平半径和垂直半径。

　　还可以使用如下方式分别设置四个角的样式:

```
border-top-left-radius: 左上角
border-top-right-radius: 右上角
border-bottom-left-radius: 左下角
border-bottom-right-radius: 右下角
```

　　【例 h3-2. html】　为段落设置如图 3-3 所示的圆角边框,段落宽 100px,高 100px,边框 2px 实线蓝色。

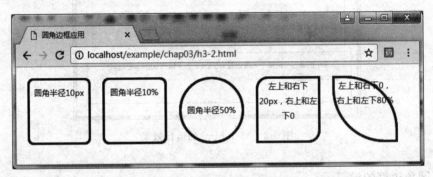

图 3-3　h3-2. html 应用圆角边框

代码如下:

```
<head>
<meta http-equiv="Content-Type" content="text/html; charset=gb2312" />
<title>圆角边框应用</title>
<style type="text/css">
    p{width:100px; height:100px; margin:10px; border:4px solid #00f; float:
    left; font-size:10pt; text-align:center;}
    .p1{border-radius:10px; line-height:40px;}
    .p2{border-radius:10%; line-height:40px;}
    .p3{border-radius:50%; line-height:100px;}
    .p4{border-radius:20px 0 20px 0; line-height:24px;}
    .p5{border-radius:0 80%;; line-height:24px;}
</style>
```

```
</head>
<body>
    <p class="p1">圆角半径 10px</p>
    <p class="p2">圆角半径 10%</p>
    <p class="p3">圆角半径 50%</p>
    <p class="p4">左上和右下 20px,右上和左下 0</p>
    <p class="p5">左上和右下 0,右上和左下 80%</p>
</body>
```

注意：样式中应用了"float:left;",是为了能够将几个段落横向排列,方便抓图使用,读者练习时可以不使用。

3.1.4 盒子的阴影效果

1. box-shadow 属性

在 CSS3 中使用 box-shadow 属性可以为盒子实现阴影效果,基本语法格式如下:

box-shadow:水平偏移量　垂直偏移量　模糊半径　扩展半径　颜色 阴影类型;

参数说明:

- 阴影水平偏移量——必选参数,为正数时,阴影在盒子右边;为负数时,阴影在左边;
- 阴影垂直偏移量——必选参数,为正数时,阴影在底部;为负数时,阴影在顶部;
- 阴影模糊半径——可选参数,只能是正数,默认为 0,表示没有模糊效果,其值越大阴影的边缘就越模糊;
- 阴影扩展半径——可选参数,默认 0;值为正时,阴影扩大;值为负时,则缩小;
- 阴影颜色——可选参数。如不设定颜色,浏览器会取默认色,但各浏览器默认取色不一致,因此建议不要省略此参数。阴影颜色可以使用 rgba 颜色值形式,同时为阴影添加透明效果(取值 0~1,0 是完全透明,1 为不透明)。

2. 多阴影效果

可以给一个元素设置多个阴影,多个阴影之间使用逗号间隔,例如:

box-shadow:0 0 10px 5px #ff0,　　0 0 10px 20px #f00;

给同一个元素使用多个阴影属性时,需要注意它的顺序,最先写的阴影将显示在最顶层,这就要求先写的阴影从半径上要小于后写的阴影,否则后者将被前者完全遮挡而无法看到效果。

【例 h3-2-1. html】　为 h3-2. html 中的各个段落添加阴影,代码如下:

```
<head>
<meta http-equiv="Content-Type" content="text/html; charset=gb2312" />
<title>盒子的阴影</title>
```

```
<style type="text/css">
    p{width:80px; height:80px; padding:10px; margin:10px; border:4px solid
    #00f; float:left; font-size:10pt; text-align:center;}
    .p1{border-radius:10px; line-height:20px; box-shadow:0 0 15px 0 #66f
    inset,0 0 30px 0 #aaf inset;}
    .p2{border-radius:10%; line-height:20px; box-shadow:-2px-2px 10px rgba
    (0,0,255,0.5);}
    .p3{border-radius:50%; line-height:30px; box-shadow:0 0 20px #ff0,0 0 40px
    #f00;}
    .p4{border-radius:0 80%;; line-height:24px; box-shadow:10px 10px 20px
#f0f;}
</style>
</head>
<body>
    <p class="p1">内部双阴影,颜色#66f 和#aaf</p>
    <p class="p2">左上方阴影蓝色透明 0.5</p>
    <p class="p3">外部双阴影黄色和红色</p>
    <p class="p4">左下阴影紫色</p>
</body>
```

运行效果如图 3-4 所示。

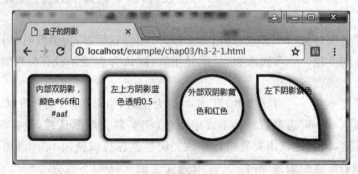

图 3-4　h3-2-1.html 设置盒子的阴影效果

3.1.5　box-sizing 属性

当一个盒子的总宽度确定之后,要想给盒子添加边框或内填充,往往需要更改盒子的 width 属性值,这样才能保证盒子的总宽度不变,操作起来烦琐且容易出错,运用 CSS3 中的 box-sizing 属性可以轻松解决这个问题。

box-sizing 属性用于定义盒子的宽度值和高度值是否包含元素的内填充和边框,语法格式如下:

box-sizing:content-box/border-box;

取值说明如下:

- content-box——为盒子定义的 width 和 height 不包括 border 和 padding 部分所占的宽度和高度;

- border-box——为盒子定义的 width 和 height 包括 border 和 padding 部分所占的宽度和高度。

例如:

```
.div1{width:300px; height:200px; padding:10px; margin:0; border:2px dashed #aaf;}
.div2{width:300px; height:200px; padding:10px; margin:0; border:2px dashed #aaf; box-sizing:border-box;}
```

上面两个盒子中,div1 所占总宽度为 324px,总高度为 224px;div2 所占总宽度为 300px,总高度为 200px。

3.1.6 盒子的背景

CSS 可用颜色作为背景,也可用图像作为背景,背景属性不能继承,可以为所有元素单独设置背景,设置 body 背景时将作为整个浏览器页面的背景。CSS 背景属性见表 3-2。

表 3-2 CSS 背景属性

背 景 属 性	取值和描述
background-color:背景颜色;	默认 transparent 透明
background-image:url("图像 url");	必须是 gif、jpeg、png 格式文件
background-repeat:图像平铺方式;	repeat 平铺(默认)、no-repeat 不平铺 repeat-x 只横向平铺、repeat-y 只纵向平铺
background-attachment:图像固定;	scroll(默认)随页面滚动、fixed 图像在页面固定
background-position:图像定位;	x y 坐标值、预定义值、百分比
background:背景色; background:url("图像")平铺 固定 定位;	指定背景颜色缩写 按顺序综合设置缩写,不需要可省略取默认值

背景图像定位样式属性 background-position 的应用:

使用坐标时,默认浏览器窗口左上角为原点(0,0)。

属性值 x 和 y 代表两个坐标值,中间用空格隔开(默认 0 0 或 top left 即元素左上角)。

(1)使用带不同单位的数值:可直接设置背景图像左上角在元素中的坐标。

(2)使用预定义关键字:可指定背景图像在元素中的对齐方式。

- 水平方向值:left、center、right。

- 垂直方向值:top、center、bottom。

例如,"top right;"表示背景图像位于元素的右上角,即背景图像右上角与元素右上角重合。

两个关键字的顺序任意,若只有一个值,则另一个默认为 center。

例如,center 相当于 center center(背景图像的中心点与元素的中心点重合);top 相当于 top center 或 center top(水平居中、上对齐)。

(3) 使用百分比:将百分比同时应用于元素和图像再按该指定点重合。

- 0% 0%表示图像左上角与元素的左上角重合。
- 50% 50%表示图像 50% 50%中心点与元素 50% 50%的中心点重合。
- 20% 30%表示图像 20% 30%的点与元素 20% 30%的点重合。
- 100% 100%表示图像右下角与元素的右下角重合,而不是图像充满元素。

如果只有一个百分数将作为水平值,垂直值则默认为 50%。

【例 h3-3. html】 修改例 h3-1. html,设置整个页面边距为 0,为第二个段落设置四个方向填充 20px、四个方向边距为 30px、背景色♯ddf,代码如下:

```
<head>
<meta http-equiv="Content-Type" content="text/html; charset=gb2312" />
<title>为段落设置宽度与高度</title>
<style type="text/css">
    body{margin:0;}
    p{width:400px; font-size:10pt; line-height:20px; border:1px solid ♯00f;
    border-radius:5px;}
    .p1{height:auto;}
    .p2{height:80px; padding:20px; margin:30px; background:♯ddf;}
</style>
</head>
<body>
    <p class="p1">这是页面中的第一个段落,该段落的高度设置为 auto,观察在浏览器中的
    显示效果</p>
    <p class="p2">这是页面中的第二个段落,该段落的高度设置为 80px,四个方向填充为
    20px,四个方向边距为 30px,观察在浏览器中的显示效果</p>
</body>
```

运行效果如图 3-5 所示。

从图 3-5 可以看出,第二个段落中背景覆盖了填充区域部分但是没有覆盖边距部分。

【例 h3-4. html】 为盒子设计不同位置的背景,代码如下:

```
<head>
<meta http-equiv="Content-Type" content="text/html; charset=gb2312" />
<title>为段落设置宽度与高度</title>
<style type="text/css">
    body{margin:0;}
    p{width:400px; height:100px; font-size:10pt; line-height:20px; border:1px
    solid ♯00f; border-radius:5px;}
    .p1{background:url(images/flower.jpg) top left no-repeat;}
```

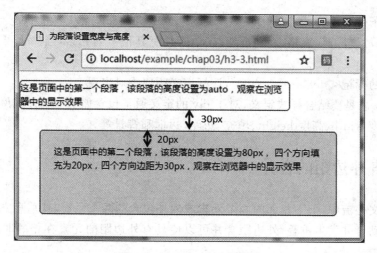

图 3-5　h3-3.html 运行效果

```
    .p2{height:100px; background:url(images/flower.jpg) right bottom no-repeat;}
</style>
</head>
<body>
    <p class="p1">这是页面中的第一个段落,该段落的高度设置为 auto,为盒子设置的背景
    图放在左上角</p>
    <p class="p2">这是页面中的第二个段落,该段落的高度设置为 80px,四个方向填充为
    20px,四个方向边距为 30px,为盒子设置的背景图放在右下角</p>
</body>
```

运行效果如图 3-6 所示。

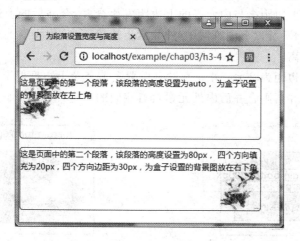

图 3-6　h3-4.html 运行效果

3.1.7　网页元素 div

尽管段落也是盒子,但是在其内部不能放置任何其他块级元素的内容,所以页面中使

用最多的盒子是可以作为容器的层，尤其是整个网页的布局都是通过 div＋css 来实现的，层中可以放置段落、表格、浮动框架、表单等任意其他页面元素，当然也可以放置其他的层。

插入层的标记＜div＞…＜/div＞，该标记必须要成对出现。

使用 div 总是要结合样式定义，对于 div 的定义通常包含如下一些样式属性：

层的宽度 width、高度 height、填充、边距、边框和背景等。

3.2　垂直外边距的合并

在普通文档流中，上下相邻的两个元素或内外包含的两个元素，其垂直方向的上下外边距将会自动合并发生重叠，外边距合并可以使具有外边距的元素在相邻时能尽量占用较小的空间。

3.2.1　上下相邻元素的垂直外边距合并

上下相邻两个元素的垂直外边距合并后的大小为其中较大的边距值。

假设上面元素的下边距为 20px，下面元素的上边距为 10px，则其边框之间的距离不是 30px，而是合并后两个元素共同享有较大的边距 20px，如图 3-7 所示。

3.2.2　内外包含元素的垂直边距合并

如果一个元素包含另一个元素而且外元素没有设置上填充及上边框，在 IE8 及以上浏览器中外元素的上边距会与内元素的上边距发生合并，合并后的上边距大小为其中较大的边距值，而在 IE7 及以下浏览器中，外元素上边距不变，内元素上边距是其上边框到外元素边框间的距离。

假设内元素上边距为 20px，外元素没有设置上填充及上边框但上边距为 10px（即使上边距为 0 也会合并），则合并后内外元素具有相同的上边距 20px，如图 3-8 所示。

图 3-7　上下相邻元素

图 3-8　内外包含元素

如果父元素的高度设置为 auto，即自适应子元素高度时，若没有设置下填充和下边框，在 IE8 及以上浏览器中内外元素的下边距也会发生合并，这就是所谓父元素不适应子元素高度的问题。

也就是说,内外包含元素垂直方向边距合并的问题在部分浏览器中会发生,在另一部分浏览器中则没有问题,因此这属于一个浏览器兼容性问题,最简单的解决方法是:任何时候设置内外包含元素时,只要外元素没有设置上下填充或上下边框,都不要为内部的第一个元素设置上边距,也不要为内部最后一个元素设置下边距,内外元素之间必需的间距可以直接使用外元素的填充来设置。

3.2.3　空元素自身的垂直外边距合并

如果没有内容的空元素有上下边距但没有上下填充和边框,则它自己的上下边距也会发生合并。而且这个合并后的边距遇到另一个垂直相邻元素时还会再发生上下边距的合并。

假设一个空元素没有设置上下填充及边框,上边距为 20px,下边距为 10px,则合并后的上下边距总高度(即元素总高度)为20px,如图 3-9 所示。

```
margin-top:20px
总高度 20px
margin-bottom:10px
```

图 3-9　空元素

3.3　盒子的排列

3.3.1　盒子的居中

我们从网络中看到的各种网站,其整体宽度大致存在这样三种情况:第一,与浏览器窗口同宽(是指窗口变宽时,其内容区域也变宽;窗口变窄时,其内容区域也变窄);第二,取用固定宽度;第三,介于二者之间,即当浏览器窗口足够宽时,其内容区一直与窗口同宽,当浏览器窗口宽度窄到一定程度后,其内容区的宽度不再变窄,从而出现水平方向的滚动条。

在上面三种情况中,最容易实现的是第二种情况,而当内容区取用固定宽度时,整个内容区在浏览器窗口中通常都是要设置为居中的。

盒子的居中,在现有的网页设计技术中,总是通过设置盒子的水平方向的边距来实现。具体方案为:盒子的上下方向的边距根据具体需求来设置,左右方向的边距则设置为 auto,即"margin:值 1 auto 值 2;"或者"margin:值 1 auto;"都可以。

水平方向边距 auto 的含义说明:使用浏览器窗口宽度或者使用父元素盒子的宽度减去当前盒子的宽度,将差值除以 2 之后得到的结果作为当前元素的左右边距。

例如,若浏览器窗口宽度为 1000px,盒子的宽度为 800px,设置盒子的左右边距为auto,则页面运行时,为盒子设置的左右边距实际取值为 100px,而当浏览器窗口变为1100px 宽度时,为盒子设置的左右边距则自动变化为 150px。

使用这种方案设置盒子居中时,页面必须要设置为 xhtml 标准的,否则将不起作用。

【例 h3-5. html】　在页面中设计内外嵌套的两个盒子,都设置水平方向居中,代码如下:

```
<head>
```

```
<meta http-equiv="Content-Type" content="text/html; charset=gb2312" />
<title>盒子的水平居中</title>
<style type="text/css">
    body{margin:0;}
    .divw{width:300px; height:auto; padding:0; margin:10px auto; border:1px
    solid #f00; border-radius:5px;}
    .divn{width: 260px; height: 40px; padding: 5px 0; margin: 10px auto;
    background:#aaf; border-radius:5px;}
</style>
</head>
<body>
    <div class="divw">
    <div class="divn">这是内部嵌套的盒子</div>
    </div>
</body>
```

页面运行效果如图 3-10 所示。

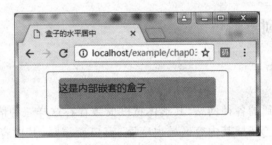

图 3-10　h3-5.html 运行效果

从图 3-10 中也可以看出,使用 margin 所设置的只有盒子的居中,在盒子中的文本并不受其控制。

另外,因为大盒子.div2 高度自动且有边框,小盒子.divn 上下边距为 10px,所以运行效果中小盒子在大盒子中垂直居中。

思考问题:在例 h3-5.html 中,将.divw 中的边框去掉,设置其背景为黄色,查看运行效果,小盒子 divn 能否在大盒子 divw 中垂直居中?请思考原因。

3.3.2　盒子的浮动与清除浮动

1. 样式属性 float

代码中并列出现的所有块级元素在浏览器中默认都是上下排列的,但是网页布局中,很多时候都需要将这些盒子左右排列,这需要使用 CSS 提供的浮动样式 float 进行设置。

CSS 允许任何元素脱离文档流向左或向右自由浮动,但只在包含它的父元素内浮动,直到它的外边缘遇到父元素的边框或另一个浮动框的边缘为止,这种浮动也可以简单理解为在父元素内部向左或者向右对齐。

float:none | left | right;

- none：不浮动（默认）。
- left：向左浮动，其他后续元素填补在右边。
- right：向右浮动，其他后续元素填补在左边。

各种行内元素（例如，<span>、<a>等）浮动后都将成为一个新的块级框，可以设置其区域大小、边框及边距。

例如，

```
span{color:#f00; background:#ff0; width:100px; height:40px;}
<span>普通文本</span>
```

效果如图 3-11 所示，只有文本区域有黄色背景，设置的宽度 100px 和高度 40px 都无效。

若在样式中增加"float:left;"，则效果如图 3-12 所示，宽度 100px、高度 40px 的区域都显示为黄色背景。

图 3-11　普通<span>标记效果　　　　图 3-12　浮动<span>标记效果

2. 设置盒子浮动时的标准做法

设置盒子浮动时，总是存在一系列的问题，这些问题在本书中不做详细介绍，编者只把解决这些问题的标准做法提供给大家，以后要设置盒子浮动时，按照这种做法来完成，能够保证在各大浏览器中都不会出现问题。

设置盒子浮动，通常是因为需要将多个盒子水平方向排列。标准的做法是：为这些左右排列的盒子定义一个宽度与这些盒子宽度之和一致的大盒子作为父元素，然后在该父元素中设置这些小盒子。

浮动的小盒子，如果设置了非 0 取值的左右边距，要同时给其增加"display:inline;"样式属性的应用，这是为了避免在 IE6 及以下浏览器中，父元素内部左侧第一个元素（可以是向左浮动的第一个，也可以是向右浮动的最后一个）非 0 取值左边距加倍，或者父元素内部右侧第一个元素（可以是向左浮动的最后一个，也可以是向右浮动的第一个）非 0 取值右边距加倍。

父元素的宽度已经确定，高度可以是固定值，也可以设置为 auto。

【例 h3-6.html】　在一个宽 480px、高 60px（父元素高度固定）的 div 中，设计三个宽度是 150px、高度 40px（小于父元素高度）、填充为 0、边距为 5px、向左浮动的盒子，效果如图 3-13 所示。

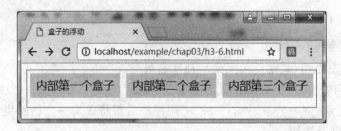

图 3-13　h3-6. html 运行效果

代码如下：

```
<head>
<meta http-equiv="Content-Type" content="text/html; charset=gb2312" />
<title>盒子的浮动</title>
<style type="text/css">
    .divw{width:480px; height:60px; padding:0; margin:10px auto; border:1px
    solid #f00;}
    .divn{width:150px; height:40px; padding:0; margin:5px; background:#ddf;
    float:left; font-size:14pt; text-align:center; line-height:40px;}
</style>
</head>
<body>
    <div class="divw">
     <div class="divn">内部第一个盒子</div>
    <div class="divn">内部第二个盒子</div>
    <div class="divn">内部第三个盒子</div>
     </div>
</body>
```

请读者尝试：若是将. divw 的宽度由 480px 改为 479px,运行效果会怎样？请思考原因。

在页面中,很多时候作为父元素的盒子,其高度都要设置为 auto,以便能够适应子元素内容高度的变化,但是设置高度 auto 之后,某些特定情况下会出现问题。

【例 h3-7. html】　修改例 h3-6. html,将父元素的高度设置为 auto,并在该元素下方增加新的元素,代码如下：

```
<head>
<meta http-equiv="Content-Type" content="text/html; charset=gb2312" />
<title>盒子的高度塌陷</title>
<style type="text/css">
    .divw1{width:480px; height:auto; padding:0; margin:10px auto; border:1px
    solid #f00;}
    .divn{width:150px; height:40px; padding:0; margin:5px; background:#ddf;
    float:left; font-size:14pt; text-align:center; line-height:40px;}
    .divw2{width:480px; height:40px; padding:0; margin:10px auto; border:1px
```

```
        solid #f00;}
    </style>
    </head>
    <body>
        <div class="divw">
         <div class="divn">内部第一个盒子</div>
        <div class="divn">内部第二个盒子</div>
        <div class="divn">内部第三个盒子</div>
        </div>
        <div class="divw2">这是盒子 divw2 的内容</div>
    </body>
```

在 IE8 及以上浏览器中,页面运行效果如图 3-14 所示。

图 3-14   h3-7.html 在 IE8 及以上浏览器中运行效果

图 3-14 中上面较粗的边框线实际上是 divw1 的上下边框合在一起的 2px 的效果,显示在三个浮动盒子后面的那条边框线则是盒子 divw2 的上边框,与 divw1 的边框之间的距离是 10px。

若是在 IE7 及以下浏览器中运行 h3-7.html 文件,看到的效果将与图 3-15 的一致。

3. 盒子的高度塌陷及解决方法

根据 CSS 标准,浮动后元素不占据新空间,它在正常文档流中所占的原空间也被关闭,即例 h3-7.html 中三个向左浮动的盒子本身是不占据空间的,相当于父元素 divw1 是一个空元素,而作为父元素的盒子 divw1 高度为 auto,也就是没有设置,从而导致的后果是 divw1 及其三个子元素都没有占据实际的页面空间,divw1 的后继元素将会上移填补,所以出现如图 3-14 所示的 divw2 上移的情况(盒子上移指的是边框、背景等上移,但是其内部文本将无法上移),这就是所谓的高度塌陷问题。

盒子的高度塌陷需要满足的条件有两个:第一,盒子的高度被设置为 auto;第二,盒子中所有子元素都是浮动的。

上面已经提到,作为父元素的盒子的高度经常要设置为 auto,所以不能通过给父元素设置一个具体的高度值这种做法来解决高度的塌陷问题。

盒子的高度塌陷问题需要使用清除浮动的样式属性 clear 来解决。

clear:none | both | left | right;

- none：不清除（默认）。
- both：清除向左向右的浮动。
- left：清除左浮动。
- right：清除右浮动。

使用 clear 清除浮动效果、解决父元素高度塌陷问题的操作步骤：

第一步，在样式中定义".clear{clear:both;}"，选择符的名称可以改变，类型也可以是 id 选择符，样式属性 clear 的取值可以根据实际情况使用 left 或者 right。

第二步，在作为父元素的盒子内部最下方增加一个空白盒子，引用定义的 class 类选择符 clear 即可。

修改例 h3-7.html，在样式定义中增加".clear{clear:both;}"，在盒子 divw1 结束标记</div>前面增加代码<div class="clear"></div>。

修改后的页面运行效果如图 3-15 所示。

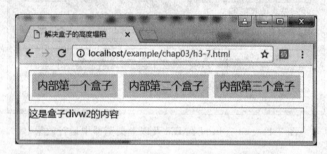

图 3-15　清除浮动之后 h3-7.html 的运行效果

注意：设置了浮动的盒子不能再设置其居中，因为浮动本身就是向左或者向右对齐，与居中是矛盾的，而在页面解析中，浮动要优先于居中。

3.3.3　盒子的布局应用举例

假设页面的布局结构如图 3-16 所示。

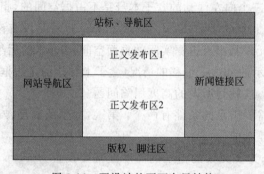

图 3-16　要设计的页面布局结构

设计该页面时需要使用的 div 是多少个呢？很多读者都会直接将图 3-16 中被分割的区域个数 6 作为 div 的个数，这种想法是不可取的，任何时候进行页面布局时，都必须要遵从下列两个原则：

第一，只要遇到在一行中排列的多个盒子，就必须要为这些盒子定义一个共同的父元素；

第二，只要遇到局部区域中上下排列的多个盒子，就必须要为这些盒子定义一个父元素。

可见，要实现图 3-16 要求的布局效果，需要使用的盒子总数是 9 个（其中包含一个用于清除浮动效果的空白小盒子）。

使用例 h3-8.html 代码实现如图 3-16 所示的布局效果。

【例 h3-8.html】 代码如下：

```
<head>
<meta http-equiv="Content-Type" content="text/html; charset=gb2312" />
<title>无标题文档</title>
<style type="text/css">
    .div1,.div3 { width: 600px; height: 100px; padding: 0; margin: 0 auto;
    background:#a00;}
    .div2{width:600px; height:auto; padding:0; margin:0 auto;}
    .div2-1,.div2-3 { width: 120px; height: 200px; padding: 0; margin: 0;
    background:#00d; float:left;}
    .div2-2{width:360px; height:auto; padding:0; margin:0; float:left;}
    .div2-2-1{width:100%; height:100px; padding:0; margin:0; background:#eee;}
    .div2-2-2{width:100%; height:100px; padding:0; margin:0; background:#aaf;}
    .clear{clear:both;}
</style>
</head>
<body>
    <div class="div1"></div>
    <div class="div2">
     <div class="div2-1"></div>
    <div class="div2-2">
        <div class="div2-2-1"></div>
        <div class="div2-2-2"></div>
    </div>
     <div class="div2-3"></div>
    <div class="clear"></div>
    </div>
    <div class="div3"></div>
</body>
```

3.4 盒子的定位

布局就是将元素放置在页面的指定位置，联合使用定位、浮动可创建按列布局、重叠等多种布局效果。

CSS 有三种布局机制：普通文档流布局（默认）、定位布局与浮动布局。

普通文档流就是由浏览器自动定位，默认从上到下依次排列 html 文档中的元素，使用普通文档流无法随意改变元素在页面中的位置。

使用 CSS 中的定位布局可以对任何元素进行定位，可以按浏览器窗口或父元素的坐标定位，也可以相对自己原来的位置定位。定位样式属性见表 3-3。

表 3-3　定位样式属性

定位样式属性	取值和描述
position：定位方式； —应配合 left、right、top、bottom 使用	static 自动定位（默认）、fixed 固定定位 relative 相对定位、absolute 绝对定位
left：左侧偏移量； right：右侧偏移量； top：顶端偏移量； bottom：下端偏移量；	auto 自动（默认） 带不同单位的数值、百分比％ 必须配合 position 使用，对不同定位方式偏移量的取值和含义有所不同
z-index：层空间层叠等级；	对于定位的层设置其 z 轴方向的取值，从而设置多个层的层叠效果，值越大越靠前

3.4.1　自动定位 static

自动定位（默认方式）：

```
position:static;
```

自动定位就是元素在页面普通文档流中由 HTML 自动定位，普通文档流中的元素也称为流动元素。自动定位时 top、bottom、left、right 样式设置无效。

3.4.2　相对定位 relative

1. 相对定位的样式应用及说明

相对定位：

```
position:relative;
```

设置相对定位时，需要使用 left|right、top|bottom 来设置盒子的某个顶点的坐标，若设置的是 left 和 top 两个值，则对应左上角顶点坐标；若设置的是 left 和 bottom 两个值，则对应左下角顶点坐标；若设置的是 right 和 top，则对应右上角顶点坐标；若设置的是 right 和 bottom，则对应右下角顶点坐标。取值可以使用带单位的数值或相对父元素大小的百分比％，若是没有设置，默认 left 和 top 取值都为 0。

- left，正值：以左边为参照，盒子向右移动；负值：以左边为参照盒子向左移动。
- right，正值：以右边为参照盒子向左移动；负值：以右边为参照盒子向右移动。

- top,正值：以上边为参照盒子向下移动；负值：以上边为参照盒子向上移动。
- bottom,正值：以下边为参照盒子向上移动；负值：以下边为参照盒子向下移动。

例如，"left：20px；"表示元素左边框右移 20px；"left：-20px；"表示元素左边框左移 20px。

2. 相对定位的应用举例

【例 h3-9. html】 定义三个宽度都是 240px,高度都是 50px,填充 0,上下边距 5px,左右边距 0,边框都是 1px、黑色实线边框的盒子,设置三个盒子的背景色分别是红色＃f00、绿色＃0f0、蓝色＃00f,在页面中按照顺序添加三个盒子。代码如下：

```
<head>
<meta http-equiv="Content-Type" content="text/html; charset=gb2312" />
<title>相对定位应用</title>
<style type="text/css">
    .box{width:240px; height:50px; padding:0; margin:5px 0;}
    .box1{background:#f00; border:1px solid #000;}
    .box2{background:#0f0; border:1px solid #000;}
    .box3{background:#00f; border:1px solid #000;}
</style>
</head>
<body>
    <div class="box box1"></div>
    <div class="box box2"></div>
    <div class="box box3"></div>
</body>
```

运行效果如图 3-17 所示。修改 box2 的样式,增加相对定位代码"position：relative；left：20px；top：20px；",运行效果如图 3-18 所示(请仔细观察 left 和 top 取值 20px 的移动效果,是从什么位置开始移动的?)

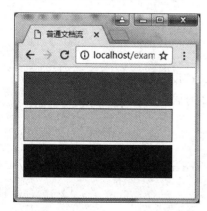

图 3-17 普通流盒子的排列

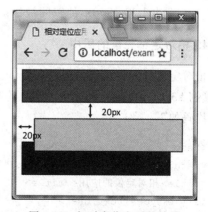

图 3-18 相对定位盒子的效果

修改 box2 的样式,增加"z-index:-1;"之后,运行效果如图 3-19 所示,应用 z-index:-1,将盒子 box2 置于普通页面元素的后方。

设置 left 和 top 取值都是 0 或者不设置 left 与 top 时的效果如图 3-20 所示。

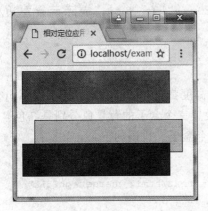

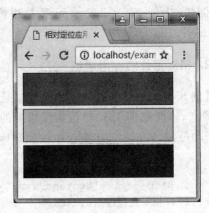

图 3-19　设置 z-index:-1 之后的效果　　　　图 3-20　设置 left 和 top 为 0 的效果

3．相对定位的原则说明

相对定位就是让元素(可以是行内元素)相对于它在正常文档流中的原位置按 left、right、top 和 bottom 的偏移量移动到新位置。

具体原则总结如下:

- 相对定位元素移动后仍保持原来的外观及大小。
- 移动定位后不占据新空间,而是与新位置原有的元素重叠,但该元素在文档流中原来的空间将被保留。也就是说,相对定位元素仍占据原有空间,其他元素保留在自己原来的位置上。
- 相对定位用 left、right、top 和 bottom 指定相对自己原位置移动的偏移量,即相对定位时,系统将该元素定位之前所在位置的左上角顶点视为(0,0)坐标点。

例如,"position:relative; left:350px; bottom:150px;",则该元素相对原位置左边右移 350px、下边上移 150px,原空间被保留。

4．相对定位元素的居中

相对定位的元素仍旧可以使用"margin:x auto;"设置居中。

【例 h3-10.html】 设置相对定位的盒子 box2 的居中效果。

代码如下:

```
<head>
<meta http-equiv="Content-Type" content="text/html; charset=gb2312" />
<title>相对定位的应用</title>
<style type="text/css">
    .box{width:240px; height:50px; padding:0; margin:5px auto;}
    .box1{background:#f00; border:1px solid #000;}
```

```
    .box2{background:# 0f0; border:1px solid # 000; position:relative; left:
    30px; top:20px;}
    .box3{background:#00f; border:1px solid #000;}
</style>
</head>
<body>
    <div class="box box1"></div>
    <div class="box box2">这是相对定位并居中的盒子,left 为 30px,top 为 20px</div>
    <div class="box box3"></div>
</body>
```

运行效果如图 3-21 所示。

设置盒子相对定位并居中,实际上是先将盒子在指定空间中居中,然后再根据定位坐标将盒子进行偏移。

另外,设置了浮动的盒子也可以使用相对定位。

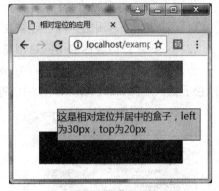

图 3-21　相对定位并居中的盒子

3.4.3　绝对定位 absolute

1. 绝对定位的样式应用及说明

绝对定位:

```
position:absolute;
```

设置绝对定位时,需要使用 left|right、top|bottom 来设置盒子的某个顶点的坐标,若是没有使用上述属性设置顶点坐标,默认定位位置是盒子定位前所在位置,但是不占据页面空间。另外,也可以同时使用 z-index 来设置定位的元素与其他页面元素的覆盖关系。

2. 绝对定位的应用举例

【例 h3-11. html】　在例 h3-8. html 的基础上,修改 box2 样式,将其上下边距设置为 0,使用绝对定位,left 和 top 都设置为 0,代码如下:

```
<head>
<meta http-equiv="Content-Type" content="text/html; charset=gb2312" />
<title>绝对定位应用</title>
<style type="text/css">
    .box{width:240px; height:50px; padding:0; margin:5px 0;}
    .box1{background:#f00; border:1px solid #000;}
    .box2{width:200px; height:40px; margin:0; background:#0f0; border:1px solid #
    000; position:absolute; left:0px; top:0px;}
    .box3{background:#00f; border:1px solid #000;}
</style>
```

```
</head>
<body>
    <div class="box box1"></div>
    <div class="box box2">这是绝对定位的盒子,left 和 top 都是 0</div>
    <div class="box box3"></div>
</body>
</html>
```

运行效果如图 3-22 所示。

从图 3-22 中得到的结论：

（1）box2 原来占用的空间已经被在 html 文档代码中位于其下方的元素 box3 所占用。

（2）box2 定位的坐标取用的是浏览器窗口的坐标。

若是去掉 box2 中定位坐标"left:0px；top:0px；",效果如图 3-23 所示，未设置定位坐标时,盒子默认定位在自己原来所在的位置,但是不占据页面空间。

图 3-22　浏览器中绝对定位的盒子

图 3-23　绝对定位的、未设置定位坐标的 box2

【例 h3-11-1. html】　将 box2 放在 box3 的内部,作为 box3 的子元素：

```
<head>
<meta http-equiv="Content-Type" content="text/html; charset=gb2312" />
<title>绝对定位应用</title>
<style type="text/css">
    .box{width:240px; height:50px; padding:0; margin:5px 0;}
    .box1{background:#f00; border:1px solid #000;}
    .box2{width:200px; height:40px; margin:0; background:#0f0; border:1px solid #
    000; position:absolute; left:0px; top:0px;}
    .box3{background:#00f; border:1px solid #000;}
</style>
</head>
<body>
    <div class="box box1"></div>
    <div class="box box3">这是 box3
    <div class="box box2">绝对定位的 box2,放在未定位的 box3 中</div>
    </div>
</body>
```

运行效果如图 3-24 所示。

从图 3-24 中得到的结论：

将绝对定位的 box2 放在没有定位的 box3 中，实际效果是，box2 仍旧直接在浏览器窗口中进行定位。

若是去掉定位坐标，则效果如图 3-25 所示。

图 3-24　绝对定位的 box2 放
在未定位的 box3 中

图 3-25　绝对定位无坐标的 box2 放
在未定位的 box3 中

【例 h3-11-2. html】　重新定义 box2 的样式，将 left 改为 0，top 改为 20px；重新定义 box3 的高度是 80px，上下边距为 0，绝对定位，left 为 20px，top 为 30px，仍旧将 box2 作为 box3 的子元素，代码如下：

```
<head>
<meta http-equiv="Content-Type" content="text/html; charset=gb2312" />
<title>无标题文档</title>
<style type="text/css">
    * {font-size:10pt;}
    .box1{width:240px; height: 50px; padding: 0; margin: 5px 0; background: # f00;
    border:1px solid #000;}
    .box2{width:200px; height:40px; padding:0; margin:0; background:#0f0; border:
    1px solid #000; position:absolute; left:0px; top:20px;}
    .box3{width:240px; height:80px; padding:0; margin:0; background:#00f; border:
    1px solid #000; position:absolute; left:20px; top:30px;}
</style>
</head><body>
    <div class="box1"></div>
    <div class="box3">这是 box3,采用绝对定位
     <div class="box2">这是 box3 的子元素 box2,绝对定位坐标是 (0,20)</div>
    </div>
</body>
```

运行效果如图 3-26 所示。

从图 3-26 中得到的结论：

将绝对定位的 box2 放在绝对定位的 box3 中，box2 的定位坐标是参照 box3 的左上角

顶点来确定的。

【例 h3-11-3.html】 在例 h3-11-2.html 的基础上,将 box3 改为相对定位,运行效果如图 3-27 所示。

图 3-26 绝对定位的 box2 放在
绝对定位的 box3 中

图 3-27 绝对定位的 box2 放在
相对定位的 box3 中

从图 3-27 中得到的结论:

将绝对定位的 box2 放在相对定位的 box3 中,box2 的定位坐标是参照 box3 的左上角顶点来确定的。

3. 绝对定位的原则说明

绝对定位是将元素依据最近的、已经定位(绝对、固定或相对定位)的父元素进行定位,若所有父元素都没有定位,则依据 body 根元素(浏览器窗口)进行定位,计算绝对定位元素的偏移量,有以下三种情况:

(1) 当绝对定位元素没有父元素时,参照物是浏览器窗口;

(2) 当绝对定位元素包含在普通流的父容器时,参照物是浏览器窗口;

(3) 当绝对定位元素包含在绝对定位或相对定位的父容器中时,参照物是父容器。

绝对定位的元素不论本身是什么类型,定位后都将成为一个新的块级盒框,如果未设置大小,默认自适应所包含内容的区域。

绝对定位的元素不占据页面空间,原空间被后继元素使用。也就是说,定位后将重叠覆盖新位置原有元素,它原来在正常文档流中所占的空间同时被关闭,就像该元素不存在一样。

即,绝对定位元素在页面中的显示位置完全取决于它所属的父元素是否采用定位,从效果上看,没有定位的父元素相当于不存在。

注意:若直接父元素不定位时,子元素将依据再上级已定位的某个父元素(或浏览器)进行绝对定位,页面调整时定位子元素相对直接父元素的位置将会发生变化。因此如果直接父元素不需要定位,而子元素必须根据直接父元素进行绝对定位时,可将父元素设置为相对定位但不设偏移量(不失去空间也不影响位置)即可保证子元素依据直接父元素准确定位。

4. 绝对定位元素的居中

在浏览器窗口中绝对定位的元素除了能够设置在水平方向的居中，还能够设置其在垂直方向的居中效果，如图 3-28 所示。

具体的方案说明：

（1）使用绝对定位 left：50% 与 margin-left 取宽度值的一半的负数形式设置水平居中。

（2）使用绝对定位 top：50% 与 margin-top 取高度值的一半的负数形式设置垂直居中。

图 3-28　绝对定位元素的居中

【例 h3-12.html】 代码如下：

```
<head>
<meta http-equiv="Content-Type" content="text/html; charset=gb2312" />
<title>绝对定位元素的居中</title>
<style type="text/css">
    .box{width:200px; height: 100px; padding: 0; margin: 0; background: # aaf;
    position:absolute; left:50%; top:50%; margin-left:-100px; margin-top:-50px;}
</style>
</head>
<body>
    <div class="box"></div>
</body>
```

3.4.4　固定定位 fixed

固定定位：

```
position:fixed;
```

固定定位与父元素无关（无论父元素是否定位），直接根据浏览器窗口定位且不随滚动条拖动页面而滚动。其余特点与绝对定位相同：行内元素固定定位后将生成为新块级盒框、覆盖新位置原有元素、在正常文档流中所占的原空间关闭可被后继元素使用。

固定定位可用 left、right、top、bottom 指定定位坐标。

注意：IE6 及以下版本不支持 position：fixed 固定定位。

3.4.5　元素的层叠等级

元素定位或浮动后会造成与其他元素的重叠，多个元素的重叠就有了层的概念，最初<div>就称为层标记，实际上任意元素在定位、浮动后与其他元素重叠时包括被覆盖的元素都会成为层元素。

元素重叠时默认按 HTML 文档顺序依次向上堆放，代码在前则为底层，后面元素在之前元素的上层。使用 z-index 属性可设置元素重叠时的层叠顺序。

z-index：层叠等级；

该属性值可以是任意正负整数，不需要从 0 开始也不需要连续，数字值大的元素叠放在数字小的元素之上，默认值 auto 采用父元素设置，父元素未设置则按 HTML 文档顺序层叠。

3.5　盒子的显示方式与可见性

3.5.1　块元素和行内元素

HTML 元素按呈现效果可分为块级元素和行内元素两大类。

1. 块级元素

块级元素在页面中以区域块的形式呈现，可以设置块的高度、宽度和边框。简单来说，块级元素在页面中会独自占据一整行（逻辑行），其开头结尾都会自动换行。如<h>标题元素、<p>段落元素和<div>元素等。

2. 行内元素

行内元素与它前后的其他元素内容显示在一行中，是某个区域块中的一部分。行内元素只有自身的字体大小或图像尺寸，不能独立设置其高度、宽度和边框。如<a>超链接元素、<img>图像元素、<span>元素等。

3.5.2　元素的显示方式

display：显示方式；

display 属性可指定元素的类型以决定元素的显示方式。

行内元素除了通过 float 浮动后可转换成块级元素外，也可通过"display：block；"将其设置为块级元素。

通过 CSS"：hover"伪类或用 JavaScript 代码设置元素的 display 属性可实现动态隐藏元素为不可见或由不可见恢复为可见。

- inline：行内元素，在当前区域块内显示不换行（行内元素默认）。
- block：作为块级元素显示一个新段落（块级元素默认）。
- none：隐藏元素不显示，也不再占用页面空间，相当于该元素已不存在。
- list-itme：将元素显示为列表项的形式，可以设置编号或符号。
- inline-block：生成为行内块元素。

3.5.3　元素的可见性 visibility

visibility：可见性；

- visible：元素可见（独立元素的默认值）。
- hidden：元素隐藏不可见（但仍占据空间，显示为父元素背景色）。
- inherit：使用父元素的可见性（子元素的默认值）。
- collapse：用于表格中可删除一行或一列（不占空间），用于其他元素相当于 hidden。

无父元素的单独元素默认 visible 可见，子元素默认 inherit 继承父元素的可见性，若父元素不可见，则子元素不可见，需要子元素单独可见时必须设置 visibility：visible 覆盖为可见。

任何元素使用 visibility：hidden 时只是不可见，原来占据的页面空间不变，隐藏后不会影响页面中其他元素的位置，需要动态可见时可通过 CSS"：hover"伪类或 JavaScript 代码设置 visibility：visible 恢复可见。

3.6　弹出式菜单设计

访问很多网站的页面时，都会发现这样的应用：当用户将光标放置在某个热点上时，会在紧贴着该热点的左方、下方或者右方（当然也可以是上方）弹出一个菜单或者一个内容层，用户可以接着将光标移至该菜单或者内容层上对其进行相关操作，也可以使光标离开热点，隐藏菜单或者内容层，这是典型的弹出式二级导航方式的应用，当前在很多页面设计中，都可以应用这种技术，而不只是用在弹出式二级导航的设计中。

【例 h3-13.html】　设计菜单，当鼠标指针滑过时在菜单左右显示红色向右和向左的三角，同时在菜单右侧显示对菜单的说明信息。

代码如下：

```
<head>
<meta http-equiv="Content-Type" content="text/html; charset=gb2312" />
<title>带说明信息的菜单</title>
<style type="text/css">
#menu{width:140px; margin:0; border:solid 1px #ccc; font-family:Arial; font-
size:16px;}
#menu div {width:130px; padding:4px; background:#fff; border:solid 1px #fff;
position:relative;text-align:center; color:#c00; cursor:pointer; }
#menu div span {display:none;}              /*设置div内部所有span元素初始状态为隐藏*/
#menu div:hover {border-color:#c00;}    /*设置鼠标悬停时边框颜色为暗红色*/
#menu div:hover span {
    display:block;                          /*设置为块级元素*/
    position:absolute;                      /*在相对定位div中使用绝对定位*/
    height:0; width:0;
```

```
        border:solid 8px #fff;                /*设置所有 span 边框样式 8px 白色实线*/
        top:4px;                              /*顶端距离相对定位的父元素 div 顶端 4px*/

}
/*上面生成的 span 元素是一个 16*16(左边框 8+右边框 8,上边框 8+下边框 8)的白色方块,每个
边在块中占据一个三角的位置,左边框为一个向右的三角,右边框为一个向左的三角*/
#menu div:hover span.left{
        border-left-color:#c00;               /*设置左边框(向右的三角)为暗红色*/
        left:8px;
}
#menu div:hover span.right{
        border-right-color:#c00;              /*设置右边框(向左的三角)为暗红色*/
        right:8px;
}
#menu div:hover span.intro{display:block;width:100px; height:auto; padding:5px;
border:1px dashed #234; background:#eee; left:150px; top:0px; font-size:12px;
color:#000;}
</style>
</head>
<body>
        <h2>将鼠标滑动到每个菜单上观察效果</h2>
        <div id="menu">
        <div>
            <span class="left"></span>
                Home
            <span class="right"></span>
            <span class="intro">这里说明 Home 菜单项</span>
        </div>
        <div>
            <span class="left"></span>
                    Contact Us
            <span class="right"></span>
            <span class="intro">这里说明 Contact Us 菜单项</span>
        </div>
        <div>
            <span class="left"></span>
                Web Dev
            <span class="right"></span>
            <span class="intro">这里说明 Web Dev 菜单项</span>
        </div>
        <div>
            <span class="left"></span>
                    Web Design
            <span class="right"></span>
```

```
        <span class="intro">这里说明 Web Design 菜单项</span>
    </div>
    <div>
        <span class="left"></span>
            Map
        <span class="right"></span>
        <span class="intro">这里说明 Map 菜单项</span>
    </div>
</div>
</body>
```

页面初始运行效果如图 3-29 所示。鼠标指针指向第一个菜单之后的效果如图 3-30 所示。

图 3-29　h3-13.html 初始运行效果

图 3-30　鼠标移动到第一项的效果

【例 h3-14. html】　某购物网站中,新品牌开售预告模块在页面刚刚加载时的运行效果如图 3-31 所示。

图 3-31　h3-14. html 页面初始运行效果

当鼠标指针指向某个品牌图标时,效果如图 3-32 所示。

图 3-32　鼠标指向某品牌图标时的效果

样式代码如下:

1: body{background:#eee;}

2: h3{font-size:12pt; text-align:center;}

3: .divw{width:300px; height:150px; padding:0; margin:0 auto; background:#fbfbfb;
   border:2px groove #fbfbfb;   position:relative;}

4: .divSmall{width:98px; height:48px; padding:1px; margin:0;float:left;}

5: .divBig{width:310px; height: auto; padding: 10px; margin: 0;   background: #
   fbfbfb; position:absolute;display:none;}

6: .divBig p{margin:10px 0 0; font-size:10pt;}

7: .divBig div{width:300px; height:30px; padding:5px; margin:0; background:#eee;}

8: .divBig img{width:310px; height:180px;}

9: .txt{width:200px; height:22px; padding: 0; margin: 0 1px 0 0; font-size:10pt;
   color:#ccc; vertical-align:middle; }

10: .btn{width:80px; height: 30px; padding: 0; margin: 0; font-size: 10pt; line-
    height:30px; text-align:center; vertical-align:middle;}

11: #divBig1{ right:300px; top:-20px;}

12: #divBig2{ right:200px; top:-20px;}

13: #divBig3{ right:100px; top:-20px;}

14: #divBig4{ right:300px; top:0px;}

15: #divBig5{ right:200px; top:0px;}

16: #divBig6{ right:100px; top:0px;}

17: #divBig7{ right:300px; top:20px;}

18: #divBig8{ right:200px; top:20px;}

19: #divBig9{ right:100px; top:20px;}

20: .imgSmall{width:98px; height:48px; cursor:pointer;}

21: **.divSmall:hover .divBig{   display:block;}**

22: **.divSmall:hover{ background:url(images/bg.png);}**

样式代码解释如下：

第 3 行,定义的.divw,是用于存放所有元素的相对定位并水平居中的盒子,若是放在包含其他内容的页面中,则可以去掉水平居中,而将其设置为浮动,但是必须要保留相对定位应用,宽度 300px、高度 150 px,是根据内部横向并列排放的三个小图片的大小确定的,每个品牌图标大小都是 98 px×48 px,都放在宽度是 98 px、高度是 48 px、四个方向填充都是 1 px 的 div 内部。

第 4 行,定义的.divSmall,是用于存放宽 98 px、高 48 px 的品牌图标,为其设置四个方向的填充都是 1 px,是为了凸显其四个角的线框背景做准备的(如图 5-15 中梦特娇小图标四个角的小线框)。

第 5 行,定义的盒子.divBig,用于存放一幅宽 310 px、高 180 px、品牌名称图片、一个文本框及"开售提醒"按钮,该盒子不占用页面空间,且要浮在其他元素的上方,所以需要定义为绝对定位,并且初始状态为隐藏。

第 6 行,定义在盒子.divBig 内部显示品牌名称的文字所在段落的相关样式。

第 7 行,定义在盒子.divBig 内部底端显示文本框和按钮的盒子的相关样式。

第 8 行,定义盒子.divBig 内部图片的大小。

第 9 行和第 10 行,分别定义盒子.divBig 中的文本框和按钮的样式,两者都要使用"vertical-align:center;",这样才能保证将两个元素互设为垂直方向居中对齐的效果。

第 11 行到第 19 行,设置九个绝对定位盒子的坐标值,第一行三个盒子纵坐标都是-20px,横坐标中 right 分别是 300px、200px 和 100px,这样能够保证这几个盒子紧贴在第一行中三个品牌图标的左侧;第二行三个盒子纵坐标都是 0px,横坐标中 right 分别是 300px、200px 和 100px;第二行三个盒子纵坐标都是 20px,横坐标中 right 分别是 300px、200px 和 100px。

第 20 行,定义的.imgSmall 用于设置当鼠标移动到品牌图标上面时,形状为小手。

第 21 行,设置鼠标指向 divSmall 层时,显示其中包含的 divBig 层。

第 22 行,设置鼠标指向 divSmall 层时,设置该层的背景图片。

页面元素代码如下:

```
<body>
    <h3>新品牌开售预告</h3>
    <div class="divw">
     <div class="divSmall">
        <img src="images/small_1.jpg" class="imgSmall" />
        <div class="divBig" id="divBig1">
            <img src="images/big_1.jpg" />
            <p>Crespignano 配件专场</p>
            <div>
                <input type="text" class="txt" value="请输入手机号或邮箱" />
                <input type="button" class="btn" value="开售提醒" />
            </div>
```

```
        </div>
    </div>
    <div class="divSmall">
        <img src="images/small_2.jpg" class="imgSmall" />
        <div class="divBig" id="divBig2">
            <img src="images/big_2.jpg" />
            <p>茜茜公主 SISI 女包专场</p>
            <div>
            <input type="text" class="txt" value="请输入手机号或邮箱" />
            <input type="button" class="btn" value="开售提醒" />
            </div>
        </div>
    </div>
    <div class="divSmall">
        <img src="images/small_3.jpg" class="imgSmall" />
        <div class="divBig" id="divBig3">
            <img src="images/big_3.jpg" />
            <p>梦特娇 MONTAGUT 男鞋专场</p>
            <div>
            <input type="text" class="txt" value="请输入手机号或邮箱" />
            <input type="button" class="btn" value="开售提醒" />
            </div>
        </div>
    </div>
    <div class="divSmall">
        <img src="images/small_4.jpg" class="imgSmall" />
        <div class="divBig" id="divBig4">
            <img src="images/big_4.jpg" />
            <p>先锋 Singfun 电暖专场</p>
            <div>
            <input type="text" class="txt" value="请输入手机号或邮箱" />
            <input type="button" class="btn" value="开售提醒" />
            </div>
        </div>
    </div>
    <div class="divSmall">
        <img src="images/small_5.jpg" class="imgSmall" />
        <div class="divBig" id="divBig5">
            <img src="images/big_5.jpg" />
            <p>德意志山峰 GERTOP 男鞋专场</p>
            <div>
            <input type="text" class="txt" value="请输入手机号或邮箱" />
            <input type="button" class="btn" value="开售提醒" />
            </div>
```

```
        </div>
    </div>
    <div class="divSmall">
        <img src="images/small_6.jpg" class="imgSmall" />
        <div class="divBig" id="divBig6">
            <img src="images/big_6.jpg" />
            <p>三星 SAMSUNG 净化器专场</p>
            <div>
            <input type="text" class="txt" value="请输入手机号或邮箱" />
            <input type="button" class="btn" value="开售提醒" />
            </div>
        </div>
    </div>
    <div class="divSmall">
        <img src="images/small_7.jpg" class="imgSmall" />
        <div class="divBig" id="divBig7">
            <img src="images/big_7.jpg" />
            <p>莎莎 sasa 旗下化妆品专场</p>
            <div>
            <input type="text" class="txt" value="请输入手机号或邮箱" />
            <input type="button" class="btn" value="开售提醒" />
            </div>
        </div>
    </div>
    <div class="divSmall">
        <img src="images/small_8.jpg" class="imgSmall" />
        <div class="divBig" id="divBig8">
            <img src="images/big_8.jpg" />
            <p>兰蔻 Lancome 化妆品专场</p>
            <div>
            <input type="text" class="txt" value="请输入手机号或邮箱" />
            <input type="button" class="btn" value="开售提醒" />
            </div>
        </div>
    </div>
    <div class="divSmall">
        <img src="images/small_9.jpg" class="imgSmall" />
        <div class="divBig" id="divBig9">
            <img src="images/big_9.jpg" />
            <p>阿卡莎 Alcazar 女鞋专场</p>
            <div>
            <input type="text" class="txt" value="请输入手机号或邮箱" />
            <input type="button" class="btn" value="开售提醒" />
            </div>
```

```
          </div>
       </div>
       </div>
</body>
```

说明：当鼠标指针指向某品牌图标而显示出品牌信息时，为了保证能够将鼠标从品牌图标区域移动到品牌信息区域中，在添加页面元素时，将品牌信息 div 作为品牌图标 div 的子元素使用，即 class 为 divBig 的 div 是 class 为 divSmall 的 div 的子元素。

3.7 习题

一、选择题

1. 如何显示这样一个边框：顶边框 10 px、底边框 5 px、左边框 20 px、右边框 1 px？（   ）

　　A. border-width：10px 1px 5px 20px　　　B. border-width：10px 20px 5px 1px

　　C. border-width：5px 20px 10px 1px　　　D. border-width：10px 5px 20px 1px

2. 如何改变元素的左边距？（   ）

　　A. text-indent：　　　　　　　　　　　B. margin-left：

　　C. margin：　　　　　　　　　　　　　D. indent：

3. 如需定义元素内容与边框间的空间，可使用 padding 属性，并可使用负值这种说法是（   ）的。

　　A. 错误　　　　　　　B. 正确

4. 如何产生带有正方形的项目的列表？（   ）

　　A. list-type：square　　　　　　　　　B. list-style-type：square

　　C. type：square　　　　　　　　　　　D. type：2

5. 在 IE6 以上浏览器中使用 W3C 标准时，设置某个块级元素的样式为｛width：200px；margin：10px；padding：20px；border：1px solid ♯f00；｝，该块级元素的总宽度是（   ）。

　　A. 200px　　　　　　B. 220px　　　　　　C. 260px　　　　　　D. 262px

6. 以下哪个不属于背景样式属性？（   ）

　　A. backgroundColor　　　　　　　　　　B. background-image

　　C. background-repeat　　　　　　　　　D. background-position

二、操作题

1. 完成如图 3-33 所示的布局效果，各个盒子的宽度高度自行定义。

2. 使用 div+css 制作出一个如图 3-34 所示的水平、垂直都居中的红色十字架，其中水平条宽度为 880 px、高度为 40 px，垂直条宽度 80 px、高度 460 px。具体要求如下：

　　(1) 使用 2 个 div 完成；

　　(2) 使用 5 个 div 完成。

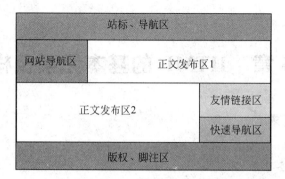

图 3-33 页面布局效果

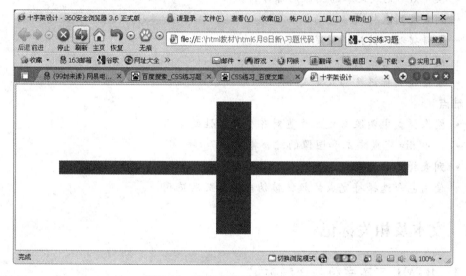

图 3-34 垂直水平都居中的十字架

第 4 章　HTML 的基本元素及样式

学习目的与要求

知识点

- 文本相关的各种标记
- 图像与图像的样式
- 使用 div 完成文本和图像的综合排版
- 列表及列表样式
- 超链接及超链接伪类定义
- 图像映射的应用
- 表格相关标记及样式定义

难点

- 图像样式中图像与文本垂直对齐样式属性的应用
- 使用 div 完成文本和图像的综合排版
- 列表样式的标准定义和应用
- 使用包含选择符完成的超链接伪类的定义及应用

4.1　文本及相关标记

4.1.1　HTML 文本字符与注释标记

1. 实体字符

实体字符就是文本中使用的特殊字符,例如"<"和">"在 HTML 中已经作为标记的定界符,当其作为尖括号、小于或大于号使用时将被浏览器解析为标记符号,就会引起混乱,出现错误,如果需要在页面中显示这些特殊字符,则必须使用这些字符的实体名称或实体编号。常用特殊字符的实体名称和实体编号见表 4-1。

表 4-1　常用特殊字符的实体名称和实体编号

字　符	描　述	实体名称	实体编号
	空格		
<	小于号	<	<
>	大于号	>	>
&	和号	&	&

续表

字　符	描　述	实体名称	实体编号
￥	人民币	&yen;	&#165;
♂	版权	&copy;	&#169;
©	注册商标	&reg;	&#174;
°	摄氏度	&deg;	&#176;
±	正负号	&plusmn;	&#177;
×	乘号	&times;	&#215;
÷	除号	&divide;	&#247;
²	平方2(上标2)	&sup2;	&#178;
³	立方3(上标3)	&sup3;	&#179;

注意：在 HTML 文档的代码中不论使用多少空格或回车换行,在浏览器页面中显示时最多只显示一个空格,因此空格符可使用" "或" ",换行用
标记。

另外,不同浏览器使用的默认字体往往不同,而不同字体对空格的显示宽度解析相差很大,所以,如果某块文本中需要使用空格字符时,要对该文本区域设置字体 Calibri,这种字体在各种浏览器中对空格的显示宽度解析基本是一致的。

2. 注释标记

如果需要在 HTML 文档中添加一些便于阅读理解但不需要显示在页面中的注释文字,可将注释内容放在<!-- -->注释标记内。

- <!--注释内容 -->：该标记在所有浏览器中通用；
- <comment>注释内容</comment>：该标记只有在 IE 浏览器中起作用,其他所有浏览器即便是 IE 内核的也不起作用。

注意：XHTML 规范除了在注释标记的开头结尾使用"--"字符外,不能在注释内容中间使用两个以上连字符"--"。

4.1.2　文本相关标记

有关文本字体设置、修饰的标记都是行内标记。

1. 上下标标记<sup>、<sub>

^{上标文本}
_{下标文本}

2. 文本修饰标记

加粗：<b>加粗文本</b>　　　　XHTML 推荐使用：<strong>…</strong>
斜体：<i> 斜体文本</i>　　　　XHTML 推荐使用：<em>…</em>
删除线：<s>…</s> 或 <strike>…</strike>
　　　　　　　　　　　　　　XHTML 推荐使用：<del>…</del>
下画线：<u>…</u>
注意：以上标记均可使用<span>标记配合 CSS 样式设置。

3. 段落标记<p>

<p>分段显示的文本</p>
<p>标记是前后自动换行并保持一定间距的块级标记，用于定义一个文本段落。
<p>标记默认的段前段后间距非常大，且不同浏览器下有不同的间距默认值，所以需要通过样式代码设置其段前段后间距。

4. 换行标记

一个文本块中的内容如果太多，其内部换行方式默认是在父元素或浏览器有边框处自动进行，如果需要在内部指定位置换行但不分段，则需要在指定位置使用换行标记
。

换行标记中不能使用任何属性和样式。

在页面中如果需要增加空行，则要使用换行标记
，而不能使用空白段落标记<p></p>，这是因为空白段落标记只有默认的上下边距，多个空白段落标记不断进行上下边距合并，最终无法实现空白行的添加效果。

【例 h4-1. html】 应用各种文本标记。

```
<head>
<meta http-equiv="Content-Type" content="text/html; charset=gb2312" />
<title>应用文本字符和标记</title>
</head>
<body>
    <h2 style="text-align:center">应用文本字符和标记</h2>
    <hr width="70%" />
    <p>html 文档的起始标记和中止标记分别是 &lt;html&gt;和 &lt;/html&gt;</p>
    <p>html 文档的注释标记是 &lt;!--...--&gt;</p>
    <hr width="70%" />
    <p>使用上标：a<sup>2</sup>+b<sup>2</sup>=c<sup>2</sup></p>
    <p>使用下标：x<sup>y 上标</sup>+x<sub>1 下标</sub>=z</p>
    <hr width="70%" />
    <p>下面是 4 对空白段落标记，没有生产空白行</p>
    <p></p><p></p><p></p><p></p>
```

```
<p>下面是 4 个换行标记生成的空白行</p>
<br /><br /><br /><br />
<p style="text-align:center">段落中换行的应用,<br />根据段落居中效果,可以看
出换行后仍旧是一个段落的内容</p>
</body>
```

页面运行效果如图 4-1 所示。

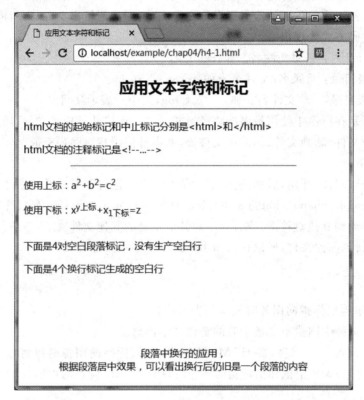

图 4-1 应用文本字符和标记

4.2 图像与图像样式

4.2.1 插入图像

图像的插入能够使创建的页面更加形象生动,插入图像需要使用标记<img>,基本
格式如下:

<img src="图像 URL" [其他各种可选属性] />

<img />标记是行内元素,用于在当前行中插入一幅图像,图像前后的文本默认与
图像底部对齐。

1．src 属性与图像路径

src 属性指定图像路径及文件名，文件必须是 jpeg、jpg、gif 或 png 格式。

指定图像时可以选择的路径有相对路径和根路径两种。

1）相对路径

相对路径就是图像文件相对于当前页面文件的路径。对于相对路径可以这样描述：从当前页面文件所在的位置一级一级操作文件夹，直到找到目标文件，将所需要的操作步骤使用路径代码方式体现出来。

- 同一目录内：只写文件名。如，cat.jpg。
- 下一级目录：目录名/文件名。如，images/cat.jpg。
- 上一级目录：../文件名。如，../cat.jpg，其中..表示父目录。

相对路径是在页面中使用最多的路径形式，例如，连接外部样式文件、插入图像文件、插入背景音乐文件、动画文件、超链接文件等，基本都使用相对路径完成。

2）根路径

根路径是以斜杠/开始，后面跟随从当前文件所在盘符开始的完整路径形式，例如/E:/html /example/chap04/img/img4-1.jpg，这种路径方式必须要带有盘符，一旦将整个网站文件夹移动到其他盘符下，或者复制到其他主机的其他文件夹下，该路径方式都要失效，导致无法找到图片文件，所以在页面中不建议使用根路径方式。

2．可选属性

title：指定当鼠标指向图片时显示的提示信息。

alt：指定页面中图像不能显示时的替代文本信息。

如果没有设置 title 属性，在 HTML 文档中，当鼠标指向图像时也将显示 alt 文本作为提示；而在 XHTML 中鼠标指针指向图像时仅显示 title 设置的内容，没有 title 也不会显示 alt 文本。

width：设置图像在页面中的显示宽度，可以设置为像素，也可以设置为原图片大小百分比的形式。

height：设置图像的高度，可以是像素或百分比形式。

通常情况下，当需要调整图片大小时，为了保证图片比例不失调，只设置 width 属性或者只设置 height 属性，另一个属性取值会自动按比例变化。

4.2.2　图像样式

在 CSS 中可用于美化图像的样式属性如下：

width——设置图像的宽度；

height——设置图像的高度；

border——设置图像的边框；

margin——设置图像在四个方向的外边距，图像元素虽然是行内元素，但是因为效果为块状,所以可以为其设置 margin 属性。

vertical-align:设置同一行中图像与文字的垂直对齐方式,样式属性常用的取值为:

- top——图像顶端与第一行文字行内框顶端对齐。
- text-top——图像顶端与第一行文字文本顶线对齐。
- middle——图像垂直方向中间线与第一行文字对齐。
- bottom——图像底线与第一行文字行内框底端对齐。
- text-bottom——图像底线与第一行文字文本底线对齐。
- baseline——图像底线与第一行文字基线对齐。

display——取值为 block 时将图像由行内元素改变为块级元素。

【例 h4-2. html】　在当前网页文件目录中的下一级文件夹 images 中存有 dog1. jpg 图像文件,用浮动的 div 添加四幅图,观察图像属性 alt 和 title 作用,同时观察图像与文本对齐关系。

```
<head>
<meta http-equiv="Content-Type" content="text/html; charset=gb2312" />
<title>显示图像</title>
<style type="text/css">
    div{width:580px;}
    div div{width:auto; margin:5px; float:left; border:1px dashed #a00;}
    img{width:120px; height:90px;}
    .img2{ vertical-align:text-top;}
    .img3{vertical-align:top;}
    span{font-size:12pt;line-height:60px;}
</style>
</head>
<body>
    <h2 style="text-align:center" >图像属性及图像与文本的对齐关系</h2>
    <hr />
    <p>下面虚线框是 div 的边框</p>
    <div>
    <div><img src="images/dog1.jpg" title="不设置特殊效果的图像" alt="这是 dog1
    图像文件" /></div>
     <div>
        <img src="images/dog1.jpg" class="img2" />
        <span>文本行高 60px,顶端与图像顶端对齐</span>
    </div>
    <div><img src="images/dog3.jpg" alt="这是 dog3 图像文件,该图像不存在,显示
    alt 属性值" /></div>
    <div>
        <img src="images/dog1.jpg" class="img3" />
        <span>文本行高 60px,行内框顶端与图像顶端对齐</span>
     </div>
    </div>
</body>
```

运行效果如图 4-2 所示。

图 4-2   h4-2.html 执行效果

图 4-2 的说明：

（1）用鼠标指针指向第一个图像时会显示 title 属性的内容而不是 alt 属性的内容；

（2）第二行第一幅图 dog3 并不存在，运行时在该图像的位置将显示 alt 属性的内容而不是 title 属性的内容；

（3）第一行第二幅图 vertical-align 设置的是 text-top，右侧的文本行高 line-height 是 60px，运行效果中，是文本顶端与图片的顶端对齐，文本行内框顶端与 div 上边框对齐；

（4）第二行第二幅图 vertical-align 设置的是 top，右侧的文本行高 line-height 是 60px，运行效果中，是文本行内框顶端与图片的顶端对齐。

注意：如果是两幅高度不同的图像在一个父元素内横向排列，要做到顶端对齐，对其中一个应用"vertical-align：top；"即可；若是三幅高度不同的图像在一个父元素内横向排列，要做到顶端对齐，需要对其中任意两个应用"vertical-align：top；"完成设置。

4.2.3   使用 display：block 将图像转换为块级元素

在 4.2.1 节开始提到，<img>标记是行内标记，只要没有采用其他换行方法，在浏览器窗口宽度允许的情况下，各个<img>插入的图像都将在一行中显示，可以通过设置图像的"display：block；"样式属性将其转换为块级元素。

4.2.4   使用 float 将图像设置为浮动块元素

行内元素<img>可以通过 float 将其设置为浮动的块元素，结合段落元素的浮动效果，可以实现图片与文本的环绕排列。

图 4-3　图片与文本的环绕排列

【例 h4-3. html】　实现如图 4-3 所示的图像与文本的环绕效果。代码如下：

```
<head>
<meta http-equiv="Content-Type" content="text/html; charset=gb2312" />
<title>Head Line</title>
<style type="text/css">
    h1{ background:#678; color:white; text-align:center;}
    p{ font-family:Arial; font-size:10pt; line-height:1.5;}
    p:first-letter{    font-size:3em;    float:left;}
    img{padding:5px; margin:10px 10px 10px 0;border:1px gray dashed; float:left;}
</style>
</head>
<body>
    <h1>故乡的茶,满是思念的味道</h1>
    <img src="images/cup.gif"/>
    < p> 这些年虽然一直在故乡的千里之外,但从来没有放弃喝老家茶的习惯。每次回老家时,
    我都要赶上产茶的时节,那样我会买回足够喝上一年的绿茶回来。我现在所居住地方的人们
    喜欢喝花茶,曾经也想尝试过入乡随俗,但怎么也喝不出故乡的味道。也曾经在很疲倦的时
    候试着喝一杯咖啡来解解乏,但它常常会太刺激我的胃,让我的胃疼痛不止,而且也很容易让
    我的身体上火。其实绿茶不仅有消食、提神、利尿、清火的功能,它还有助于美容,因为它具有
    抗氧化的功能。喝完的茶叶用器皿收集起来,晒过之后可以做夏天的凉枕,或者是用来培植
    花儿。< /p>
< /body>
```

4.3　小案例：div、图像和文本的综合排版

使用 div、img 和文本样式定义,设计如图 4-4 所示的页面效果,图中的线框是编者为
了说明页面中使用的盒子的排列情况而增加的,实际页面中不要使用这些线框。

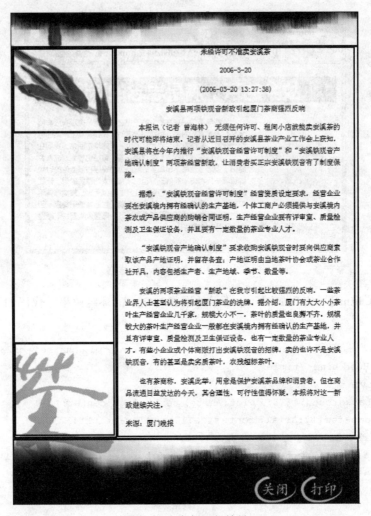

图 4-4　小案例运行效果

提供的素材：teaimg 文件夹下的 top.jpg、left1.jpg、left2.png 和 bott.jpg 四个图片，图片的大小分别是 600×61、174×143、174×140 和 600×134。

4.3.1　案例分析

页面中使用的盒子分别如下：

将页面分成上中下三个部分的盒子，编者使用 .top、.mid 和 .bot 选择符定义，宽度都取用最长图片的宽度 600px，高度分别是 61px、auto 和 134px，填充都为 0，都要设置为居中且上下边距必须为 0。

在中间 .mid 区域中又划分为左右两个部分，使用 .mid_1 和 .mid_2 选择符定义，都要向左浮动，宽度分别是 174px 和 406px，高度都设置为 auto，填充分别是 0 和 10px（将右侧盒子的填充设置为 10px，保证内部文本与盒子边框之间有一定的距离），边距都是 0。

在.mid_1 内部划分了上中下三个部分,分别使用.mid_1_1、.mid_1_2 和.mid_1_3 选择符定义,宽度都为 100%(表示取用父元素的宽度),高度分别是 143px、370px 和 140px,填充都是 0,边距都是 0。

在.mid_2 内部所有段落中的文本字号都是 10pt,文本行高是 20px,段落前后间距都是 8px;设置一个用于居中的样式选择符.pcenter 和一个用于缩进两个字符的选择符.pind。

定义一个用于清除浮动效果的选择符.clear,在.mid 结束前使用。

4.3.2 案例代码

【例 h4-4. html】

```
<head>
<meta http-equiv="Content-Type" content="text/html; charset=gb2312" />
<title>无标题文档</title>
<style type="text/css">
    .top{width:600px; height:61px; padding:0; margin:0 auto;}
    .mid{width:600px; height:auto; padding:0; margin:0 auto;}
    .mid_1{width:174px; height;auto; padding:0; margin:0; float:left;}
    .mid_1_1{width:100%; height:143px; padding:0; margin:0;}
    .mid_1_2{width:100%; height:370px; padding:0; margin:0;}
    .mid_1_3{width:100%; height:140px; padding:0; margin:0;}
    .mid_2{width:406px; height:auto; padding:10px; margin:0; float:left;}
    .mid_2 p{font-size:10pt; line-height:20px; margin:8px 0;}
    .mid_2 .pcenter{text-align:center;}
    .mid_2 .pind{text-indent:2em;}
    .bot{width:600px; height:134px; padding:0; margin:0 auto;}
    .clear{clear:both;}
</style>
</head>
<body>
    <div class="top"><img src="teaimg/top.jpg" /></div>
    <div class="mid">
     <div class="mid_1">
                <div class="mid_1_1"><img src="teaimg/left1.jpg" /></div>
                <div class="mid_1_2"></div>
                <div class="mid_1_3"><img src="teaimg/left2.png" /></div>
    </div>
    <div class="mid_2">
        <p class="pcenter">未经许可不准卖安溪茶</p>
        <p class="pcenter">2016-3-20</p>
        <p class="pcenter">(2016-03-20 13:27:38)</p>
        <p class="pcenter">安溪县两项铁观音新政引起厦门茶商强烈反响</p>
```

```
<p class="pind">本报讯(记者 曾海林) 无须任何许可、租间小店就能卖安溪茶的时
代可能即将结束。记者从近日召开的安溪县茶业产业工作会上获知,安溪县将在今年内
推行"安溪铁观音经营许可制度"和"安溪铁观音产地确认制度"两项茶经营新政,让消费
者买正宗安溪铁观音有了制度保障。</p>
<p class="pind">据悉,"安溪铁观音经营许可制度"经营资质设定要求,经营企业要
在安溪境内拥有经确认的生产基地,个体工商户必须提供与安溪境内茶农或产品供应商
的购销合同证明,生产经营企业要有评审室、质量检测及卫生保证设备,并且要有一定数
量的茶业专业人才。</p>
<p class="pind">"安溪铁观音产地确认制度"要求收购安溪铁观音时要向供应商索
取该产品产地证明,并留存备查;产地证明由当地茶叶协会或茶业合作社开具,内容包括
生产者、生产地域、季节、数量等。</p>
<p class="pind">安溪的两项茶业经营"新政"在我市引起比较强烈的反响,一些茶业
界人士甚至认为将引起厦门茶业的洗牌。据介绍,厦门有大大小小茶叶生产经营企业几
千家,规模大小不一,茶叶的质量也良莠不齐。规模较大的茶叶生产经营企业一般都在
安溪境内拥有经确认的生产基地,并且有评审室、质量检测及卫生保证设备,也有一定数
量的茶业专业人才。有些小企业或个体商贩打出安溪铁观音的招牌,卖的也许不是安溪
铁观音,有的甚至是卖劣质茶叶,农残超标茶叶。</p>
<p class="pind">也有茶商称,安溪此举,用意是保护安溪茶品牌和消费者,但在商品
流通日益发达的今天,其合理性、可行性值得怀疑。本报将对这一新政继续关注。</p>
<p>来源:厦门晚报</p>
</div>
<div class="clear"></div>
</div>
<div class="bot"><img src="teaimg/bott.jpg" /></div>
</body>
```

注意:在只包含了图片的 div 中,所设计的 div 的大小与图片的大小完全一致,在图片标记<img>的前后不要出现空格和换行符,即<div><img></div>这三个标记一定要紧密放在一起,这是为了避免在一些低版本浏览器中,因为空格或者回车,使得 div 中内容增多,实际高度比所定义高度增高,从而导致图片出现断裂的现象,读者可以自己尝试。

为了避免上述现象,在很多网页中,若是某个 div 中只有一幅图,通常将这幅图设计为 div 的背景形式,请读者自己完成。

4.4 列表标记与相关样式

列表可提供容易阅读、结构化的索引信息,如提纲、目录、索引清单,可以帮助访问者方便地找到信息,并引起访问者对重要信息的注意。例如,以下对列表类型的介绍就是一个无序列表。

- 有序列表<ol>:列表项前有数字或字母变化的顺序缩进列表。
- 无序列表<ul>:列表项前有特殊项目符号的缩进列表。
- 定义列表<dl>:列表项前没有任何编号或符号的缩进列表。

- 目录列表<dir>：类似无序列表。
- 菜单列表<menu>：类似无序列表。

列表标记都是块级标记。

4.4.1 各种列表标记介绍

1. 有序列表<ol>

```
<ol [ type="编号类型" start="编号起始值" ]>
    <li [ type="无序符号类型" value="值" ]>列表项 1</li>
    <li>列表项 2</li>
    <li>列表项 3</li>
    …
</ol>
```

<ol>标记定义有序列表,至少包含一个<li>列表项,每个<li>列表项前自动添加<ol>指定的递增编号或字母,自动分行且每行自动缩进。<ol>及<li>标记都是双标记。列表相关属性取值说明见表 4-2。

表 4-2 列表相关属性取值说明

type 编号类型	显 示 内 容	start 默认值
1(默认)	数字 1 2 3 ……	1
a 或 A	英文字母 a b c……或 A B C……	a 或 A
i 或 I	罗马数字 i ii iii ……或 I II III ……	i 或 I

2. 无序列表<ul>

```
<ul [ type="项目符号类型" ]>
    <li>列表项 1</li>
    <li>列表项 2</li>
    …
</ul>
```

<ul>标记定义无序列表,至少包含一个<li>列表项,每个<li>列表项前自动添加<ul>指定的项目符号,自动分行且每行自动缩进。<ul>及<li>标记都是双标记。

type 项目符号可以取用 disc●、circle○、square■三种值。

【例 h4-5.html】 使用默认列表序号或符号的有序、无序列表。

```
<head>
<meta http-equiv="Content-Type" content="text/html; charset=gb2312" />
<title>有序无序列表</title>
<style type="text/css">
```

```
        body{font-size:10pt;}
</style>
</head><body>
    <h3>有序列表</h3>
    <ol><li>苹果</li><li>香蕉</li><li>橘子</li></ol>
    <hr />
    <h3>无序列表</h3>
    <ul><li>玫瑰</li><li>栀子</li><li>玉兰</li></ul>
</body>
```

效果如图 4-5 所示。

3. 无序列表和有序列表的嵌套

【例 h4-6.html】 使用有序列表和无序列表的嵌套实现图 4-6 的效果。

图 4-5 使用有序、无序列表

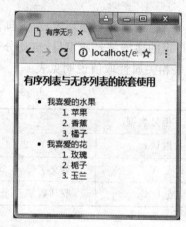

图 4-6 有序列表和无序列表的嵌套

将 h4-5.html 中主体部分代码使用如下代码替换：

```
<body>
    <h3>有序列表与无序列表的嵌套使用</h3>
    <ul>
    <li>我喜爱的水果</li>
        <ol><li>苹果</li><li>香蕉</li><li>橘子</li></ol>
    <li>我喜爱的花</li>
        <ol><li>玫瑰</li><li>栀子</li><li>玉兰</li></ol>
    </ul>
</body>
```

4. 定义列表<dl>

```
<dl>
    <dt>名词 1</dt>
        <dd>名词 1 解释 1</dd>
```

```
    <dd>名词 1 解释 2</dd>
    ...
  <dt>名词 2</dt>
    <dd>名词 2 解释 1</dd>
    <dd>名词 2 解释 2</dd>
    ...
  ...
</dl>
```

<dl>标记定义无编号、无符号的术语,"定义列表",是一种两个层次的列表,可提供术语名词和该名词解释的两级信息。

<dt>标记指定术语名词不缩进,</dt>可省略但必须有文本。

<dd>标记指定对术语的解释自动缩进,</dd>可省略。

一个<dt>术语定义可以有多个<dd>内容解释,也可内嵌块级元素。

【例 h4-7. html】 定义列表,如图 4-7 所示。

图 4-7 定义列表应用

```
<head>
< meta http - equiv = " Content - Type " content ="
text/html; charset=gb2312" />
<title>定义列表</title>
<style type="text/css">
    body{font-size:10pt;}
</style></head><body>
    <dl>
     <dt>星期日</dt>
        <dd>一周的第一天</dd>
     <dt>HTML</dt>
        <dd>超文本标记语言</dd><dd>描述页面内容</dd>
     <dt>网页三剑客</dt>
        <dd>Dreamweaver</dd><dd>Flash</dd><dd>Fireworks</dd>
    </dl>
</body>
```

4.4.2 列表样式

在很多页面中都使用列表来排列某一类内容的标题,例如图 4-8 所示的通知公告内容板块。

图 4-8 中列表符号不是使用默认的几种符号,而是使用了小图片作为符号,要实现这种效果,必须要使用列表样式,列表样式能美化列表效果。

1. 列表专用样式属性

常用的列表专用样式属性及取值说明如表 4-3 所示。

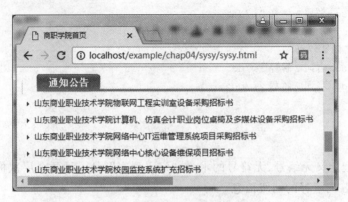

图 4-8　使用列表排列的内容板块

表 4-3　列表样式属性

列表样式属性	取值和描述
list-style-type：符号类型；	无序：disc 圆点、circle 圆圈、square 方块、none 无标记
	有序：decimal 数字（默认）、none 无标记 lower-alpha/upper-alpha 英文字母 lower-roman/upper-roman 罗马数字 lower-greek 希腊字母（alpha，beta …） lower-latin/ upper-latin 拉丁字母
list-style-position：符号位置；	outside 符号位于文本左侧外部 inside 符号位于文本内部——缩进
list-style-image：url(图像 URL)；	用图像符号替换列表项符号、none 不使用图像（默认）
list-style：类型/url(图像 url) 位置；	顺序任意

2．标准列表样式设置

　　许多浏览器对整个页面文档及块元素的外边距与内填充都已提供了默认值，而且不同厂商对浏览器的默认值设置会有所不同，例如，列表元素，在 IE9、IE7 及以下浏览器中默认提供了左外边距，而 IE8 及火狐中默认提供了左内填充，为了保证在不同浏览器中效果完全相同，定义列表样式时，除了使用列表标记的专用样式之外，必须要辅助使用列表标记的边距、填充样式设置和列表项标记的边距填充样式设置，以下是编者在经过反复修改、多方测试之后，得到的兼容各大浏览器的列表样式设置方法：

　　第一，设置列表标记 ol 或 ul 的边距、填充都是 0；

　　第二，设置列表项标记 li 的左填充是 0，左边距为 20px，列表符号位置为 outside，列表符号类型或者图像符号自己随意选定，通常不建议使用较大的图片，否则效果很差。

3．标准列表样式应用示例

　　【例 h4-8. html】　完成图 4-8 所示的列表效果，代码如下：

```
<head>
<meta http-equiv="Content-Type" content="text/html; charset=gb2312" />
<title>无标题文档</title>
<style type="text/css">
    ul{margin:0; padding:0;}
    ul li{margin:0 0 0 20px; padding:0; list-style:url (images/arrow_01.gif)
    outside; font-size:10pt;}
</style>
</head>
<body>
    <ul>
    <li>山东商业职业技术学院物联网工程实训室设备采购招标书</li>
    <li>山东商业职业技术学院计算机、仿真会计职业岗位桌椅及多媒体设备采购招标书</li>
    <li>山东商业职业技术学院网络中心 IT 运维管理系统项目采购招标书</li>
    <li>山东商业职业技术学院网络中心核心设备维保项目招标书</li>
    <li>山东商业职业技术学院校园监控系统扩充招标书</li>
    </ul>
</body>
```

4.5　超链接标记与伪类

超链接是网页中最重要、最根本的元素之一。超链接能够使多个孤立的网页之间产生一定的联系,从而将这些网页形成一个有机整体。一个网站往往有许多页面,使用超链接建立起彼此的关系,可以从一个页面轻松转入另一个页面。

超链接的含义是指从一个网页上通过文本或图形热点链接到指定的目标,该目标可以是当前页面中的某一个锚点 anchor,也可以是另一个页面文件或者是其他各种类型的文件,例如,图片文件、文本文件、压缩包文件、各种 office 文档等,当链接的是页面文件、图片文件或者文本文件时,单击超链接时将直接打开这些文件看到内容,若是其他类型的文件,单击超链接时,出现的将是下载界面,也就是说,网页中的下载功能都是通过超链接来实现的。

4.5.1　超链接标记及属性

1. 超链接标记

<a [href="URL 或#锚点或 Email"]>链接文本或图像</a>

<a>标记是一个行内标记,使用 href 属性时就是一个超链接标记,单击文本或图像热点则可链接到 href 指定的文件或锚点。省略 href 时,<a>标记仅仅在文档中设置一个锚点。

- href:指定链接文档的 URL、锚点或用 Email 发送邮件,也可以指定用于实现页面特效的脚本函数。

- title：指定当鼠标指向超链接时显示的提示信息。
- target：属性指定链接页面的显示窗口（默认为_self 当前窗口，还可设置为_blank 新窗口、_parent 父框架、_top 顶层框架）。

2. href 属性及 URL 路径

<a>标记用 href 指定链接页面 URL 路径时可以采用绝对、相对或根路径，相对路径和根路径在图像标记中已经讲解过，此处不再赘述，大家可以参阅 4.2.1 节的内容，这里只介绍绝对路径的简单应用。

绝对路径就是页面文件在网络中的完整路径，主要用于当前网站与其他网站的友情链接。如：http://www.163.com/index.html。

如果路径中给定的文件名称是默认首页文件名，例如，index.html、index.htm、index.jsp、default.html、default.htm、default.jsp，则连同最后的"/"都可以省略。

上例等同于：http://www.163.com。

href 属性除了可以使用绝对路径、相对路径和根路径之外，还可以直接使用♯表明链接的是当前页面自己；取值形式可以是网站地址、页面文件、♯、♯锚点、url♯锚点、javascript:函数，或其他任意类型的文件。

这里♯表示空链接，也可以理解为当前页面。

3. 超链接应用示例

【例 h4-9.html】 被链接页面 h4-9.html 与主页面 h4-10.html 保存在同一文件夹目录下、被链接图像文件 dog1.jpg 保存在当前目录的下一级文件夹 images 中。

```
<head>
<meta http-equiv="Content-Type" content="text/html; charset=gb2312" />
<title>超链接页面</title>
</head>
<body>
   <p><a href="http://www.163.com" target="_blank" title="单击这里链接 163 网
   站">163 网站</a></p>
   <p><a href="h3-17.html" target="_blank">学习页面</a></p>
   <p><a href="images/cat1.jpg" target="_blank"><img src="images/cat1.jpg"
   title="单击通过页面查看原图像" width="30" height="35" border="0" /></a></p>
</body>
```

【例 h4-10.html】 被链接子页面，必须与主页面保存在同一目录中。

```
<head>
   <meta http-equiv="Content-Type" content="text/html; charset=gb2312" />
   <title>学习页面</title>
</head>
<body>
   <h1 style="text-align:center" >学习 HTML 课程页面</h1>
```

```
<hr />被链接子页面,与主页面保存在同一目录中。
</body>
```

文件 h4-9. html 运行效果如图 4-9 所示,单击"学习页面"链接之后,运行效果如图 4-10 所示,单击图片热点之后,将在新窗口中直接打开原始图片,如图 4-11 所示。

图 4-9　h4-9. html 主页面

图 4-10　h4-10. html 被链接子页面

图 4-11　单击图 4-9 中小图片在新窗口显示原始图片

注意:图像作为链接热点时,默认在 IE 浏览器中会显示边框,因此需要在图像标记或者图像样式中设置边框 border 为 0。

4. 关于 target 属性的说明

HTML 中 target 属性可指定打开链接页面的窗口,在 XHTML 的过渡型 DOCTYPE(xhtml1-transitional. dtd)下,该属性也可以正常使用;但是在 XHTML 严格型 DOCTYPE(xhtml1-strict. dtd)下,该属性是被禁用的,目的是防止有些网站恶意自动打开众多的广告页面(此处不做介绍)。

4.5.2　链接到普通文档、图像或多媒体文件

使用超链接标记<a>也可以链接到普通文档、表格、图像或音频、视频等多媒体文件,用户单击链接文本时浏览器会直接显示、播放或者提示用户"打开"或"保存"该文件。

对音频或视频等多媒体文件,如果用户机器上安装了播放软件,则可选择"打开"文件

进行播放;如果没有安装播放软件,一般浏览器会为用户提供下载软件并自动播放。如果不能播放,可选择"保存"文件。

对于.txt 类型的文本文档或者图像文件,多数浏览器会选择打开文件。而对于浏览器不支持打开的文件,则会出现下载保存对话框。

【例 h4-11. html】 链接不同类型的文件。

```
<head>
<meta http-equiv="Content-Type" content="text/html; charset=gb2312" />
<title>资源下载专区</title>
<style type="text/css">
    .div1{width:300px; height:auto; font-size:12pt; line-height:1.5;}
    a{text-decoration:none;}
</style>
</head>
<body style="">
    <h2>单击打开或下载相关资源</h2>
    <hr />
    <div class="div1">
        <a href="images/白狐.mp3" target="_blank">单击播放 mp3 歌曲-白狐</a><br />
        <a href="images/pond.mov">下载视频文件"pond.mov"</a><br />
        <a href="资源说明.txt">单击右键可保存"资源说明.txt"文件</a><br />
        <a href="images.rar">下载压缩包"images.rar"</a><br />
        <a href="实训指导.ppt">下载 ppt 文件"实训指导.ppt"</a><br />
    </div>
</body>
```

代码说明:a{text-decoration:none;}使用标记名选择符 a 设置页面中所有超链接都不显示下画线。

页面初始运行效果如图 4-12 所示。单击最后一个超链接弹出保存文件消息,如图 4-13 所示。

图 4-12　h4-11. html 主页面

图 4-13　查看或保存资源文件(观察窗口底部)

若是单击第一个链接热点"单击播放 mp3 歌曲-白狐",将会在新窗口中播放歌曲。
不同浏览器出现下载保存的提示不同,读者可以自行尝试。

4.5.3 设置锚点与 Email 链接

锚点链接可以在单击链接后跳转到同一文档或其他文档中的某个指定位置,但必须
使用不带 href 属性的<a>标记在该位置设置锚点标识符。

<a name||id="锚点唯一标识符" > </a>

设置锚点不能使用 href 属性,传统 HTML 使用 name 属性设置锚点,XHTML 标准
统一使用 id 属性,锚点标识符必须唯一且不能以数字开头,不同页面内的锚点可以相同。

除了使用不带 href 属性的<a>标记设置锚点外,页面中其他元素的 id 属性取值也
可作为锚点标识符使用。

注意:设置锚点时,标记<a></a>之间不需要有任何内容。

1. 链接跳转到同一页面内的指定锚点

<a href="#锚点标识符" >链接文本或图像</a>

2. 链接其他页面并跳转到指定锚点

<a href="文档 URL#锚点标识符" [target="目标窗口"] >链接文本或图像</a>

3. 链接 Email 地址发送电子邮件

<a href="mailto:Email 地址 [?subject=主题 [&body=正文]]" >链接文本或图像</a>

【**例 h4-12. html**】 设计超链接,实现超链接到本页面 top、A 锚点或 h4-13. html 页面
A、B 锚点。

```
<head>
<title>带锚点主页面</title>
</head>
<body>
    <h2 style="text-align:center">
     <a id="top"></a>HTML 学习    第一章        <!--设置锚点 top-->
    </h2>
    索引:1-1 <a href="#A">1-2</a>                <!--链接本页锚点 A-->
        <a href="h4-13.html#A">2-1</a>          <!--链接 h4-13.html 锚点 A-->
        <a href="h4-13.html#B">2-2</a>          <!--链接 h4-13.html 锚点 B-->
    <hr />
    1-1 第一节:标记<br /><br /><br /><br /><br /><br /><br /><br />
    <a id="A"></a>                              <!--设置锚点 A-->
    1-2 第二节:属性<br /><br /><br /><br /><br /><br /><br /><br />
    <a href="#top">返回开始</a><br />           <!--链接本页锚点 top-->
</body>
```

【例 h4-13.html】 被链接子页面与主页面 h4-12.html 保存在同一目录。

```
<head>
<title>带锚点子页面</title>
</head>
<body>
    <h2 style="text-align:center">
        <a id="A"></a>HTML 学习    第二章              <!--设置锚点 A-->
    </h2>
    <hr />
2-1第一节：<br /><br /><br /><br /><br /><br /><br /><br /><br /><br />
    <a id="B"></a>                                    <!--设置锚点 B-->
2-2第二节：<br /><br /><br /><br /><br /><br /><br /><br /><br /><br />
    <a href="h4-12.html" title="单击返回主页第一章">返回</a>
</body>
```

在运行这两个文件时，为了保证能够出现单击超链接之后的效果，需要将窗口高度调整小一些，或者自行在代码中加入一些换行标记。

文件 h4-12.html 的初始运行效果如图 4-14 所示，单击其中的超链接热点"1-2"后得到的运行效果如图 4-15 所示。

图 4-14 h4-12.html 页面   图 4-15 超链接到锚点页面-1

将 h4-12.html 中定义锚点标识符的代码 <a id="A"> </a> 更换为 <p id="A"> </p>，单击链接热点"1-2"后，一样可以跳转到指定位置。

单击图 4-14 中的超链接热点"2-1"和"2-2"之后得到的运行效果分别如图 4-16 和图 4-17 所示。

4.5.4 超链接伪类选择符

链接热点文本如果没有设置 CSS 样式，默认以蓝色带下画线显示，单击后变为紫红色，对链接图像则默认带蓝色边框，单击后为紫红色边框。可通过 CSS 设置超链接各种

图 4-16　超链接到锚点页面-2

图 4-17　超链接到锚点页面-3

操作状态的外观样式。

超链接的操作状态包含初始状态、鼠标悬停状态、单击状态和访问过状态共四个,对每种状态都可以设置独立的外观样式,这些样式需要使用伪类选择符来设置。

超链接<a>标记可按顺序使用:link、:visited、:hover、:active 四种伪类选择符。

对超链接设置样式,可以包括这样几种情况:对页面中所有超链接都设置相同的样式效果、对某些超链接设置相同的样式效果、对特定超链接设置样式效果、对某个区域中的超链接设置相同的样式效果。

1. 对页面中的所有超链接设置相同伪类样式

- a{样式规则;}——用父标记指定四种子状态共有的样式,由四个伪类继承。
- a:link { 样式规则;}——单独指定尚未访问超链接的样式。
- a:visited { 样式规则;}——单独指定已经访问过超链接的样式。
- a:hover { 样式规则;}——单独指定鼠标指向超链接时的样式。
- a:active { 样式规则;}——单独指定单击激活超链接时的样式。

某些浏览器要求必须按以上顺序定义样式表,其中不需要单独指定样式的伪类可以省略,省略后,仅继承父标记<a>的样式或使用默认样式。

对于使用相同样式的伪类可使用群组选择符。

例如,对尚未访问和已经访问过的链接采用相同的样式效果:

a:link, a:visited {样式规则;}

【例 h4-14. html】　超链接伪类选择符的简单应用。

修改例 h4-11. html,设置页面中所有超链接初始状态和访问过状态的样式为蓝色文本没有下画线,鼠标悬停状态的样式为红色文本带下画线。

在样式代码中增加如下代码:

```
a:link,a:visited{color:#00f; text-decoration:none;}
a:hover{color:#f00; text-decoration:underline;}
```

页面初始状态运行效果如图 4-18 所示，将鼠标指针悬停在超链接热点文字上的效果如图 4-19 所示。

图 4-18　超链接伪类应用初始状态

图 4-19　超链接伪类应用鼠标悬停状态

2. 对特定超链接设置伪类样式

如果只对某一个特定的＜a＞标记设置伪类样式，则可对该标记定义 id 属性，用"id属性"选择符或"a♯id 属性"选择符定义伪类样式表：

```
a#id属性｛样式规则；｝
a#id属性:link｛样式规则；｝
a#id属性:visited｛样式规则；｝
a#id属性:hover｛样式规则；｝
a#id属性:active｛样式规则；｝
```

【例 h4-15. html】 应用超链接伪类实现图像的切换效果。

页面初始效果如图 4-20 所示，鼠标指针指向某个超链接后，效果如图 4-21 所示。

图 4-20　h4-15. html 初始运行效果

图 4-21　鼠标悬停后切换图片效果

为了能够实现图片的翻转切换，将图片作为超链接块元素的背景图，而不是作为超链接热点内容。

代码如下：

```
<head>
<meta http-equiv="Content-Type" content="text/html; charset=gb2312" />
<title>图像翻转器-悬放超链接按钮</title>
<style type="text/css">
    a{float:left; width:75px; height:85px; }
    a#a1{background:url(img/about.gif);}
    a#a1:hover{background:url(img/about_on.gif);}
    a#a2{background:url(img/goodies.gif);}
    a#a2:hover{background:url(img/goodies_on.gif);}
    a#a3{background:url(img/news.gif);}
    a#a3:hover{background:url(img/news_on.gif);}
    a#a4{background:url(img/order.gif);}
    a#a4:hover{background:url(img/order_on.gif);}
    a#a5{background:url(img/products.gif);}
    a#a5:hover{background:url(img/products_on.gif);}
</style>
</head>
<body>
    <h3>图像翻转器</h3>
    鼠标指向超链接图像按钮可以加亮,单击后链接对应页面。<hr /><br />
    <a href="#" id="a1"></a>
    <a href="#" id="a2"></a>
    <a href="#" id="a3"></a>
    <a href="#" id="a4"></a>
    <a href="#" id="a5"></a>
</body>
```

3. 对部分超链接设置相同伪类样式

如果对页面中的某一部分<a>标记设置相同的样式,则可对这些<a>标记定义一个相同的 class 类名,用"class 属性"选择符或"a.class 属性"选择符定义伪类样式表:

```
a.class 类名{ 样式规则; }
a.class 类名:link { 样式规则; }
a.class 类名:visited { 样式规则; }
a.class 类名:hover { 样式规则; }
a.class 类名:active { 样式规则; }
```

4. 使用包含选择符定义超链接的伪类

在网页中,我们经常看到超链接样式的设置是针对一个一个区域的,例如,一级导航整体是一种效果,二级导航是一种效果,页面中某一个区域的导航链接是一种效果。如图 4-22 所示的 w3school 网站首页中的超链接就包括一级导航、左侧导航和右侧导航三个不同区域的不同效果的超链接样式。

图 4-22   w3school 网站首页

这种情况下,建议使用包含选择符定义各个区域的超链接样式。

例如,假设使用 class 类选择符.div1、.div2 和.div3 分别定义一级导航使用的盒子、左侧导航使用的盒子和右侧导航使用的盒子,则对于各个区域的超链接样式可以采用如下的代码进行定义:

定义一级导航文本字号 16pt,文本灰色,初始状态和访问过状态不带下画线,鼠标悬停状态带下画线。

```
div1 a{font-size:16pt; color:#666;}
.div1 a:link, .div1 a:visited{ text-decoration:none;}
.div1 a:hover{ text-decoration:underline;}
```

定义左侧导航文本字号 10pt,初始状态和访问过状态为黑色不带下画线,鼠标悬停状态为红色带下画线。

```
.div2 a{font-size:12pt; }
.div2 a:link, .div2 a:visited{ color:#000; text-decoration:none;}
.div2 a:hover{ color:#f00; text-decoration:underline;}
```

4.6   图像映射标记

一幅图像可以整体作为超链接使用,有时候需要将一幅图像分为几个部分分别链接不同的页面,此时可以使用图像映射实现。例如,医疗用人体图像,不同部位可链接不同医疗方案的页面,再如用户单击中国地图中的不同城市,则可链接到该城市的详细地图页面。

4.6.1 创建图像映射标记

```
<map name="唯一映射名称">
    <area shape="区域类型" coords="区域参数"  href="对应链接页面 URL"
            [ target="目标窗口" title||alt="鼠标指向的提示信息"]  />
    <area … />
    …
</map>
```

上面标记组在文档中的位置任意,也可以单独保存为.html 文件。

1. 图像映射标记<map>

<map>标记用于定义图像映射,标记内必须使用<area />标记划分区域。

name 属性指定唯一的映射名称,并在<img />标记中使用 usemap= "♯该名称"建立映射关联,该属性不可或缺。

2. 指定图像区域及对应链接页面标记<area />

<area />标记用于指定图像中可单击的一个区域及对应的链接页面,当用户单击这个区域时即可链接到指定的页面。

shape 属性指定所选区域的形状:rectangle 矩形、circle 圆、polygon 多边形。

coords 属性指定区域坐标(像素):图像左上角坐标(0,0),超出边界的值将被忽略。

- 矩形:"x1,y1,x2,y2" 分别为矩形左上角(x1,y1)和右下角(x2,y2)坐标。
- 圆形:"x,y,r" 分别为圆心坐标(x,y)和半径 r。
- 多边形:"x1,y1,x2,y2,x3,y3,…"分别是顺序顶点坐标,结尾点不需要与开始点重复。

nohref 属性可以指定排除不链接的映射区域,取值为 true 或 false。

4.6.2 使用图像映射的<img />图像

定义图像映射后即可在需要的位置用<img />插入带映射的图像,但必须使用 usemap 属性关联<map>的图像映射。

<img src="URL" alt="替代文本" usemap="#map 标记指定的映射名" />

如果图像映射标记单独保存在 xxx.html 文件中,则可使用:

<img src="URL" alt="替代文本" usemap="xxx.html#map 标记指定的映射名" />

【例 h4-16.html】 使用图像映射制作一个介绍项目工作流程的页面,项目工作流程图像 img4-2.jpg 设置了六个热点映射区域,分别对应 h4-16 目录中的六个页面文档,通过超链接对应的页面可以了解每个阶段的工作任务。运行效果如图 4-23 所示。

图 4-23　使用图像映射

（1）创建 h4-16.html 文档。

```
<head>
<meta http-equiv="Content-Type" content="text/html; charset=gb2312" />
<title>项目工作流程</title>
</head>
<body>
    <h1>项目工作流程</h1>
    <p>下面是授课过程中软件开发的工作流程,在图片上移动鼠标可了解每个过程的大致需要
完成的任务。</p>
    <p style="text-align:center"><img src="images/img4-2.jpg" alt="项目流程"
style="border:none" usemap="#img4-16" /></p>
    <map name="img4-16" id="img4-16">
        <area shape="rect" coords="32,56,188,107" href="h4-16/h4-16-1.html"
        target="_blank" title="单击查看 h4-16-1.html 项目背景详细内容" />
        <area shape="rect" coords="116,119,275,168" href="h4-16/h4-16-2.
        html" target="_blank" title="解决方案" />
        <area shape="rect" coords="187,184,346,235" href="h4-16/h4-16-3.
        html" target="_blank" title="项目开发" />
        <area shape="rect" coords="281,248,439,299" href="h4-16/h4-16-4.
        html" target="_blank" title="项目测试" />
        <area shape="rect" coords="349,316,508,370" href="h4-16/h4-16-5.
        html" target="_blank" title="项目汇报" />
        <area shape="rect" coords="425,384,581,438" href="h4-16/h4-16-6.
        html" target="_blank" title="项目总结" />
    </map>
</body>
```

（2）在 h4-16. html 文件所在文件夹中创建子文件夹 h4-16，将图像映射的超链接页面 h4-16-1. html、h4-16-2. html、h4-16-3. html、h4-16-4. html、h4-16-5. html、h4-16-6. html 保存在该文件夹中，这六个页面中的内容请读者自己定义。

4.7　表格标记及样式

在当前基于 Web 标准的网页制作中，表格仅仅用于排列那些有着明显的行列规则的页面内容，例如在如图 1-1 所示的山东商职网站首页中，商院新闻版块和通知公告版块，除了超链接热点，还有相应的新闻或者公告的日期，属于比较有规则的行列排列形式的内容。

鉴于表格在当前网页设计中的作用，本书中只介绍那些常用的标记、属性和样式。

创建一个表格，必须要使用的三对标记是创建表格的＜table＞…＜/table＞，创建表格中一个行的＜tr＞…＜/tr＞和创建一个单元格的＜td＞…＜/td＞，因此可以把这三对标记看作是表格的基本标记，除此之外，在表格中使用的标记还有＜th＞…＜/th＞、＜caption＞…＜/caption＞、＜thead＞…＜/thead＞、＜tfoot＞…＜/tfoot＞和＜tbody＞…＜/tbody＞等。

4.7.1　创建表格的基本标记

1. ＜table＞标记及属性

这对标记用于创建表格，用于说明在这对标记之间的所有内容都属于表格的内容，反之，只要是属于表格应用中的所有标记和内容都必须放在这对标记之间。

在＜table＞标记中的常用属性及说明如表 4-4 所示。

表 4-4　＜table＞标记中的常用属性说明

属性名称	描　　述
border	设置表格边框，包括表格外围边框和表格内每个单元格的边框 默认值是 0
width	设置表格宽度，可以是数字或百分比方式的取值
align	设置表格在浏览器窗口或者父元素容器中的对齐方式，不能控制单元格的对齐方式 取值可以是 left ｜ center ｜ right 设置表格居中通常都是在＜table＞标记中使用 align＝"center"，而不使用样式属性取代
cellspacing	设置相邻单元格之间间距，若是把单元格看作一个盒子，相当于设置盒子的 margin 默认是 2px，可以理解为每条边框外部都有 1px 的边距。 用于布局的表格，通常都设置该属性为 0
cellpadding	设置单元格内容与单元格边框之间的距离，若是把单元格看作一个盒子，相当于设置盒子的 padding 默认为 1px，用于布局的表格，通常都设置该属性为 0

若是将＜table＞标记中 border 属性设置为 1，采用默认的 cellspacing 和 cellpadding 取值，则表格中每个单元格除了自身宽度之外，还要根据一行中单元格的个数为单元格间

距和单元格填充预留空间,否则会造成总宽度超出所设定宽度,实际效果就是每个单元格的实际宽度都达不到所定义的宽度。

注意:在有边框的表格中,若存在没有内容的单元格,则需要给该单元格设置内容为空格" ",这是因为在低版本浏览器中运行时,没有内容且没添加" "的单元格不显示边框。

2. <tr>标记及属性

<tr>标记用于生成表格中的行,一对<tr>…</tr>创建表格的一个行。

在<tr>标记中的常用属性及说明如表 4-5 所示。

表 4-5 <tr>标记中的常用属性说明

属性名称	描　　述
align	设置当前行中所有单元格内容的水平对齐方式 取值可以是 left ｜ center ｜ right,默认是 left
valign	设置当前行中所有单元格内容的垂直对齐方式 取值可以是 baseline ｜ bottom ｜ middle ｜ top baseline 按基线对齐,默认取值是 middle
height	设置当前行的高度 在<tr>标记中设置的高度从 DreamWeaver 的设计视图中不体现,但是在运行效果中体现

注意:实际应用中,很少对<tr>标记设置这些属性,而主要是对<td>标记设置。

3. <td>｜<th>标记及属性

<td>标记用于生成表格中的数据单元格,一对<td>…</td>创建一个单元格。

<th>标记通常用在表格的第一个行或第一个列中,用于生成表格的列标题或行标题单元格,默认加粗并居中对齐,其他效果与<td>标记相同。

在<td>｜<th>标记中的常用属性及说明如表 4-6 所示。

表 4-6 <td>｜<th>标记中的常用属性说明

属性名称	描　　述
align	设置当前单元格内容的水平对齐方式 取值可以是 left ｜ center ｜ right,默认是 left
valign	设置当前单元格内容的垂直对齐方式 取值可以是 baseline ｜ bottom ｜ middle ｜ top
width	设置当前单元格的宽度 可同时控制整个列的宽度
height	设置当前单元格的高度,可同时控制整个行的高度 在 DreamWeaver 的设计视图和运行效果中都能体现

4. 表格标题标记<caption>

<caption>表格标题</caption>

　　<caption>标记定义表格前的大标题,必须位于<table>内第一个<tr>行标记之前,且只能有一个,该标题默认在表格上方居中显示。

【例 h4-17. html】　创建如图 4-24 所示的三行三列表格,总宽度为 412px,在页面中居中,边框为 1px,单元格边距和间距都取用默认值;表格标题为"示例表格";所有单元格高度为 30px,列宽都是 130px,单元格中文本字号为 10pt。

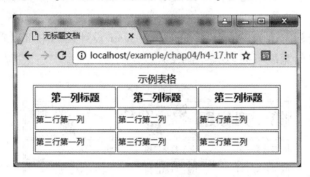

图 4-24　h4-17. html 运行效果

代码如下:

```
<head>
<meta http-equiv="Content-Type" content="text/html; charset=gb2312" />
<title>无标题文档</title>
<style type="text/css">
    table td{font-size:10pt;}
</style>
</head>
<body>
<table width="412" border="1" align="center">
    <caption>示例表格</caption>
    <tr>
      <th width="130" height="30">第一列标题</th>
      <th width="130">第二列标题</th>
      <th width="130">第三列标题</th>
    </tr>
    <tr>
      <td height="30">第二行第一列</td>
      <td>第二行第二列</td>
      <td>第二行第三列</td>
    </tr>
    <tr>
      <td height="30">第三行第一列</td>
      <td>第三行第二列</td>
      <td>第三行第三列</td>
    </tr>
```

```
</table>
</body>
```

那么为什么总宽度 412px,而每个列宽都设置为 130px?

每行中三个单元格,共占据 8px 边框、四个间距共占据 8px、每个单元格内部左右两侧各 1px 的填充,共 6px,因此要额外预留出 22px 的宽度,三个单元格占据的总宽度则为 412-22=390px。

如若将第一个列宽改为 140px,在 DreamWeaver 设计视图中可以看出每个列的实际宽度都与原始设置的宽度不同,观察图 4-25。

图 4-25　改变第一列宽度后的设计效果

4.7.2　表格基本标记中的样式属性

在表格的基本标记中,常用的样式属性如表 4-7 所示。

表 4-7　表格标记的样式属性

表格样式属性	取值和描述
table-layout	表格布局,用于<table>标记中 automatic 自动布局(默认),单元格列宽自动设定,取单元格没有折行的最宽内容 fixed 固定表格布局,固定布局,表格宽度、列宽、边框、单元格间距等采用设定值,否则按浏览器宽度自动分配
border-collapse	设置边框合并,用于<table>标记中 separate 边框分开(默认)、collapse 合并为一个单一边框(1px) 单元格边框合并后则不能使用 border-spacing 样式设置单元格边框间的间距、也不能使用 empty-cells 样式设置显示空单元格。当最外围表格的边框与单元格的边框合并时 IE 保留表格的边框,而火狐浏览器则保留单元格的边框
border-spacing	水平间距 垂直间距,用于<table>标记中 带单位数值—仅用于 separate 边框分开模式 可用于取代表格标记中的 cellspacing 属性,但是部分浏览器中不支持
empty-cells	显示空单元格,用于<table>标记中 hide 空单元格不绘边框(默认)、show 绘制边框 IE7 及以下版本浏览器不支持此属性,可在<td>标记内使用空格实体字符
border	可用于<table>标记,设置表格外围的边框效果 可用于<td>标记,设置指定单元格的边框效果(可以只设置某个方向的边框)

续表

表格样式属性	取值和描述
width	用于＜table＞标记,设置表格的宽度;用于＜td＞标记设置单元格的宽度
height	用于＜table＞标记,设置表格的高度;用于＜tr＞标记,设置行的高度;用于＜td＞标记,设置单元格的高度
background	可用于设置整个表格、某些行或者某些单元格的背景色或背景图
text-align	用于＜table＞标记,设置整个表格所有单元格内容水平对齐方式 用于＜tr＞标记,设置指定行中所有单元格内容水平对齐方式 用于＜td＞标记,设置指定单元格中内容水平对齐方式
vertical-align	用于＜tr＞标记,设置指定行中所有单元格内容垂直对齐方式 用于＜td＞标记,设置指定单元格中内容垂直对齐方式 top: 把元素的顶端与行中最高元素的顶端对齐 text-top: 把元素的顶端与父元素字体的顶端对齐 middle: 把此元素放置在父元素的中部 bottom: 把元素的顶端与行中最低的元素的顶端对齐 text-bottom: 把元素的底端与父元素字体的底端对齐 %: 使用"line-height"属性的百分比值来排列此元素。允许使用负值。

说明: 在设置单元格内容垂直方向对齐方式的取值中, text-top、text-bottom 在各个浏览器中的效果往往不同, 尤其是当表格一行的不同单元格中分别存放了图片和文本时, 更是容易混乱, 所以建议读者设计页面时, 若有这种文字和图片的布局需求, 直接取用 top、middle 或者 bottom 即可, 这三个取值在各个浏览器中都是一致的。

【例 h4-18.html】 创建如图 4-26 所示的三行三列细边框表格, 总宽度为 412px, 在页面中居中, 边框为 1px, 单元格边距和间距都取用默认值; 表格标题为"示例表格"; 所有单元格高度为 30px, 列宽都是 130px, 数据单元格中文本字号为 10pt, 列标题单元格中字号为 14pt, 最后一个单元格内容水平居中垂直顶端对齐。

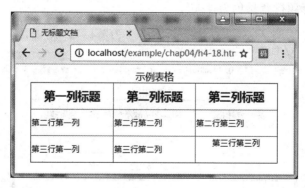

图 4-26 应用表格样式-细线边框

页面代码如下:

```
<head>
<meta http-equiv="Content-Type" content="text/html; charset=gb2312" />
<title>无标题文档</title>
```

```
<style type="text/css">
    table td{font-size:10pt; width:134px; height:40px;}
    table th{font-size:14pt; width:134px; height:40px;}
    table{border-collapse:collapse;}
    .td33{text-align:center; vertical-align:top;}
</style>
</head>
<body>
<table width="412" border="1" align="center">
    <caption>示例表格</caption>
    <tr>
      <th>第一列标题</th>
      <th>第二列标题</th>
      <th>第三列标题</th>
    </tr>
    <tr>
      <td>第二行第一列</td>
      <td>第二行第二列</td>
      <td>第二行第三列</td>
    </tr>
    <tr>
      <td>第三行第一列</td>
      <td>第三行第二列</td>
      <td class="td33">第三行第三列</td>
    </tr>
</table>
</body>
```

【例 h4-19. html】　创建如图 4-27 所示的三行三表格,表格上下边框线是 2px,其余边框线都是 1px,标题行背景色为 #ddf。

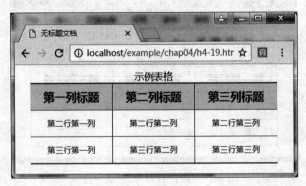

图 4-27　应用表格样式-边框及背景特效

代码如下:

```
<head>
<meta http-equiv="Content-Type" content="text/html; charset=gb2312" />
```

```
<title>无标题文档</title>
<style type="text/css">
    table td{font-size:10pt; width:134px; height:40px; border-top:1px solid
    #00a; text-align:center;}
    table th{font-size:14pt; width:134px; height:40px; border-top:1px solid
    #00a; background:#ddf;}
    table{border-top:1px solid #00f; border-bottom:1px solid #00f; border-
    spacing:0;}
    .tdCen{border-left:1px solid #00a; border-right:1px solid #00a;}
    .tdBot{border-bottom:1px solid #00a;}
</style>
</head>
<body>
<table width="412" border="0" align="center">
    <caption>示例表格</caption>
    <tr>
      <th>第一列标题</th>
      <th class="tdCen">第二列标题</th>
      <th>第三列标题</th>
    </tr>
    <tr>
      <td>第二行第一列</td>
      <td class="tdCen">第二行第二列</td>
      <td>第二行第三列</td>
    </tr>
    <tr>
      <td class="tdBot">第三行第一列</td>
      <td class="tdCen tdBot">第三行第二列</td>
      <td class="tdBot">第三行第三列</td>
    </tr>
</table>
</body>
```

4.7.3 表格单元格合并

单元格合并的页面效果如图 4-28 所示。

设置单元格合并,需要在<td>或者<th>标记中使用属性 colspan 或者 rowspan。

1. 使用 colspan 设置跨列合并

属性 colspan 用于设置跨列合并,取值表示当前单元格需要跨越的列数,例如 colspan=2 表示跨两列合并,若表格一共有四列,则当前行中除去该列之外,还需要再设置两个列即可。

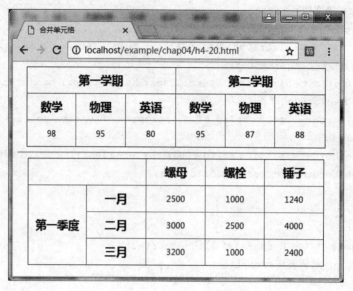

图 4-28　单元格合并的效果

2. 使用 rowspan 设置跨行合并

属性 rowspan 用于设置跨行合并，取值表示当前单元格需要跨越的行数，例如 rowspan=3 表示跨三行合并，即该单元格被三个行共用。

【例 h4-20. html】　完成如图 4-28 所示的表格，代码如下：

```
<head>
<meta http-equiv="Content-Type" content="text/html; charset=gb2312" />
<title>合并单元格</title>
<style type="text/css">
    #table1 td{font-size:10pt; width:80px; height:40px; text-align:center;}
    #table1 th{font-size:14pt; width:80px; height:40px;}
    table{border-collapse:collapse;}

    #table2 td{font-size:10pt; width:86px; height:40px; text-align:center;}
    #table2 th{font-size:14pt; width:86px; height:40px;}
</style>
</head>
<body>
    <table width="500" border="1" align="center" id="table1">
    <tr><th colspan="3" >第一学期</th><th colspan="3" >第二学期</th></tr>
    <tr>
      <th>数学</th><th>物理</th><th>英语</th>
        <th>数学</th><th>物理</th><th>英语</th>
    </tr>
    <tr>
```

```
    <td>98</td><td>95</td><td>80</td>
      <td>95</td><td>87</td><td>88</td>
    </tr>
  </table>
  <hr />
  <table width="496" border="1" align="center" id="table2">
    <tr>
      <th colspan="2"> </th><th>螺母</th><th>螺栓</th><th>锤子</th>
    </tr>
    <tr>
      <th rowspan="3">第一季度</th>
        <th>一月</th><td>2500</td><td>1000</td><td>1240</td>
    </tr>
    <tr>
      <th>二月</th><td>3000</td><td>2500</td><td>4000</td>
    </tr>
    <tr>
      <th>三月</th><td>3200</td><td>1000</td><td>2400</td>
    </tr>
  </table>
</body>
```

4.7.4　表格结构划分标记＜thead＞＜tfoot＞＜tbody＞

＜thead＞、＜tfoot＞、＜tbody＞标记可对表格的结构进行划分,用于对内容较多的表格实现表格头和页脚的固定,只对表格正文滚动、或在分页打印长表格时能将表格头和页脚分别打印在每张页面上。

- ＜thead＞ 定义表格头,必须包含＜tr＞行标记,一般包含表格上方的大标题和第一行中的列标题。
- ＜tfoot＞定义表格页脚,可以不包含＜tr＞行标记,一般包含合计行或脚注标记。
- ＜tbody＞ 定义一段表格主体,只能包含＜tr＞行标记,可以指定多行数据划分为一组。

注意:表格结构划分标记必须在＜table＞内使用,一个表格只能有一个＜thead＞、一个＜tfoot＞、可以有多个＜tbody＞,三种标记不能相互交叉,代码中这三对标记顺序可以随意,但是页面显示时必须按＜thead＞、＜tfoot＞、＜tbody＞顺序出现,这样浏览器就可以在收到所有数据前呈现页脚了。

为表格划分结构之后,可以在标记＜thead＞、＜tfoot＞、＜tbody＞中分别设置每个部分的对齐方式、背景色等效果。

【例 h4-21. html】　使用＜thead＞、＜tfoot＞和＜tbody＞划分表格结构。

```
<head>
```

```
<meta http-equiv="Content-Type" content="text/html; charset=gb2312" />
<title>设置表格结构</title>
<style type="text/css">
    table td{font-size:10pt; width:120px; height:40px;}
    table th{font-size:14pt; width:120px; height:40px;}
    table{border-collapse:collapse;}
    tfoot{color:#00f;}
</style>
</head><body>
    <table width="492" border="1" >
      <thead>
        <caption>表格结构划分</caption>
        <tr>
            <th> </th>
            <th>网页设计</th><th>数据库开发</th><th>程序设计</th>
        </tr>
      </thead>
      <tfoot>
        <tr>
            <th>页脚合计：</th>
            <td>合计 1</td><td>合计 2</td><td>合计 3</td>
        </tr>
      </tfoot>
      <tbody>
        <tr>
            <th>清华出版社</th>
            <td>Dreamweaver</td><td>php+MySQL</td><td>C++</td>
        </tr>
        <tr>
            <th> </th><td> </td><td> </td><td> </td>
        </tr>
        <tr>
            <th>北大出版社</th>
            <td>html+css+javaScript</td><td>java web</td><td>C#</td>
        </tr>
        <tr>
            <th> </th><td> </td><td> </td><td> </td>
        </tr>
      </tbody>
    </table>
</body>
```

运行效果如图 4-29 所示。

图 4-29　使用结构划分的表格

4.8　小案例：山东商职学院网站首页制作

为了方便读者理解，设计山东商职学院网站首页时，将其划分为上下排列的六个 div，这六个 div 必须要在水平方向居中。

该页面中要定义的样式代码比较多，这里使用外部样式文件 sysy.css 定义，页面文件则使用 sysy.html 定义。

下面分别完成六个 div 的设计过程。

1. 设计站标及广告牌模块

站标及广告牌模块使用的图片情况如图 4-30 所示。

图 4-30　商职网站首页广告牌分割图

使用 class 类选择符.div1-3 定义该模块需要的 div，表示这个盒子控制了第一到第三共三行内容，在 sysy.css 中定义样式代码如下：

```
.div1-3{width:990px; height:auto; padding:0; margin:0 auto;}
```

创建的 sysy.html 页面代码如下：

```
<head>
<meta http-equiv="Content-Type" content="text/html; charset=gb2312" />
<title>商职学院首页</title>
```

```
<link type="text/css" rel="stylesheet" href="sysy.css" />
</head><body>
    <div class="div1-3"><img src="images/index_1_1.jpg" /><img src="images/
    index_1_2.jpg" /><img src="images/index_2.jpg" /><img src="images/index_
    3_1.jpg" /><img src="images/index_3_2.jpg" /><img src="images/index_3_3.
    jpg" /></div>
</body>
```

这里采用的做法是将需要的五幅图都按照顺序排列在一个盒子中,图片之间不允许有缝隙存在,所以从<div>到</div>是一行完整的代码,标记之间没有回车和空格。

2. 设计一级导航模块

一级导航模块如图 4-31 所示。

图 4-31 一级导航模块

该模块使用 class 类选择符.div4 定义,背景图是 index_4.jpg,导航链接的四个状态都是白色没有下画线。

在 sysy.css 中增加的样式代码如下:

```
.div4{width:990px; height:31px; padding:0; margin:0 auto; background:url
(images/index_4.jpg); font-family:calibri; font-size:10.5pt; line-height:
31px; text-align:center;}
.div4 a{color:#fff; text-decoration:none;}
```

在 sysy.html 中主体部分增加代码如下:

```
<div class="div4">
    <a href="1.html">首   页</a> | <a href="1.html">学校
    概况</a> | <a href="1.html">机构设置</a> | <a href=
    "1.html">教育教学</a> | <a href="1.html">科学研究</a> |
     <a href="1.html">招生信息</a> | <a href="1.html">就业平
    台</a> | <a href="1.html">学生社区</a> | <a href=
    "1.html">校园文化</a> | <a href="1.html">媒体报道</a> 
    | <a href="1.html">商职院报</a> | <a href="1.html">评建专
    栏</a>   </div>
```

这里没有设计各个子页面,超链接 href 属性使用的页面文件 1.html,读者可以随意创建一个,也可以使用#取代,但是在部分浏览器下,将无法看到超链接伪类的效果。

3. 设计图片与商院新闻模块

图片与商院新闻模块使用的图片文件及模块分割方式如图 4-32 所示。

左侧区域中起始是多幅图的轮换,使用了一个 Flash 动画,读者可以使用 JavaScript 中图片的轮换功能来实现,本书中只使用一幅图取代。

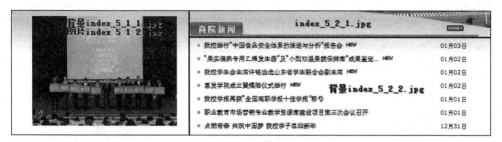

图 4-32　图片与商院信息模块

使用 class 类选择符.div5 定义这一行内容所使用的大盒子,大盒子中需要使用两个向左浮动的盒子.div51 和.div52,边距都设置为 0。

(1) 两个盒子的高度都是 248px。

(2) 盒子 div52 的宽度根据图片 index_5_2_1.jpg 的宽度确定。

(3) 最后再确定盒子 div51 的宽度。

(4) 盒子 div51 中水平和垂直方向都居中放置图片 index_5_1_2.jpg,通过根据盒子的大小和图片的大小计算出四个方向的填充值,通过填充来设置盒子的居中。

(5) 盒子 div52 中上下排列两个盒子 div521 和 div522。

* 盒子 div521 宽度与 div52 相同,高度 58px,边距填充都是 0,背景图片是 index_5_2_1.jpg(也可以作为内容的图片元素使用);
* 盒子 div522 宽度与 div5-2 相同,高度 190 像素,边距填充都是 0,背景图是 index_5_2_2.jpg,内容是使用 7 行 2 列的表格排列的图片符号列表和超链接,表格每个行单元格高度都是 27px,超链接初始状态和访问过状态为黑色、无下画线;鼠标悬停状态为黑色带下画线。

在 sysy.css 中增加的样式代码如下:

```
.div5{width:990px; height:248px; padding:0; margin:0 auto;}
.div51{width:303px; height:220px; padding:14px 30px; margin:0; background:url
(images/index_5_1_1.jpg); float:left;}
.div52{ width:627px; height:248px; padding:0; margin:0; float:left;}
.div521{ width:100%; height:58px; padding:0; margin:0; background:url(images/
index_5_2_1.jpg);}
.div522{ width:100%; height:190px; padding:0; margin:0; background:url(images/
index_5_2_2.jpg);}
.div522 ul{padding:0; margin:0; list-style:url(images/dot.jpg) outside;}
.div522 ul li{padding:0; margin:0 0 0 20px;}
.div522 table td{ height:27px; font-size:10pt;}
.div522 table .td1{ width:527px;}
.div522 table .td2{ width:100px;}
.div522 a:link,.div522 a:visited{ color:#000; text-decoration:none;}
.div522 a:hover{ color:#00f; text-decoration:underline;}
```

在 sysy.html 中增加的页面代码如下:

```html
<div class="div5">
    <div class="div51"><img src="images/index_5_1_2.jpg" /></div>
    <div class="div52">
        <div class="div521"></div>
        <div class="div522">
            <ul>
            <table cellpadding="0" cellspacing="0">
                <tr>
                <td class="td1"><li><a href="1.html" target="_blank">我校举
                行"中国食品安全体系的演进与分析"报告会</a></li></td><td class="
                td2">01 月 03 日</td>
                </tr>
                <tr>
                    <td><li><a href="1.html" target="_blank">"果实催熟专用乙烯发生器"
                    及"小型双温果蔬保鲜库"成果鉴定</a></li></td><td>01 月 02 日</td>
                </tr>
                <tr>
                    <td><li><a href="1.html" target="_blank">我校学生会主席许铭当
                    选山东省学生联合会副主席</a></li></td><td>01 月 02 日</td>
                </tr>
                <tr>
                    <td><li><a href="1.html" target="_blank">惠发学院成立暨揭牌仪
                    式举行</a></li></td><td>01 月 02 日</td>
                </tr>
                <tr>
                    <td><li><a href="1.html" target="_blank">我校学报再获"全国高职
                    学报十佳学报"称号</a></li></td><td>01 月 01 日</td>
                </tr>
                <tr>
                    <td><li><a href="1.html" target="_blank">职业教育市场营销专业教学
                    资源库建设项目第三次会议召开</a></li></td><td>01 月 01 日</td>
                </tr>
                <tr>
                    <td><li><a href="1.html" target="_blank">点燃青春 共筑中国梦 我
                    校学子喜迎新年</a></li></td><td>12 月 31 日</td>
                </tr>
            </table>
            </ul>
        </div>
    </div>
</div>
```

说明：商院新闻模块和下面的通知公告模块中的超链接热点在网站中都是要动态生成的，系统管理员每发布一条新闻，就产生一个新的链接，将一条旧的链接推下去，如此循环反复。本书中我们不讲解动态内容,只使用固定的链接热点来设计。

4. 设计通知公告与快速导航模块

通知公告与快速导航模块中使用的图片文件及模块分割方式如图 4-33 所示。

图 4-33 通知公告与快速导航模块

使用 class 类选择符.div6 定义整个模块使用的大盒子,在大盒子中需要使用两个向左浮动的盒子.div61 和.div62。

(1) 两个盒子的高度都设置为 182px(根据右侧 div62 中需要的内容的总高度确定),边距填充都是 0。

(2) 盒子 div61 的宽度根据图片 index_6_1.jpg 的宽度确定为 631px。

(3) 盒子 div62 的宽度要使用总宽度 990px 减去盒子 div61 的宽度得到 359px。

(4) 盒子 div61 中上下排列两个盒子 div611 和 div612,宽度与 div61 一致,高度分别是 43px 和 139px;div611 的内容是图片 index_6_1.jpg;div612 的内容是使用表格排列的图片符号列表和超链接,表格单元格高度是 27px,超链接初始状态和访问过状态为黑色、无下画线;鼠标悬停状态为黑色带下画线。

(5) 盒子 div62 中包含四个上下排列的盒子,分别是 div621、div622、div623、div624、其中 div621、div622 和 div624 三个盒子的宽度与 div62 的宽度相同,边距填充都是 0,高度根据相应的背景图片高度来确定,分别是 43px、37px 和 37px,而盒子 div623 的宽度定义为 344px,高度设置为 65px,左填充是 15px(设置的左填充是为了保证内部的四个块级超链接元素能够居中),其余填充 0,边距是 0,内容是以块元素方式存在的超链接,超链接的样式要求如下:

- 将超链接 a 的样式定义为向左浮动(设置了向左浮动之后,超链接标记就由原来的行内元素转为块级元素),宽度 60px,高度 40px,上下填充是 10px,左右填充 0,左边距 15px,其他边距 0,字号 10pt,水平方向居中,文本行高 20px(一行文本占据 20px,两行占据 40px,正好是高度 40px,上下填充 10px 则保证了内容在垂直方向居中)。
- 超链接初始状态和访问过状态黑色、无下画线、背景图 index_6_2_6.jpg。
- 鼠标悬停状态黑色、无下画线、背景图 index_6_2_7.jpg。

在 sysy.css 中增加的样式代码是:

```
.div6{width:990px; height:182px; padding:0; margin:0 auto;}
.div61{ width:631px; height:182px; padding:0; margin:0; float:left;}
.div611{ width:100%; height:43px; padding:0; margin:0;}
```

```css
.div612{ width:100%; height:139px; padding:0; margin:0;}
.div612 ul{padding:0; margin:0; list-style:url(images/arrow.gif) outside;}
.div612 ul li{padding:0; margin:0 0 0 20px;}
.div612 table td{ height:27px; font-size:10pt;}
.div612 table .td1{ width:531px;}
.div612 table .td2{ width:100px;}
.div612 a:link,.div612 a:visited{ color:#000; text-decoration:none;}
.div612 a:hover{ color:#00f; text-decoration:underline;}
.div612 table{ margin:0 0 0 25px;}
.div62{ width:359px; height:182px; padding:0; margin:0; float:left;}
.div621{ width:100%; height:43px; padding:0; margin:0; background:url(images/
index_6_2_1.jpg);}
.div622{ width:100%; height:37px; padding:0; margin:0; background:url(images/
index_6_2_2.jpg) no-repeat;}
.div623{ width:344px; height:65px; padding:0 0 0 15px; margin:0; background:url
(images/index_6_2_3.jpg) repeat-y;}
.div624{ width:100%; height:37px; padding:0; margin:0; background:url(images/
index_6_2_4.jpg) no-repeat; text-align:center;}
.div623 a{float:left; width:60px; height:40px; padding:10px 0; margin:0 0 0
15px; font-size:10pt; text-align:center; line-height:20px}
.div623 a: link, .div623 a: visited { color: # 000; text - decoration: none;
background:url(images/index_6_2_6.jpg);}
.div623 a:hover{ color:#000; text-decoration:none; background:url(images/
index_6_2_7.jpg);}
```

在 sysy.html 中增加的页面内容代码是：

```html
<div class="div6">
    <div class="div61">
        <div class="div611"><img src="images/index_6_1.jpg" /></div>
        <div class="div612">
        <ul>
            <table cellpadding="0" cellspacing="0">
                <tr>
                <td class="td1"><li><a href="1.html" target="_blank">山东商业
    职业技术学院物联网工程实训室设备采购招标书</a></li></td>
                <td class="td2">12 月 12 日</td>
                </tr>
                <tr>
                    <td><li><a href="1.html" target="_blank">山东商业职业技术学院
    计算机、仿真会计职业岗位桌椅及多媒体设备采购招标书</a></li></td>
                    <td>12 月 10 日</td>
                </tr>
                <tr>
                    <td><li><a href="1.html" target="_blank">山东商业职业技术学院
    网络中心 IT 运维管理系统项目采购招标书</a></li></td><td>12 月
```

```
            10 日</td>
        </tr>
        <tr>
            <td><li><a href="1.html" target="_blank">山东商业职业技术学院
            网络中心核心设备维保项目招标书</a></li></td><td>12 月 04 日</td>
        </tr>
        <tr>
            <td><li><a href="1.html" target="_blank">山东商业职业技术学院
            校园监控系统扩充招标书</a></li></td><td>10 月 21 日</td>
        </tr>
        </table>
    </ul>
    </div>
</div>
<div class="div62">
    <div class="div621"></div>
    <div class="div622"></div>
    <div class="div623">
        <a href="1.html" target="_blank">应用<br />系统</a>
    <a href="1.html" target="_blank">宣传思想<br />教育网</a>
    <a href="1.html" target="_blank">专题<br />网站</a>
    <a href="1.html" target="_blank">友情<br />链接</a>
    </div>
    <div class="div624"><img src="images/index_6_2_5.jpg" /></div>
</div>
</div>
```

说明：div623 中的超链接已经被定义为块元素,其链接热点文字内部可以插入换行标记＜br /＞。

5. 设计背景长条与站址模块

背景长条效果如图 4-34 所示。

图 4-34　站址版块上方的背景长条版块

定义 class 类选择符 div7,宽度 990px、高度 5px,填充和上下边距都是 0,左右边距是 auto,使用的背景图是 index_6.jpg。

站址模块如图 4-35 所示。

图 4-35　站址信息模块

需要定义 class 类选择符 div8，宽度 990 像素，高度 40 像素，上下填充 23px，左右填充 0，上下边距 0，左右边距 auto，背景是 index_7.jpg，内部文本字号 10pt，文本行高 20px，文本在水平方向居中。

在 sysy.css 中增加的样式代码如下：

```
.div7{width: 990px; height: 5px; padding: 0; margin: 0 auto; background: url
(images/index_6.jpg);}
.div8{width:990px; height:40px; padding:23px 0; margin:0 auto; background:url
(images/index_7.jpg); font-size:10pt; line-height:20px; text-align:center;}
```

在 sysy.html 中增加的页面内容代码如下：

```
<div class="div7"></div>
  <div class="div8">版权所有 山东商业职业技术学院    通讯地址：济南市旅游路 4516
号    邮编：250103    电话：0531-86335888    联系我们    周边交通<br />鲁 ICP
备 05002370</div>
```

至此，山东商业职业技术学院网站首页设计完成，编者所提供并采用的只是各种设计方法中的一种，大家对这些内容熟悉之后，可以自己尝试很多不同的设计方案，只是，无论使用哪种方案，务必要保证设计的页面在各大浏览器中都能得到一致的运行效果。

4.9 课堂练习小案例

请读者按照相关的要求，自己独立完成下面的小案例。

学习网站设计的相关内容时，大家也可以浏览 www.w3school.com.cn 网站，内容很全面。本节中要设计的小案例取用了该网站中的部分内容，具体要实现的页面效果如图 4-36 所示。

图 4-36 模拟 w3school 网站部分内容

创建的样式文件是 w3school.css，页面文件是 w3school.html。

设计页面的具体要求如下：

(1) 整个页面内容外围有边框，需要定义一个容纳所有内容的大盒子.divw，样式要求：宽度 950px，高度自动，填充 0，上下边距 0，左右边距 auto，边框 2px，实线，颜色为 #888；

（2）定义盒子.div1,设计第一行内容,样式要求：宽度 950px,高度 93px,边距填充都是 0,内容是左右排列的两个盒子 div11 和 div12;

.div11 样式要求如下：宽 220 px,高 93 px,边距填充 0,背景♯999,向左浮动,字号 36pt,字体黑体,文字白色文本行高 93 px,水平居中;

.div12 样式要求：宽 730 px,高 93 px,边距填充 0,背景图 w3-1.jpg,向左浮动。

（3）定义盒子 div2,设计第二行中的一级导航,样式要求：宽度 950 px,高度 60 px,边距填充 0,背景♯eee,字体取用 Arial(英文字体,不同浏览器默认不同),字号 16pt,文本行高 60 px,水平方向居中,内容是超链接;

超链接初始状态和访问过状态颜色♯666,无下画线;

鼠标悬停状态颜色♯a00,显示下画线。

（4）定义盒子 div3,设计第三行内容,样式要求：宽度 950 px,高度 220px,边距填充都是 0,内容是横向排列的盒子 div31、div32 和 div33;

div31 和 div33 样式要求：宽 160 px,高 220 px,边距填充 0,背景色♯aaa,向左浮动,文本字号 10pt,水平方向居中;

div31 中超链接使用段落排列,段前和段后间距都是 8 像素,超链接样式要求：初始状态和访问过状态为黑色、无下画线、鼠标悬停状态为黑色带下画线;

div32 样式要求：宽 630 px,高 220 px,边距填充 0,背景色♯ccc,向左浮动,文本字号 10pt,水平方向居中。

4.10 习题

一、选择题

1. 以下方法中,不属于 CSS 定义颜色的方法是(　　)。
   A. 用十六进制数方式表示颜色值　　　　B. 用八进制数方式表示颜色值
   C. 用 rgb 函数方式表示颜色值　　　　　D. 用颜色名称方式表示颜色值
2. 在网页中最为常用的两种图像格式是(　　)。
   A. jpg 和 gif　　　B. jpg 和 psd　　　C. gif 和 bmp　　　D. bmp 和 swf
3. 关于下列代码片段的说法中,(　　)是正确的。(选择两项)

   ```
   <hr  size="5" color="#0000FF" width="50%">
   ```

   A. size 是指水平线的宽度　　　　　　B. size 是指水平线的高度
   C. width 是指水平线的宽度　　　　　D. width 是指水平线的高度
4. 下列有关锚点的叙述中,正确的有(　　)。(选择两项)
   A. 锚点可指向各种 Web 资源,如 html 页面、图像、声音文件甚至影片
   B. <a>标签用于指定要链接的文档地址,href 属性用于创建至链接源的锚点
   C. 在使用命名锚点时,可以创建能够直接跳到页面特定部分的链接
   D. 如果浏览器无法找到指定的命名锚点,则转到文档的底部
5. 运行下面创建表格的代码,在浏览器中会看到(　　)的表格。

```
<table width="20%" border="1">
    <tr>
        <td> </td><td> </td><td> </td>
    </tr>
    <tr>
        <td> </td><td> </td><td> </td>
    </tr>
</table>
```

  A. 3行2列   B. 2行3列   C. 3行3列   D. 2行2列

6. 运行下面代码,在浏览器中会看到( )。

```
<table width="20%" border="1">
    <tr>
        <td colspan="2""> </td>
    </tr>
    <tr>
        <td rowspan="2"> </td>
        <td> </td>
    </tr>
    <tr>
        <td> </td>
    </tr>
</table>
```

  A. 6个单元格   B. 5个单元格   C. 4个单元格   D. 3个单元格

7. 在 HTML 语言中,设置表格中文字与边框距离的标签是( )。

  A. ＜table border＝＃＞   B. ＜table cellspacing＝＃＞

  C. ＜table cellpadding＝＃＞   D. ＜table width＝＃ or ％＞

8. 想要使用户在单击超链接时,弹出一个新的网页窗口,下面( )选项符合要求。

  A. ＜a href＝"right. html" target＝"_blank"＞新闻＜/a＞

  B. ＜a href＝"right. html" target＝"_parent"＞体育＜/a＞

  C. ＜a href＝"right. html" target＝"_top"＞财经＜/a＞

  D. ＜a href＝"right. html" target＝"_self"＞教育＜/a＞

9. 在 HTML 中,要定义一个空链接使用的代码是( )。

  A. ＜a href＝"＃"＞   B. ＜a href＝"?"＞

  C. ＜a href＝"@"＞   D. ＜a href＝"!"＞

10. 以下 CSS 长度单位中,属于相对量度单位的是( )。

  A. pt   B. in   C. em   D. cm

11. 以下 CSS 长度单位中,属于绝对量度单位的是( )。

  A. em   B. ex   C. px   D. pt

二、操作题

1. 创建如图 4-37 所示网页的定义列表。

2．创建如图 4-38 所示网页的列表。

```
孔雀
      印度的国鸟
互联网
      网络的网络
HTML
      超文本标记语言
```

图 4-37　创建定义列表

```
1. HTML简介
    a. 万维网简介
    b. HTML标记简介
        ■ 设置文本格式
        ■ 增强文本效果
2. 设计网站
    i. 设计网页
    ii. 设计导航
    iii. 创建超链接
```

图 4-38　创建列表

第 5 章　HTML 框架、表单、多媒体

学习目的与要求

知识点

- 浮动框架的用法
- 表单的制作
- 表单元素的属性
- 表单元素的样式应用
- 多媒体标记的使用

难点

- 浮动框架与超链接的关联方法
- 各种表单元素的生成方法和属性
- 复杂表单元素样式的实现
- 媒体标记的应用

5.1　HTML 的浮动框架

框架可以将浏览器窗口划分为若干个区域,在每个区域内显示一个独立的页面,使用框架可以在一个浏览器窗口中同时显示多个不同的独立页面,可以方便地进行网页导航。传统的 HTML 提供了框架集的结构和概念,在标准的 XHTML 1.1 中不再支持普通框架的应用,虽然可以使用 Frameset DTD 框架型的 XHTML 1.0 文档继续应用框架,但是不建议大家使用,在现在的页面设计中,若是要使用框架,更多应用的是浮动框架。

浮动框架是一种特殊的框架页面,在浏览器窗口中可以直接将浮动框架嵌入在某个 div 中或者表格的某个单元格中,以达到通过 div 或者是表格来控制页面布局的目的。

5.1.1　浮动框架的基本概念

1. 浮动框架标记及属性

```
<iframe src="页面文件 URL" ></iframe>
```

<iframe>是一个行内双标记,可用于在<body>页面中创建一个内联"浮动"框架即内部窗口,在该窗口内可打开一个独立的页面。

在<iframe>标记中常用的属性如下:

- width——设置浮动框架宽度,通常与所在 div 或单元格的宽度一致;
- height——设置浮动框架高度(可以通过脚本设置浮动框架高度与所加载页面的

内容高度一致);

- align——设置浮动框架在页面中的对齐方式(left、right、center),因为浮动框架一般要求与所在 div 或单元格宽度一致,所以很少使用该属性;
- id|name——设置浮动框架的 id 或者 name 属性,必须是唯一值;
- scrolling——设置浮动框架的滚动条,取值有 auto、yes、no 三种。
  - ➤ 若使用 auto,则当浮动框架内部加载页面的高度高于框架本身高度时,显示滚动条,否则不显示;
  - ➤ 若使用 yes,则不论浮动框架内部加载页面的高度如何,都要显示滚动条;
  - ➤ 若使用 no,则不论浮动框架内部加载页面的高度如何,都不显示滚动条。
- frameborder——设置浮动框架的边框,取值为 1 则有边框(默认),为 0 则没有边框。

2. 浮动框架与超链接的关联

在页面中增加一个或者多个浮动框架,不是只为了在其中加载显示一个或几个固定的页面,而是通常要根据用户单击的其他区域中的超链接,来确定要加载到浮动框架中的新的页面文件,例如,大家都非常熟悉的邮箱网站页面,单击超链接收件箱、已发送或者某一封信件时,都在一个固定的区域中打开界面,要实现这一功能,需要在浮动框架与超链接之间建立起关联。

建立浮动框架与超链接之间关联的具体方法为:

为超链接标记<a>设置 target 属性的取值为<iframe>的 id 或者 name 属性值,即可实现将链接页面加载显示在指定的<iframe>浮动框架窗口内。

5.1.2　浮动框架的应用举例

按如下要求修改在 4.9 节中创建的文件 w3school. html:

第一,将第三行中的 div3、div31、div32 和 div33 的高度都设置为 520px;

第二,将 div32 中的背景色、字号和居中对齐样式设置都去掉;

第三,去掉 div32 中原来的文本内容,增加浮动框架的应用,浮动框架 name 属性设置为 main,初始时加载的页面文件是 htmljc. html;

第四,修改 div31 中超链接"html 教程",设置 href 属性为 htmljc. html,target 属性为浮动框架 name 属性的值 main;修改超链接"html 简介",设置 href 属性为 htmljj. html,target 属性为浮动框架 name 属性的值 main。

修改之后,样式文件 w3school. css 完整的代码如下:

```
.divw{ width:950px; height:auto; margin:0 auto; padding: 0 ; border: 2px solid #
888;}
.div1{ width:950px; height:93px; padding:0; margin:0;}
.div11{ width:220px; height:93px; margin:0; padding:0; background:#999; font-
size:32pt; float:left; font-family:黑体; color:#fff; line-height:93px; text-
```

```
align:center;}
.div12{ width:730px; height:93px; padding:0; margin:0; float:left; background:
url(image/w3_1.jpg);}
.div2{ width:950px; height:60px; padding:0; margin:0; background:#eee; font-
family:Arial; font-size:16pt; line-height:60px; text-align:center;}
.div2 a:visited,.div2 a:link{ color:#666; text-decoration:none;}
.div2 a:hover{ color:#a00; text-decoration:underline;}
.div3{ width:950px; height:520px; margin:0px; padding:0px;}
.div31{ width:160px; height:520px; padding:0px; margin:0px; background:#aaa;
float:left; font-size:14pt; text-align:center;}
.div31 p{margin:8px 0;}
.div31 a:link,.div3-1 a:visited{color:#000; text-decoration:none;}
.div31 a:hover{color:#000; text-decoration:underline;}
.div32{ width:630px; height:520px; padding:0px; margin:0px; float:left;}
.div33{ width:160px; height:520px; padding:0px; margin:0px; background:#aaa;
float:left; font-size:14pt; text-align:center;}
```

w3school.html 页面文件完整的代码如下：

```
<head>
<meta http-equiv="Content-Type" content="text/html; charset=gb2312" />
<title>无标题文档</title>
<link type="text/css" rel="stylesheet" href="w3school.css" />
</head>
<body>
    <div class="divw">
      <div class="div1">
          <div class="div11">W3School</div>
          <div class="div12">
              <embed  <  height="93"  width="730" src="image/logo.swf" wmode=
              "transparent"></embed>
          </div>
      </div>
      <div class="div2"><a href="#">html</a>    <a href=
      "#">xml</a>    <a href="#">Browser Scripting</a>
          <a href="#">Server Scripting</a>  
        <a href="#">dot net</a>    <a href=
      "#">Multimedia</a>    <a href="#">Web Buliding
      </a></div>
      <div class="div3">
          <div class="div31">
              <p><a href="htmljc.html" target="main">html 教程</a></p>
              <p><a href="htmljj.html" target="main">html 简介</a></p>
              <p><a href="#">html 入门</a></p>
              <p><a href="#">html 标签</a></p>
```

```
        <p><a href="#">html 元素</a></p>
    </div>
    <div class="div32">< iframe src="htmljc.html" name="main" width=
    "630" height="520" scrolling="no" frameborder="0"></iframe></div>
    <div class="div33"><p>这是右侧区域的内容</p></div>
  </div>
 </div>
</body>
```

页面初始运行效果如图 5-1 所示，单击左侧超链接"html 简介"后效果如图 5-2 所示。

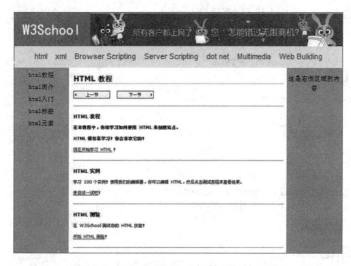

图 5-1　w3school.html 初始运行效果图

图 5-2　单击超链接之后的效果

需要创建的 htmljc.html 代码如下：

```
<head>
```

```
<meta http-equiv="Content-Type" content="text/html; charset=gb2312" />
<title>无标题文档</title>
<style type="text/css">
    body{margin:0;}
</style>
</head>
<body>
<img src="image/htmljc.jpg" width="632" height="521" />
</body>
```

需要创建的 htmljj. html 代码如下：

```
<head>
<meta http-equiv="Content-Type" content="text/html; charset=gb2312" />
<title>无标题文档</title>
<style type="text/css">
    body{margin:0;}
</style>
</head>
<body>
<img src="image/htmljj.jpg" width="632" height="521" />
</body>
```

5.2 表单标记

到目前为止，所能设计的网页都属于静态网页，用户只能单向从网站获取浏览信息，即使使用 JavaScript 也只能实现视觉上的动态效果，而不是真正意义上的动态网页。

在实际应用中，更多的时候用户需要通过网页向网站服务器提交信息，由服务器端处理程序收集保存，能够向服务器提交信息的网页通常需要包含表单。

在 HTML 页面中能接收用户输入信息并提交给服务器的标记统称为表单元素，表单是用户通过页面与网站服务器进行交互的工具，可实现网络注册、登录验证、问卷调查、信息发布、订单购物等功能。

本书只介绍 HTML 页面中使用的表单标记，有关接收处理用户信息的后台服务器程序可参阅 ASP、JSP、PHP 等相关书籍。

5.2.1 创建表单标记＜form＞

```
<form action="服务器 url||mailto:Email" [ id||name=" …" method="post||get" ] >
…</form>
```

表单是一个容器，在该容器中可以添加各种表单元素，用于输入或选择要提交的数据；也可以添加非表单元素，例如，表格、div、段落、图片等。＜form＞标记负责收集用户输入的信息,并在用户单击提交按钮时将这些信息发送给服务器。

在 HTML 页面<body>内任意位置插入<form>…</form>标记即可创建一个表单,一个页面可创建多个表单,并可发送给同一个或者是不同的服务器程序。

- action:指定接收并处理表单数据的服务器程序 URL 或是接收数据的 Email 邮箱地址。服务器程序 URL 可以是绝对或相对路径,♯ 表示提交给当前页面程序。
- id‖name:指定表单唯一名称,用于区分同一页面的多个表单。
method:指定传送数据的 HTTP 方法,可以使用 get(默认)或 post 方法。
- get 方法将信息附加在提交 url? 之后发送:url? 键名 1=键值 1& 键名 2=键值 2&…,该方法提交的数据在地址栏中可以看到,保密性较差,而且信息内容不能包含非 ASCII 字符、长度不超过 8192 个字符。
- post 方法将信息封装在表单的特定对象中发送,没有字符限制,保密性强。

accept、accept-charset、enctype 属性可指定服务器接受的内容类型及字符编码、表单内容编码的 MIME 类型,在普通的静态页面中可以不定义。

5.2.2 表单输入标记<input />

用户输入数据使用的文本框、单选按钮、复选框、提交重置按钮等都是<input />表单输入元素。

<input />标记创建表单中的输入元素,用于接受用户的输入信息,在代码中可位于页面<body>主体中的任意位置,但只有在<form>标记内的<input>元素中输入的内容才能被<form>收集并发送给服务器,否则只具有显示功能。

```
<input type="控件类型"    name="控件名称" />
```

- type:指定元素的控件类型,默认为单行文本框"text"。
- name:指定与输入数据(键值)相关联的唯一标识名称(键名)。
- id:指定唯一名称,主要是配合 JavaScript 响应事件时操作元素。

1. 单行文本框 type="text"(默认)

```
<input [ type="text" ] name="名称" value="默认值"    maxlength="允许输入最多字符数"
readonly="readonly" disabled="disabled" placeholder="提示信息" required  />
```

- value:指定控件默认自动输入显示的初值。
- maxlength:指定控件允许输入的最多字符或汉字个数(默认不限)。
- disabled:设置第 1 次加载页面时禁用该控件——灰色不可用(默认可用)。
- readonly:指定该控件内容为只读——不能输入编辑修改(默认可编辑输入)。
- placeholder:(HTML5 中的新属性,在 IE8 及以下版本的浏览器中无效)设置文本框中的提示信息,会在输入域为空时显示出现,默认为灰色显示,当用户在输入域中输入第一个字符时提示会消失;删除用户输入的信息之后会再显示。

- required：（HTML5 中的新属性，在 IE8 及以下版本的浏览器中无效），取值为 required，设置输入域不允许为空，即提交数据前必须要填写，否则单击提交按钮时会进行提示。

placeholder 和 required 可以在表单大多数输入元素中使用，后面不再逐个列举。

2. 密码框 type="password"

```
<input type="password" name="名称" value="默认值" maxlength="最大字符数" readonly="readonly" disabled="disabled" placeholder="提示信息" />
```

用户在密码框中输入的内容自动显示为圆点，各属性的设置用法与文本框完全相同。

说明：在文本框和密码框中还有一个 size 属性，现在页面设计中基本不再使用，而是使用样式属性 width 设置元素的宽度，效果更好。

3. 隐藏表单域 type="hidden"

```
<input type="hidden" name="名称" value="默认值" />
```

隐藏表单域在页面中不显示，也就是说，对用户是不可见的，但当用户提交表单时，隐藏表单域的 name 键名与 value 键值会自动发送到服务器。

有时不同页面的表单数据会提交给同一个服务器程序处理，网页设计人员一般就是利用隐藏表单域对不同的页面设置不同的默认值，服务器程序根据隐藏表单域的值即可判断出是哪个页面发送的表单数据，从而确定要如何处理这些数据。

隐藏表单域元素不能使用 disabled 属性禁用。

【例 h5-1. html】 使用文本框、密码框、隐藏表单域。

```
<head>
<meta http-equiv="Content-Type" content="text/html; charset=gb2312" />
<title>文本框、密码框、隐藏表单域</title>
<style type="text/css">
    .divw{width:400px; height: auto; padding: 30px; margin: 30px auto 0;
    background:#ddf; border-radius:8px;}
    h3{font-size:16pt; color:#a00; text-align:center;}
</style>
</head>
<body>
<div class="divw">
    <h3>用户登录页面</h3>
    <form     method="get" >
      <table width="300" align="center" border="0" cellpadding="0" cellspacing="0">
        <tr>
            <td width="100" height="40">用户名: </td>
            <td width="200"><input type="text" name="uName"/></td>
        </tr>
```

```
            <tr>
                <td height="40">密码：</td>
        <td><input type="password" name="pass" /></td>
        </tr>
            <tr>
                <td height="40" colspan="2">
                    <input type="hidden" name="type" value="3" />
                </td>
            </tr>
            <tr>
                <td height="40"> </td>
                <td><input type="submit" value="  提  交  " /></td>
            </tr>
        </table>
    </form>
  </div>
</body>
```

运行效果如图 5-3 所示。从图中可以看出，代码中设置的隐藏域并没有在页面中显示，但是该隐藏域的空间是占用的。

图 5-3　h5-1. html 运行效果

在 uName、pass 输入域中分别输入 wang 和 123456，单击"提交"按钮，观察浏览器地址栏结果，如图 5-4 所示。

在<form>标记中 method 属性设置为 get，所以提交的数据在文件名称 h5-1. html 后面，以问号？开始，uName＝wang，将用户输入的名称使用键名 uName 传递到服务器端；& 是连接符；pass＝123456，将用户输入的密码字符使用键名 pass 传递到服务器端（密码没有保密性）；type＝3，将隐藏域 type 的值传递到服务器端。

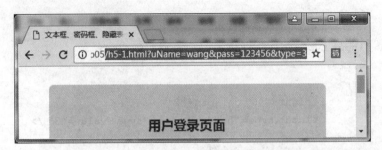

图 5-4　h5-1.html 页面提交数据之后浏览器地址栏显示的信息

请读者自行将 method 取值由 get 改为 post,观察提交数据时地址栏的情况。

【例 h5-1-1.html】　修改 h5-1.html,在文本框 uName 中设置提示信息为"在此输入姓名",设置不允许为空。

代码如下:

```
< input type = " text " name = " uName " placeholder = "请在此输入姓名" required =
"required"/>
```

若用户未输入姓名,单击"提交"按钮,效果如图 5-5 所示。

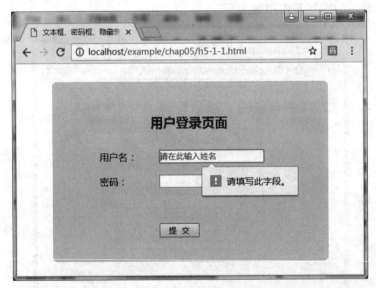

图 5-5　设置文本框提示信息和不允许为空的效果

4. 复选框 type="checkbox"

```
<input type="checkbox" name="名称" value="提交值"  checked="checked" disabled=
"disabled" />
```

- checked:设置第一次加载时该控件已被选中(默认不选中)。
- value:设置选中的复选框提交给服务器的数据,用于在服务器端进行处理,若是

　　未设置该属性,则提交的数据都是 on,这是不允许的。

　　一组复选框中允许同时选中多个,＜form＞表单提交服务器的值为数组形式,若 method 取值为 get,浏览器地址栏中对复选框数据的提交形式如下:

```
name 名称=值 1& name 名称=值 2&…
```

　　注意:同一组中多个复选框的 name 名称必须相同,每个复选框用 value 设置自己被选中时的提交值。

5．单选按钮 type＝"radio"

```
<input type="radio" name="名称" value="提交值" checked="checked" disabled="disabled" />
```

　　注意:

　　同一组多个单选按钮是互斥的,任何时刻只能选择其中一个——提交值最多只有一个。

　　同一组多个单选按钮的 name 名称必须相同,各自用 value 设置自己被选中时的提交值。

　　同一组中最多只能有一个单选按钮可用 checked 属性,设置初始加载时已被选中。

6．提交按钮 type＝"submit"

```
<input type="submit" id||name="名称" value="显示文字"  disabled="disabled" />
```

- value 设置按钮上显示的文字,例如"登录""提交""确认"等。
- id||name 设置按钮唯一名称。

　　按钮的默认宽度与上面文字的多少有关,若是需要加宽按钮,直接在文字前后或中间添加空格即可,例如,value＝"　提　交　"。

　　提交按钮是表单＜form＞中的核心控件,用户输入信息完毕后一般都是通过单击提交按钮才能完成表单数据的提交,若缺省提交按钮,则需要通过脚本代码中提供的方法实现表单数据的提交。

7．重置(复位)按钮 type＝"reset"

　　当用户输入信息有误时,可通过单击重置按钮取消已输入的所有表单信息,使输入元素恢复为初始默认值并等待用户重新输入。

```
<input type="reset" id||name="名称" value="显示文字" disabled="disabled" />
```

- value:设置按钮上显示的文字,例如"重置"或"取消"。
- id||name:设置按钮唯一名称。

　　【例 h5-2. html】　设计一个包含文本框、密码框、隐藏域、单选按钮组、复选框组、提交按钮和重置按钮的表单,method 取值为 get,提交表单数据时,观察地址栏的数据。

```
<head>
<meta http-equiv="Content-Type" content="text/html; charset=gb2312" />
```

```
<title>提交、重置输入信息</title>
<style type="text/css">
    .divw{width:350px; height:auto; padding:20px; margin:0 auto; background:#
  ddf; border-radius:8px; font-size:12pt;}
    h3{text-align:center; font-size:16pt;}
    td{height:30px;}
    .tdLeft{width:120px; text-align:right;}
    .tdRight{width:230px;}
</style></head><body>
    <div class="divw">
      <form     method="get" >
          <h3>用户注册页面</h3>
          <table width =" 350" align =" center" border =" 0" cellpadding =" 0"
          cellspacing="0">
              <tr>
                  <td class="tdLeft">姓名：</td>
                  <td class="tdRight"><input name="user" maxlength="20" id=
                  "user" /></td>
              </tr>
              <tr>
                  <td class="tdLeft">密码：</td>
                  <td><input type="password" name="psd" id="psd"/></td>
              </tr>
              <tr>
                  <td class="tdLeft">性别：</td>
                  <td><input type="radio" name="sex" value="0" />男  
                       <input type="radio" name="sex" value="1"/>女</td>
              </tr>
              <tr>
                  <td class="tdLeft">喜欢的运动：</td>
                  <td>
                      <input type="checkbox" name="yd" value="climb" />爬山
                      <input type="checkbox" name="yd" value="swim" checked=
                      "checked" />游泳
                      <input type="checkbox" name="yd" value="run"/>跑步
                  </td>
              </tr>
              <tr>
                  <td> </td>
                  <td><input type="hidden" name="type" value="3" /></td>
              </tr>
              <tr>
                  <td> </td>
                  <td><input type="submit" value="  提 交  " /> 
```

```
                <input type="reset" value=" 取 消 " /></td>
        </tr>
    </table></form></div></body>
```

当用户输入如图 5-6 所示数据并单击"提交"按钮之后,浏览器地址栏中显示如下数据:

```
h5-2.html?user=wang&psd=1123456&sex=1&yd=climb&yd=swim&type=3
```

sex＝1 是单选按钮"女"提交的数据(value="1"),yd＝climb 是复选框"爬山"提交的数据(value="climb"),yd＝swim 是复选框"游泳"提交的数据(value="swim")。

图 5-6　h5-2.html 页面运行效果

8. 上传文件的文件域 type＝"file"

```
<input type="file" name="名称" [multiple="multiple"] />
```

该元素用于上传文件,页面显示效果中会出现"浏览"按钮或者"选择文件"按钮,具体由不同的浏览器确定。

使用文件域元素时,对表单＜form＞有如下要求:method 属性取值必须为 post,另外还需要增加属性 enctype,取值为 multipart/form-data,否则将无法实现文件上传功能。

属性 multiple 用于设置允许一次性上传多个文件,是 HTML5 中新增属性。

【例 h5-2-1.html】　修改例 h5-2.html,增加文件域元素,要求能够实现多文件上传。

＜form＞标记改为:

```
<form method="post" enctype="multipart/form-data">
```

在隐藏域上方增加表格行:

```
<tr  class="tdLeft">
    <td>上传照片：</td>
    <td><input type="file" name="zhaop" multiple="multiple" /></td>
</tr>
```

运行效果如图 5-7 所示。

图 5-7　文件域元素在谷歌浏览器中的显示效果

9. 用图像代替提交按钮 type＝"image"

```
<input type="image" src="图像文件 URL" id||name="名称" border="0||1" alt="图像
不显示的替代文本" width="宽度" height="高度" />
```

该标记可以显示图像代替提交按钮,当用户单击该图像时可以实现提交数据功能。

10. 标准按钮 type＝"button"

```
<input type="button" id||name="名称" value="显示名称"  />
```

该标记定义一个可单击的按钮,单击按钮时对表单没有任何行为,可通过响应单击事
件执行 JavaScript 代码实现相应功能。

例如,通过单击按钮可调用 JavaScript 函数 check()对表单中某些数据进行验证:

```
<input type="button" value="验证表单数据" onclick="check()" />
```

5.2.3　HTML5 新增＜input /＞输入元素

HTML5 新增了多个类型的＜input /＞输入元素,常用的有 email、url、number、
range、Date pickers、color,这些新类型的元素提供了更好的输入控制和验证。

1. 邮件地址 type＝"email"

```
<input type="email" id||name="名称"    />
```

email 类型设置要包含 E-mail 地址的输入域,要求输入内容中必须包含@符号,在提
交表单时,会自动验证 email 域的内容格式。

2. 网址 type＝"url"

```
<input type="url" id||name="名称"    />
```

url 类型设置要包含 URL 地址的输入域,要求输入内容必须以 http:开始,后面要有

域名地址,但是对 http:后面的双斜杠//没有做要求,即若是输入"http:www.sict.edu.cn"也能接收。

在提交表单时,会自动验证 url 域的内容格式。

3. 数值类型 type＝"number"

```
<input type="number" id||name="名称" min="最小值" max="最大值" step="数字间隔"
  value="默认值"/>
```

number 类型设置包含数值的输入域,能够设定对所接受的数字范围的限定,光标放入输入元素后显示微调按钮。

step 规定合法的数字间隔,若最小值为 15,数字间隔为 2,则合法的数字有 15、17、19 等。

提交表单时,会对数据进行合法性验证。

4. 滑块数字类型 type＝"range"

```
<input type="range" id||name="名称" min="最小值" max="最大值" step="数字间隔"
value="默认值"  />
```

range 类型用于设置要包含指定范围内数字值的输入域,显示为滑块形式。

5. 日期选择器

HTML5 拥有多个可供选取日期和时间的新输入类型,使用 type 设置相应取值可分别选取不同的信息,下面为 type 属性可用的取值以及可选取的信息说明:
- date——选取日、月、年。
- month——选取月、年。
- week——选取周和年。
- time——选取时间(小时和分钟)。
- datetime——选取时间、日、月、年(UTC 时间,通用协调时间)。
- datetime-local——选取时间、日、月、年(本地时间)。

例如,入学日期：＜input type＝"date" name＝"user_date" /＞,当用户单击下三角按钮时,效果如图 5-8 所示。

6. 颜色选择 type＝"color"

```
<input type="color" id||name="名称"  value="初
值" />
```

图 5-8　日期选择器

color 类型可用于选择颜色块,color 域显示为颜色块,使用 value 设置颜色的初值(注意：value 是标记中的属性,十六进制颜色取值不能使用三位缩写形式)。例如,喜爱的颜色：＜input type＝"color" name＝"color" value＝

"＃ff0000" /＞,当用户单击颜色块时,会打开拾色器面板供用户选择颜色。如图 5-9
所示。

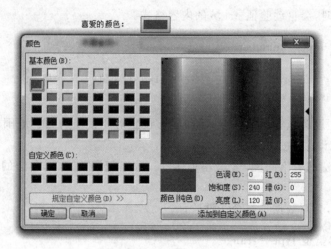

图 5-9 拾色器面板

【例 h5-3. html】 创建表单界面,收集用户基本信息,包括姓名、年龄、邮件地址、个人
主页、入学日期、喜爱的颜色等。

```
<head>
<meta http-equiv="Content-Type" content="text/html; charset=utf-8" />
<title>应用 HTML5 表单元素</title>
<style>
    .divw{width:400px; height: auto; padding: 20px; margin: 30px auto 0;
    background:#ddf; border-radius:8px;}
    h3{font-size:16pt; color:#a00; text-align:center;}
    table td{font-size:10pt; height:30px;}
</style>
</head><body>
<div class="divw">
<h3>用户基本信息</h3>
<form method="get">
    <table width="350" border="0" cellspacing="0" cellpadding="0" align="center">
    <tr>
        <td width="100">姓名：</td>
        <td width="250"><input type="text" name="uname" required /></td>
    </tr>
    <tr>
        <td>年龄：</td>
        <td><input type="number" name="age" min="16" max="25"/></td>
    </tr>
    <tr>
        <td>邮件地址：</td><td><input type="email" name="email"/></td>
```

```
    </tr>
    <tr>
        <td>个人主页: </td><td><input type="url" name="perPage" /></td>
    </tr>
    <tr>
        <td>入学日期: </td><td><input type="date" name="ruxRiqi" /></td>
    </tr>
    <tr>
        <td>喜爱的颜色: </td>
        <td><input type="color" name="color" value="#ff0000" /></td>
    </tr>
    <tr>
        <td colspan="2" align="center"><input type="submit" value=" 提 交 " /></td>
    </tr>
</table></form></div></body>
```

在图 5-10 中,年龄是 number 类型,光标进入输入框时会显示微调按钮。另外,对于年龄取值范围设置是 16~25,若输入 15,则单击"提交"按钮时会弹出如图 5-11 所示的提示消息。

图 5-10 h5-3.html 运行效果

5.2.4 文本区标记<textarea>

<textarea>标记可定义一个多行文本区域,用于输入无限数量的文本。

`<textarea name="名称" rows="可见行数" cols="可见列数" wrap="换行模式">`

图 5-11　h5-3.html 输入不符合要求的年龄值

[初始默认文本]

```
</textarea>
```

rows 和 cols 指定文本区显示的行数和列数，建议使用 CSS 的 height 和 width 属性设置。若是输入的内容高度超出文本区的高度时，会自动显示滚动条。

- wrap：指定文本换行模式，取值为 virtual、physical、off。
- virtual：按文本区宽度自动换行显示，但传给服务器的文本中自动换行无效，只在用户控制换行的地方有换行符。
- physical：按文本区宽度自动换行并将该换行符传送给服务器。
- off：由用户自己控制换行。

5.2.5　滚动列表与下拉列表标记<select><option>

1. 列表框标记<select>

```
<select name="名称" size="可见选项数" multiple="multiple" disabled="disabled" >
    <option>选择项</option>
    …
</select>
```

<select>标记用于创建列表框，增加<option>标记后，可创建下拉列表（也称为单选菜单，只能选择其中一项），也可创建滚动列表（也称为多选菜单，可以选择一项或多项）。

- size：指定列表框中可见的选项个数，同时也指定了列表类型是滚动列表还是下

拉列表。省略 size 或 size 取值为 1，则创建下拉列表，取值大于 1 则创建滚动列表。

- multiple：该属性仅当 size 取值大于 1，即创建滚动列表时有效，对下拉列表无效。

使用 multiple＝"multiple"，则允许在滚动列表中在按住 Ctrl 键同时选择可以间隔的多项，也可以在按住 Shift 键同时选择连续的多项。若是省略该属性，滚动列表也只能单选。

对下拉列表＜form＞表单提交服务器的值为单值：name 名称＝所选项的单个 value 值。

对滚动列表＜form＞表单提交服务器的值为多个值，提交形式为 name＝值 1&name＝值 2&…，可通过设置＜form＞中 method 属性取值为 get 观察提交形式。

2. 列表选项标记＜option＞

```
<option value="提交选项值" selected="selected" disabled="disabled" >
    页面显示的选项文本
</option>
```

＜option＞标记定义滚动或下拉列表中的一个选项，必须在＜select＞＜/select＞标记之间使用。

- value：指定提交服务器的选项值，省略则默认使用显示的选项文本。
- selected：指定初始被选中的选项，对下拉列表和滚动列表都只能为一个选项设置该属性。
- disabled：指定该项首次加载时被禁用。

【例 h5-4. html】 使用下拉列表框生成教师课表查询界面。

```
<head>
<meta http-equiv="Content-Type" content="text/html; charset=gb2312" />
<title>下拉列表框应用</title>
<style type="text/css">
    .divw{width:650px; height:auto; padding:20px; margin:0 auto; background:
    #ddf; border-radius:8px; font-size:12pt;}
    h3{text-align:center; font-size:16pt;}
    .inp{width:80px;}
</style></head><body>
    <div class="divw">
      <form method="post">
          <h3>教师课表查询界面</h3>
          学年:<select name="schYear">
                <option></option>
                <option>2016-2017</option>
                <option>2015-2016</option>
                <option>2014-2015</option>
                <option>2013-2014</option>
                <option>2012-2013</option>
```

```
            <option>2011-2012</option>
        </select>
    学期:<select name="term">
            <option></option><option>2</option><option>1</option>
            </select>
    教学部门:<select name="department">
            <option></option>
            <option>电子信息学院</option>
            <option>工商学院</option>
            <option>会计学院</option>
            <option>思政课教学部</option>
            <option>人文学院</option>
            <option>外语与国际交流学院</option>
        </select>
    教师姓名:<input name="name" class="inp" />
    <input type="submit" value=" 查 询 " />
</form></div></body>
```

运行效果如图 5-12 所示。

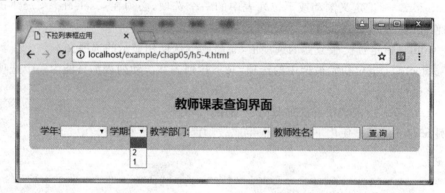

图 5-12　h5-4.html 运行效果

3. 列表项分组标记<optgroup>

```
<optgroup label="分组名">
    <option>选择项</option>
    …
</optgroup>
```

<optgroup>标记可定义选项组,用于对列表项进行分组,必须在<select>标记内使用。分组名显示为加粗斜体但不能被选择,被分组的列表项将采用缩进显示。

【例 h5-5.html】 列表选择框分组。

```
<head>
<meta http-equiv="Content-Type" content="text/html; charset=gb2312" />
<title>列表项的分组</title>
```

```
<head><body>
<form method="post">
    请选择选修课:
    <select name="WebDesign">
     <optgroup label="客户端语言">
        <option>HTML</option><option>CSS</option><option>javascript</option>
     </optgroup>
     <optgroup label="服务器脚本">
        <option>PHP</option><option>ASP</option><option>JSP</option>
     </optgroup>
     <optgroup label="数据库">
        <option>Access</option><option>MySQL</option>
        <option>SQLServer</option>
     </optgroup>
    </select>
</form></body>
```

运行效果如图 5-13 所示。

5.2.6 按钮标记<button>

<button>标记用于定义按钮,该标记
生成的按钮比<input type="button" />按
钮提供了更强大的功能和更丰富的内容,在
button 按钮内可放置任意文本或图像,包括
多媒体播放内容,唯一禁止的是在按钮内使
用图像映射,以避免鼠标单击按钮与单击图像热点区域的混淆。

图 5-13 h5-5.html 页面运行效果

```
<button id||name="名称" type="按钮类型" value="初始值" disabled="disabled" >
    [按钮文本、图像或多媒体]
</button>
```

- type:指定按钮类型,取值有 button、submit 和 reset 三种。
- value:设置按钮的初始值,此值可被 JavaScript 脚本使用或修改。

5.2.7 控件标签标记<label>

```
<label for="控件 id" >标注内容</label>
```

<label>标记可为表单控件定义一个标签或标注,当用户单击该标注内容时浏览器
自动将光标焦点转到相关的控件上。

<label>标记可以采用两种方式和表单控件相联系:

第一种方式,将表单控件作为标记标签的内容,此时不需要设置 for 属性,被称为隐

式形式;

第二种方式,将一个表单控件的 id 属性值设置为 <label> 标签中 for 属性的取值,被称为显式形式。

【例 h5-6. html】 创建一个包含用户名、密码、提交按钮和重置按钮的表单,为用户名控件设置隐式标签标记,为密码控件设置显式标签标记。

```html
<head>
<meta http-equiv="Content-Type" content="text/html; charset=gb2312" />
<title>使用控件标签</title><head>
<style type="text/css">
    p{font-size:12pt; font-family:Calibri;}
</style>
<body>
<form action="#" method="post" >
    <p><label>用户名:<input name="user" id="un" /></label></p>
    <p>密     码: <input type="password" id="up" name=
    "pass"/></p>
    <p><input type="submit" value="  提  交  " /><input type="reset" value=
    "  重  置  " /></p>
</form>
<p><label for="up">修改密码</label></p>
</body>
```

运行效果如图 5-14 所示。

单击"用户名"文本,光标会自动移到 id="un"的文本框中;同样单击"修改密码"文本,光标会自动移到 id="up"的密码框中。

图 5-14 h5-6. html 页面运行效果

5.2.8 表单分组及标题标记<fieldset><legend>

```html
<fieldset>
    <legend>分组标题</legend>
    表单控件
    ...
</fieldset>
```

<fieldset>标记可将表单中一部分相关元素打包分组,浏览器以特殊方式显示这组表单字段,例如,特殊边界、3D 效果等,甚至可创建一个子表单来处理这些元素,还可以设置独立的样式。

【例 h5-7. html】 创建一个表单,用于收集学生的信息,将学生基本信息、父亲信息和母亲信息分组显示。代码如下:

```
<head>
<meta http-equiv="Content-Type" content="text/html; charset=gb2312" />
<title>学生个人及家庭信息统计</title>
<style type="text/css">
    .divw{width:600px; height:auto; padding:20px; margin:0 auto; background:
    #ddf;border-radius:8px; font-size:12pt;}
    h3{text-align:center; font-size:16pt;}
    p{margin:5px 0;}
    .divw div{width:200px; height:150px; margin:0; float:left;}
    .inp{width:100px;}
    legend{font-weight:bold; color:#a00;}
    fieldset{border:1px solid #a00;}
</style>
</head>
<body>
<div class="divw">
    <h3>学生个人及家庭信息统计</h3>
    <form method="get">
      <div>
      <fieldset>
          <legend>学生个人信息</legend>
          <p>姓名：<input type="text" name="stuName" class="inp" /></p>
          <p>性别：<input type="radio" name="sex" value="male" />男
                <input type="radio" name="sex" value="female" />女</p>
          <p>年龄：<input type="number" name="stuAge" max="25" class="inp" /></p>
      </fieldset>
      </div>
      <div>
      <fieldset>
          <legend>父亲信息</legend>
          <p>姓名：<input type="text" name="fatName" class="inp" /></p>
          <p>年龄：<input type="number" name="fatAge" class="inp" /></p>
          <p>职业：<input type="text" name="fatWork" class="inp" /></p>
      </fieldset>
      </div>
      <div>
      <fieldset>
          <legend>母亲信息</legend>
          <p>姓名：<input type="text" name="matName" class="inp" /></p>
          <p>年龄：<input type="number" name="matAge" class="inp" /></p>
          <p>职业：<input type="text" name="matWork" class="inp" /></p>
      </fieldset>
```

```
        </div>
        <p align="center"><input type="submit" value=" 提 交 " /> 
                    <input type="reset" value=" 取 消 " /></p>
        </form>
    </div>
</body>
```

运行效果如图 5-15 所示。

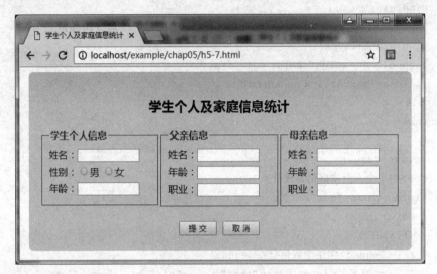

图 5-15　h5-7.html 页面

在图 5-15 中，对三个分组的表单元素的显示，分别应用了三个向左浮动的 div；每个分组的 border 都设置颜色为♯a00，分组标题的颜色也设置为♯a00。

5.2.9　应用 div 和样式的表单设计

一个页面中的表单元素通常都放在某一个区域中，对于该区域的定义则使用 div 完成；而添加表单元素时，则要使用样式控制这些元素的外观，包括宽度、高度、填充、边距、边框以及内部文本字号和颜色等。

另外，当光标聚焦到类型为 text、password、number、email、url 等类型的输入域中时，在这些控件的外侧会显示一个轮廓线，例如，在图 5-7 中，光标进入学生姓名输入框中之后的外围效果，轮廓线并不占据页面空间，只是做强调用，可以使用"outline：none；"取消轮廓线。

在例 h5-7.html 中样式表.inp{}中增加"outline：none；"，观察光标进入输入框之后的效果。

关于 outline 的更多用法，各位读者请查阅相关资料。

【例 h5-8.html】　使用表单元素结合 div 和 css 实现 163 邮箱登录界面中邮箱账号登录效果，如图 5-16 所示。

代码如下：

```
<head>
<meta http-equiv="Content-Type" content="text/html; charset=gb2312" />
<title>邮箱账号登录</title>
<style type="text/css">
    .divLogin{width:260px; height: auto; padding:10px; margin:0 auto; border:
    1px solid #aaf; border-radius:5px;}
    .divLogin>form> div {width: 240px; height: 20px; padding:10px 5px; margin:
    20px auto; border:1px solid #ccc; border-radius:5px;}
    .divLeft{width:20px; height:20px; margin:0; background-image:url(image/bg
    _v3.png);   float:left;}
    .divRight{width:215px; height:20px; margin:0 0 0 5px; float:left; font-
    size:12pt; font-family:Calibri;}
    .divRight input{ height:20px; padding:0; margin:0; border:0; outline:none;
    font-size:12pt;}
    .boxShadowShow{ box-shadow:0 0 3px 0 #66f;   }
    .boxShadowNone{ box-shadow:0;   }
    #uname{width:140px;}
    #psd{width:220px;}
    #divLeft1{background-position:-150px-62px;}
    #divLeft2{background-position:-175px-62px;}
    p{text-align:center;}
    .login,.cancel{width:110px; height:40px; border-radius:5px;}
    .login{background:url(image/bg_v3.png) 0px-210px; /* background:#66f; */}
    .cancel{background:url(image/bg_v3.png)-120px-210px; /* background:#eef; */}
    h3{font-size:16pt; font - family: 黑体; line - height: 30px; text - align:
    center;}
</style>
</head><body>
    <div class="divLogin">
    <h3>邮箱账号登录</h3>
    <form method="get">
      <div id="divOut1">
          <div class="divLeft" id="divLeft1"></div>
          <div class="divRight"><input type="text" id="uname" placeholder="
          邮箱账号或手机号" />@163.com</div>
      </div>
      <div id="divOut2">
          <div class="divLeft" id="divLeft2"></div>
          <div class="divRight"><input type="text" id="psd" placeholder="密
          码" /></div>
      </div>
```

```
        <p><input type="submit" value="登录" class="login" />
            <input type="reset" value="取消" class="cancel" /></p>
    </form>
    </div></body>
```

说明：在图 5-16 中，"邮箱账号或手机号"文本框以及"密码"框，分别放在 id 为 divOut1 和 divOut2 的 div 中，这是为了能够在左侧增加一个 div 用于显示背景图标。

两个输入框左侧的背景图标和"登录""取消"按钮的背景色都是使用了如图 5-17 所示的背景图片 bg_v3.png 中的一部分，通过设置背景图定位属性 background-position 为相应精确的负数来实现。

图 5-16　邮箱账号登录界面

图 5-17　页面中使用的背景图

图中的提示信息在 IE8 及以下浏览器中不能显示，需要使用 JQuery 插件来实现，这里不做介绍。

图 5-16 中第一个输入框外 div 边框的效果是用盒子的阴影属性 box-shadow 实现的，代码 box-shadow:0 0 3px 0 #66f;表示水平阴影为 0、垂直阴影为 0、模糊半径为 3px、扩展半径为 0、颜色为 #66f，使用上面代码设计后，阴影还不能起作用，需要将光标放入相应输入框通过脚本代码设置应用阴影。脚本代码如下：

```
 1: window.onload=function(){
 2:     var uname=document.getElementById('uname');
 3:     var psd=document.getElementById('psd');
 4:     var divOut1=document.getElementById('divOut1');
 5:     var divOut2=document.getElementById('divOut2');
 6:     uname.onfocus=function(){
 7:         divOut1.className='boxShadowShow';
 8:     }
 9:     uname.onblur=function(){
10:         divOut1.className='boxShadowNone';
```

```
11:      }
12:      psd.onfocus=function(){
13:          divOut2.className='boxShadowShow';
14:      }
15:      psd.onblur=function(){
16:          divOut2.className='boxShadowNone';
17:      }
18: }
</script>
```

关于 JavaScript 知识将在本书后半部分讲解，这里先对代码做如下简单解释：

＜script type＝"text/javascript"＞…＜/script＞定界脚本代码。

第 1～18 行，定义了匿名函数，当页面加载成功之后执行该函数。

第 2～5 行，获取页面中 id 为 uname、psd、divOut1、divOut2 四个元素，分别保存在变量 uname、psd、divOut1、divOut2 中。

第 6～8 行，将光标放进 uname 文本框中时，执行匿名函数，设置 divOut1 的阴影效果。

第 9～11 行，光标离开 uname 文本框中时，执行匿名函数，设置 divOut1 无阴影效果。

第 12～14 行，将光标放进 psd 框中时，执行匿名函数，设置 divOut2 的阴影效果。

第 15～17 行，光标离开 psd 框中时，执行匿名函数，设置 divOut2 无阴影效果。

说明：其中的代码"divOut2. className＝'boxShadowShow';"可以使用 divOut2. setAttribute('class','boxShadowShow')代码取代，该代码设置 divOut2 对象的 class 属性取值为 boxShadowShow。

5.3 滚动字幕、背景音乐与多媒体

5.3.1 滚动字幕标记＜marquee＞

```
<marquee>滚动文字-字幕文本</marquee>
```

＜marquee＞标记可在页面中添加滚动的文字，滚动文本的样式可使用 CSS 设置。

在页面中通常都是将滚动文字控制在某个指定的 div 内部或者表格的单元格内部滚动，＜marquee＞元素宽度高度与所在 div 或单元格一致。＜marquee＞标签常用属性如下：

- width 和 heght——设置滚动区域大小；
- direction——滚动方向，取值有 left 向左（默认）、right 向右、up 向上、down 向下；
- behavior——滚动方式，取值有 scroll 循环（默认）、slide 一次、alternate 来回滚动；
- loop——循环次数（默认无限），behavior＝"slide"指定一次时也以 loop 的次数为准；
- scrollamount——滚动速度，即每次移动文字的距离，默认单位为像素，越大越快；

- scrolldelay——滚动延时（毫秒），两次移动的时间间隔，越小越快，若是希望看到走走停停的效果，可以将该属性设置一个较大的值。

注意：字幕的移动效果应使用滚动速度 scrollamount 与滚动延时 scrolldelay 协调配合。

【例 h5-9.html】 修改在 4.3 节中完成的小案例 h4-4.html,在引用了 class 类选择符 mid_1_2 的 div 中增加滚动文字"茶爽添诗句，天清莹道心。只留鹤一只，此外是空林。"，要求如下：

（1）高度与 mid_1_2 相同，设置为 370px；

（2）移动方向向上；

（3）移动速度为每次 5 px；

（4）移动延迟为 200ms；

（5）四句诗句使用四个段落添加，段落前后间距为 8px，文本字号 16pt、隶书、深灰色 ♯333，文本居中。

运行效果如图 5-18 所示。

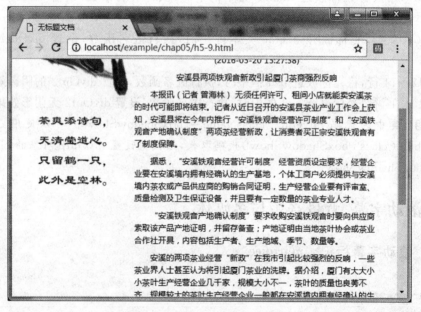

图 5-18　h5-9.html 页面运行效果

将 h4-4.html 保存为 h5-9.html,在指定位置增加如下代码。

样式代码：

```
.mid_1_2 p{margin:8px 0; font-size:16pt; font-family:隶书; color:#333; text-align:center;}
```

页面元素代码：

```
<marquee direction="up" scrollamount="5" scrolldelay="200" height="370">
    <p>茶爽添诗句,</p>
```

```
    <p>天清莹道心。</p>
    <p>只留鹤一只,</p>
    <p>此外是空林。</p>
</marquee>
```

5.3.2 背景音乐标记

```
<bgsound src="音乐文件 URL" loop="播放次数" />
```

标记可以将 midi、avi、mp3 格式的音乐或音频文件作为网页背景音乐播放。

- src:指定音频文件的绝对或相对路径及文件名;
- loop:用数字指定播放次数,默认播放 1 次,取值-1 或 infinite 为无限循环。

5.3.3 播放多媒体标记<embed>

```
<embed src="多媒体文件 URL" width="播放插件高度" height="播放插件宽度"
hidden="是否隐藏播放插件" autostart="是否自动播放" loop="是否循环播放">
</embed>
```

<embed>标记是一个行内标记,可以播放音频音乐、视频电影和 Flash 动画等多媒体文件。

- src:指定音频或视频文件的绝对或相对路径及文件名;
- hidden:是否隐藏播放面板,取值 false||no 不隐藏(默认)、true 隐藏;
- autostart:是否自动播放,取值 false||no 不自动播放(默认)、true 自动播放;
- loop:是否循环播放,取值 false||no 只播放一次(默认)、true 循环播放;
- type:指定播放文件的 MIME 类型;
- wmode:指定播放模式,默认不透明,transparent 透明。

注意:<embed>为 IE 浏览器标记,其他浏览器可能不支持或者不能全部支持。对 Flash 动画文件若不设置 width、height,则采用原图尺寸;对视频文件若不指定播放插件大小,则会采用默认插件尺寸;而对音频文件若不指定播放插件大小,则播放器不可见,但会占据页面固定的空间。如果指定了播放插件大小,但使用 hidden="true"隐藏播放插件,则播放插件大小无效仍占据页面固定空间。

【例 h5-10. html】 为第 4 章中的 w3chool. html 页面 div12 元素添加 swf 动画,设置动画宽度高度与 div12 相同,播放模式为透明效果。

代码如下:

```
<div class="div12">
    <embed height="93"  width="730" src="image/logo.swf" wmode="transparent">
    </embed>
</div>
```

5.4 习题

操作题

1. 设置如下形式的滚动文字。

（1）由左向右一圈一圈绕着走的滚动文字：看，我一圈一圈绕着走！

（2）由右向左滑动一次的文字：呵呵，我只走一趟！

（3）由左向右来回滑动的文字：哎呀，我碰到墙壁就回头！

2. 设计如图 5-19 所示的表单页面。

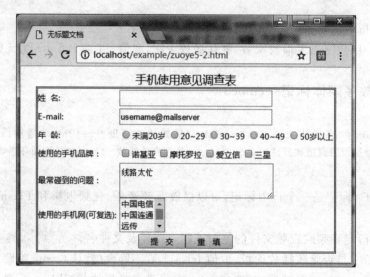

图 5-19　表单运行效果

第6章 JavaScript 基础

学习目的与要求

知识点

- 理解 DOM 和 BOM
- 掌握脚本中常量、变量、表达式、运算符和数组的应用
- 掌握脚本中的语法与流程控制语句
- 掌握脚本中自定义函数及事件处理的应用
- 掌握闭包的概念
- 掌握页面错误提示的常用做法

难点

- 脚本中的函数定义及调用
- 闭包的概念与应用
- 脚本中的事件处理应用

6.1 JavaScript 概述

JavaScript 最早由 Netscape 公司开发,从 1996 年开始已经被所有 Netscape 和 Microsoft 浏览器支持。

JavaScript 的真实名称应该是 ECMAScript,ECMA-262 是正式的 JavaScript 标准, 1998 年成为国际 ISO 标准。

虽然 JavaScript 和 ECMAScript 通常都被表达成相同的含义,但是 JavaScript 的含义比 ECMA-262 中规定的要多得多,一个完整的 JavaScript 实现应该由下列三个不同的部分组成:

- 核心 ECMAScript,提供核心语言功能;
- 文档对象模型 DOM,提供访问和操作网页内容的方法和接口;
- 浏览器对象模型 BOM,提供与浏览器交互的方法和接口。

6.1.1 ECMAScript

由 ECMA-262 定义的 ECMAScript 与 Web 浏览器没有依赖关系,这门语言本身并不包含输入和输出定义,它所定义的只是这门语言的基础,在此基础上可以扩展(例如 DOM)构建更加完善的脚本语言。

ECMA-262 规定了这门语言的下列组成部分:

- 语法。

- 类型。
- 语句。
- 关键字。
- 保留字。
- 操作符。
- 对象。

6.1.2　DOM 简介

DOM 全称文档对象模型（Document Object Model），是针对 XML 但经过扩展用于 HTML 的应用程序编程接口。DOM 把整个页面映射为一个多层节点结构，HTML 或 XML 页面中的每个组成部分都是某种类型的节点，这些节点又包含着不同类型的数据，例如下面简单页面代码可以通过图 6-1 所示的分层节点图表示：

```
<html>
<head>
    <title>简单页面</title>
</head>
<body>
    <p>Hello world!</p>
</body>
</html>
```

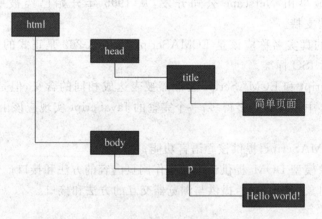

图 6-1　简单页面 DOM 节点结构

通过 DOM 创建的这个表示文档的树形图，开发人员获得了控制页面内容和结构的主动权，借助 DOM 提供的 API，可以轻松删除、添加、替换或修改任何节点。

【例 h6-1. html】 DOM 的简单应用：创建一个只有一个段落和按钮的页面，段落文本字号初始为 10pt，当用户单击按钮时，更改段落的文本字号为 20pt。

页面代码如下：

```
<head>
<meta http-equiv="Content-Type" content="text/html; charset=gb2312" />
<title>无标题文档</title>
<style type="text/css">
    #p1{font-size:10pt;}
</style>
<script type="text/javascript">
function chgPCss(){                    //按钮的单击事件函数
    var p1=document.getElementById('p1');
    p1.style.fontSize='20pt';
}
</script>
</head>
<body>
    <p id="p1">页面中的段落</p>
    <input type="button" value="修改段落样式" onclick="chgPCss()" />
</body>
```

初始运行效果如图 6-2 所示,单击按钮后效果如图 6-3 所示。

图 6-2　h6-1.html 初始运行效果　　　　　　图 6-3　单击按钮后的效果

代码简介:

＜script type＝"text/javascript"＞…＜/script＞是脚本代码定界符。

使用 function 关键字定义函数 chgPCss(),在函数中使用 document.getElementById('p1')获取 id 为 p1 的段落,设置段落样式中的文本字号 fontSize 为 20pt。

在按钮元素＜input＞标记中使用 onclick＝"chgPCss()"设置当单击按钮时调用函数。

DOM 发展到现在,已经经历了 DOM1、DOM2、DOM3 三个级别,DOM1 级主要是映射文档结构,DOM2 则增加了鼠标和用户界面事件、范围、遍历等模块,同时也增加了对CSS 的支持;DOM3 则进一步扩展了 DOM,引入了以统一方式加载和保存文档的方法、新增了验证文档的方法等,但是 DOM3 中的部分功能在有些老版本浏览器中不支持。

6.1.3　浏览器对象模型 BOM

从根本上讲,BOM 只处理浏览器窗口和框架;但是习惯上也把所有针对浏览器的

JavaScript 扩展都算作 BOM 的一部分,主要扩展如下:

- 弹出新浏览器窗口的功能;
- 移动、缩放和关闭浏览器窗口的功能;
- 提供浏览器详细信息的 navigator 对象;
- 提供浏览器所加载页面详细信息的 location 对象;
- 对 cookies 的支持等。

BOM 作为 JavaScript 实现的一部分,但是早期的发展一直没有相关的标准,因此使用中存在很多问题,在 HTML5 中把很多 BOM 功能写入规范,从而解决了这些问题。

注意:JavaScript 代码中有语法错误时浏览器拒绝执行,一般仅在状态栏显示"页面上有错误"但不会给出任何关于错误信息的提示。

6.1.4　JavaScript 语言的特点

1. 基于对象

JavaScript 是一种基于对象、解释执行的脚本语言,可直接使用浏览器提供的内置对象,也可创建使用自己的对象。

在概念和设计方面 Java 和 JavaScript 是两种完全不同的语言,Java 是面向对象的程序设计语言,用于开发企业应用程序;而 JavaScript 是在浏览器中执行、只有简单语法的 HTML 脚本描述语言,用于开发客户端浏览器的应用程序,实现用户与浏览器的动态交互、将动态文本嵌入页面。

2. 简单性

JavaScript 是一种弱类型语言,没有 Java 语言固定的强数据类型,无须事先声明即可直接使用变量而且同一变量在不同时刻可以存储任意不同类型的数据。

JavaScript 代码可直接嵌入 html 文件,也可以单独创建外部.js 文件供 HTML 文档引用,易于维护、可移植、可通用。

JavaScript 代码不能独立执行,必须依赖于页面文档才能执行。

3. 与平台无关性

JavaScript 代码随同 HTML 文件一同发送下载到客户机器上,它的运行只依赖浏览器本身,与客户机器的操作系统、安装环境无关。

4. JavaScript 的功能

- 可以检测客户机器的浏览器版本,并能根据不同的浏览器装载不同的页面内容。
- 可以读取、改变并创建页面的 HTML 元素,动态改变页面内容。
- 可以对客户的操作事件作出响应,仅当事件发生时才执行事件函数的代码。
- 可以在提交给服务器之前对数据进行语法检查,避免向服务器提交无效数据。

- 可以创建标识客户的 cookies。

6.1.5 JavaScript 的使用

1. 在 HTML 页面内嵌入 JavaScript 代码

在 HTML 页面中必须使用<script>标记嵌入 JavaScript 代码。

```
<script type="text/javascript">
    …JavaScript 代码
</script>
```

按照惯例,<script>标记应该放在页面的<head>元素中,这样做的目的,就是把所有非页面元素内容(包括 CSS 样式代码或文件和 JavaScript 代码或文件)都放在相同的地方。可是在首部包含 JavaScript 代码,意味着必须等到全部代码解析执行完之后,才能开始呈现页面内容,这是因为按照代码结构的顺序,浏览器在遇到<body>标签时才开始呈现页面内容,因此会导致浏览器在呈现页面内容时出现明显的延迟。

为了避免上述问题,现代 Web 程序一般把全部 JavaScript 引用放在<body>元素中,放在页面内容的下方。

【例 h6-2.html】 在首部使用 JavaScript 弹出消息框,显示"Hello world!",在主体中设置一个段落。代码如下:

```
<head>
<meta http-equiv="Content-Type" content="text/html; charset=gb2312" />
<title>无标题文档</title>
<script type="text/javascript">
    alert("Hello world!");
</script>
</head>
<body>
    <p>页面中的段落</p>
</body>
```

页面运行效果如图 6-4 所示。

图 6-4 中只显示了脚本消息框,主体中的段落还没有显示,必须要等到用户单击消息框中的"确定"按钮之后才能继续执行<body>主体内容。

【例 h6-2-1.html】 将 h6-2.html 中的脚本代码移至段落内容之后,代码如下:

```
<head>
<meta http-equiv="Content-Type" content="text/html; charset=gb2312" />
<title>无标题文档</title>
</head>
<body>
    <p>页面中的段落</p>
```

图 6-4　h6-2. html 运行效果

```
<script type="text/javascript">
  alert("Hello world!");
</script>
</body>
```

执行结果如图 6-5 所示。

在图 6-5 中，先显示出＜body＞元素的内容，再弹出消息框。

图 6-5　h6-2-1. html 运行效果

2. 在 HTML 页面中引用 JavaScript 外部文件

JavaScript 脚本代码可以单独保存为外部文件，文件后缀必须是.js，文件中直接书写代码，不能包含＜script＞标记。

外部 JavaScript 脚本文件可以被多个 HTML 文档引用，可实现代码重用、移植，便于维护。

HTML 文档可在＜head＞或＜body＞内单独用＜script＞标记的 src 属性引用外部 JavaScript 文件：

```
< script type=" text/javascript" src="相对路径/javascript 外部文件.js" ></
script>
```

【例 h6-3. html】 创建脚本文件,加载页面时用 alert()函数创建并弹出对话框,单击按钮时也会弹出相应的对话框。

(1) 创建 JavaScript 外部文件 j6-3.js。

```
alert("欢迎使用 Javascript 外部文件 j6-3.js");
function fun1(){                    //按钮 1 单击事件函数
    alert("您单击了按钮 1\n-JavaScript 可以帮助你实现指定的功能");
}
function fun2(){                    //按钮 2 单击事件函数
    alert("您单击了按钮 2");
}
```

(2) 在同一目录下创建页面文档 h6-3. html。

```
<head>
<meta http-equiv="Content-Type" content="text/html; charset=gb2312" />
<title>使用 js 文件</title>
<script type="text/javascript" src="j6-3.js" ></script>
<head>
<body>
    <h3>第一个 JavaScript 程序</h3>
    <p>
      <input type="button" value="按钮 1" onclick="fun1()" >
      <input type="button" value="按钮 2" onclick="fun2()" >
    </p>
</body>
```

页面初始运行效果如图 6-6 所示。单击"确定"按钮后显示页面主体元素内容,如图 6-7 所示。单击"按钮 1"和"按钮 2"分别得到如图 6-8 和图 6-9 所示效果。

图 6-6 h6-3. html 初始运行效果——先弹出消息框

图 6-7　单击"确定"按钮之后的效果

图 6-8　单击"按钮 1"产生的提示框

图 6-9　单击"按钮 2"产生的提示框

6.2　JavaScript 基本概念

6.2.1　语法

JavaScript 语法大量借鉴了 C 及其他类 C 语言(如 Java)的语法,因此熟悉这些语言的开发人员在接触 JavaScript 更加宽松的语法时,会有一种轻松自在的感觉。

1. 区分大小写

JavaScript 脚本中的变量名、函数名、操作数、关键字等等,所有的一切都区分字母大小写。

2. 标识符

标识符,就是指变量、函数、属性的名字或者函数的参数。标识符可以是按照下列格式规则组合起来的一个或多个字符:

- 第一个字符必须是一个字母、下画线(_)或一个美元符号($);
- 其他字符可以是字母、数字、下画线或美元符号。

按照惯例,标识符采用驼峰大小写格式,也就是第一个字母小写,剩下的每个有意义的单词首字母大写。例如,myCar、showOrHide。

不能把关键字、保留字、true、false 和 null 用作标识符。

3. 注释

注释包括单行注释和块注释。单行注释以两个斜杠//开头,块级注释以/ * … * /做定界符。

注释可以为代码添加一些说明,也可以在调试代码排除错误时使用。

4. 语句

语句一个分号结尾,如果省略分号,则由解析器确定语句的结尾。虽然语句结尾的分号不是必需的,但是建议任何时候都不要省略它,因为加上分号可以避免很多错误。

6.2.2　关键字和保留字

1. 关键字

关键字是具有特定用途的,可以用于表示控制语句的开始或结束,或者用于执行特定操作等。按照规则,关键字也是语言保留的,不能用作标识符。常用关键字如下:

break	case	catch	continue	default	delete	do	else
finally	for	function	if	in	instanceof	new	return
switch	this	throw	try	typeof	var void	while	with

2. 保留字

保留字在 JavaScript 中还没有任何特定用途,但是有可能在将来被用作关键字,所以也不可以作为标识符使用。全部保留字如下:

abstract	boolean	byte	char	class	const	debugger	double
enum	export	extends	final	float	goto	implements	import
int	interface	long	native	package	private	protected	public
short	static	super	synchronized		throws	transient	volatile

6.2.3 变量

1. 变量的定义与类型

JavaScript 使用 var 语句可同时声明多个变量并初始化,多个变量之间必须用逗号隔开。

变量没有固定的类型,根据赋值类型自动识别,还可以再次赋值其他类型,未赋值变量默认值为 undefined。

```
var x=100;                    //定义 x 为数值型变量
x="李四";                     //x 成为字符串对象
```

变量可以不声明,通过赋值自动声明变量,但不能直接使用不存在的变量。

```
age=22;                       //直接赋值自动声明变量-不推荐该方式
```

已有变量可以重新定义,重新定义时如果不赋新值仍保留原值。

```
var x=100, y=300;
var x, y="王五";              //x 保持原值 100,y 值变为"王五",原值被覆盖掉
```

2. 变量的作用域

根据变量起作用的范围,将变量分为全局变量和局部变量。

在函数外部使用关键字 var 声明的变量都是全局变量,生命周期从声明开始直到页面关闭,作用域为从声明位置开始至整个 HTML 文档结束,所有函数都可以使用,重复定义仍为同一变量。对需要在多个函数中使用的变量可定义为全局变量。

在函数内部未使用关键字 var 声明而使用的变量也是全局变量。

在函数内部使用关键字 var 声明的变量都是局部(本地)变量,生命周期为函数的调用过程,即调用时创建、函数结束自动清除,其作用域为该函数内,不同函数的局部变量可以同名,在函数内局部变量屏蔽同名的全局变量。对只在一个函数内使用的变量一

般定义为局部变量。

例如,存在如下代码:

```
var num1=5;
function fun1(){
    num2=7;
    var num3=10;
}
```

则 num1 和 num2 都是全局变量,num3 是局部变量。

6.2.4 数据类型

JavaScript 中可以使用 Number 数值型、String 字符型、Boolean 布尔型、Null 和 Undefined 等数据类型。

1. Number 类型

JavaScript 的数值型数据不再严格区分整型和实型,任意的整数、小数统称为数值型。

整数常量可以使用十进制、八进制或十六进制:

- 默认为十进制,开头不能有多余无效的数字 0,如 123、256。
- 0 开头的八进制,必须是 0～7 的数字,如 0123、0256。
- 0x 开头的十六进制,必须是 0～9 数字或 a～f 字符,如 0x123、0xfff。

实型常量可以使用小数格式的定点数,如 12.34、.89,也可使用指数格式的浮点数,如 1.234E4、2.5E-5。

2. String 类型

JavaScript 不再严格区分字符型和字符串类型,所谓字符型数据,实际上是使用单引号或双引号括起来的一个或多个任意字符的 String 字符串对象,关于 JavaScript 字符串对象的常用方法将在第 8 章详细介绍。

JavaScript 也支持转义字符,即反斜杠引导的字符,用于表示某个特殊字符或功能。

\' 单引号	\" 双引号	\\ 反斜杠	\& 和号	\n 换行符
\r 回车符	\t 制表符	\b 退格符	\f 换页符

注意:转义字符不适用 html 页面文档,仅在 JavaScript 代码中使用有效。

【例 h6-4. html】 转义字符的应用。

```
<body>
    <p>页面中的段落\n 页面中的转义字符不起作用</p>
    <script type="text/javascript">
     alert("你好\nHello world!");        //应用了转义字符,把消息分为两行显示
    </script>
</body>
```

运行效果如图 6-10 所示。

图 6-10　h6-4.html 运行效果

3.　Boolean 类型

布尔型数据可用于条件判断,表示条件成立或者不成立,布尔常量值是 true 或 false。

实际上可以对任意类型的数据调用 Boolean()函数,函数总是会返回 Boolean 值,至于是 true 还是 false,取决于给定的参数。

- 若参数是非 0 数字和非空字符串,则返回 true,0 和空字符串则返回假值。
- Boolean(null)返回 false。
- Boolean(undefined)返回 false。

4.　Null 类型

空值 null 表示没有或不存在而不是 0 或"",从逻辑角度,null 值表示一个空的对象指针,使用 typeof 操作符时,会返回 Object 类型。

如果定义的变量准备在将来用于保存一个对象,最好将其初始化为 null。例如:

```
var car=null;
```

5.　Undefined 类型

如果使用已定义但未赋值的变量,则返回一个不确定值 undefined。

undefined 与 null 的不同之处是:undefined 表示未赋值,而 null 表示一个空值。

【例 h6-5.html】　观察 undefined 结果形式。

```
<body>
<script type="text/javascript">
    var str;
    alert("串变量 str 内容为: "+str);
</script>
</body>
```

运行效果如图 6-11 所示。

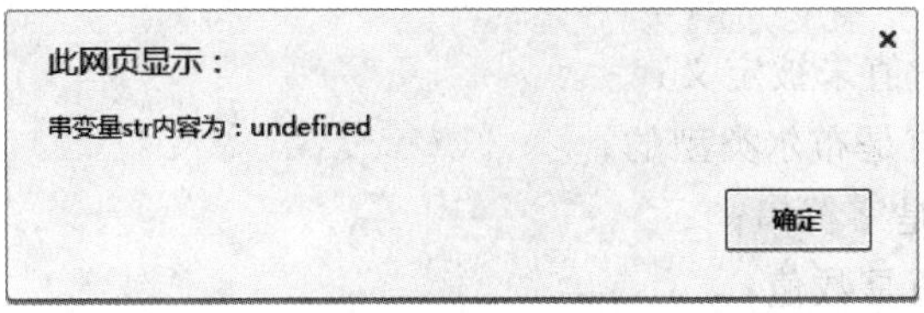

图 6-11 h6-5.html 运行效果

6. 类型转换

1）转换为数值

将非数值转换为数值，可以使用三个函数实现：Number()、parseInt()、parseFloat()。

Number()函数可用于对任何类型的数据进行转换，parseInt()和 parseFloat()用于将字符串转换成数值，这三个函数对同样的输入往往会产生不同的结果。

Number()函数的转换规则如下：

- 如果参数是 Boolean 值，true 和 false 将分别转换为 1 和 0；
- 若参数是数字值，不做实际操作；
- 参数为 null，返回 0；
- 参数为 undefined，返回 NaN；
- 参数为字符串，则遵循下面规则：

（1）数字串，则直接转换为十进制数值；

（2）空串，转换为 0；

（3）否则，转换为 NaN。

实际应用中进行数值转换时，更多使用 parseInt()和 parseFloat()，这两个函数能够把字符串首部数字部分转换为相应的整数或者浮点数，若字符串首部没有数字，则直接返回 NaN。

2）转换为字符串

要把数值转换为字符串有两种方式：String()方法和 toString()方法。

String()能够将任意类型内容直接转换为字符串。例如，String(null)结果为"null"，String(undefined)结果为"undefined"。

toString()对 null 和 undefined 无效，对数字转换时，可以通过指定参数将数字转换为不同进制数的结果，默认转换为十进制。例如：

```
alert(num.toString());        //12
alert(num.toString(2));       //1100
alert(num.toString(8));       //14
alert(num.toString(16));      //C
```

7. typeof 操作符

因为 JavaScript 中数据类型是松散的，因此需要有一种手段来检测给定变量的数据

类型,操作符 typeof 负责完成这项任务。对一个值使用 typeof 操作符可能返回下列某个字符串:

- undefined——值未被定义;
- boolean——值是布尔类型的;
- string——值是字符串;
- number——值是数值;
- object——值是对象或者 null;
- function——值是函数。

typeof 操作符后面可以有小括号也可以没有。

6.3 JavaScript 运算符与表达式

JavaScript 具有与 C/C++ 、Java 语言类似的运算符及优先级,如果不能确定其优先顺序时可以使用小括号()提高优先级,JavaScript 运算符及优先级见表 6-1。

表 6-1 JavaScript 运算符及优先级

优先级	运算符及描述
1	()表达式分组与函数调用、[]数组下标、. 对象成员
2	++自加、--自减、-取负、~按位取反、!逻辑非、new 创建对象、delete 删除对象或数组元素、typeof 获取数据类型、void 不返回值
3	*乘法、/除法、%取模求余
4	+加法或字符串连接、-减法
5	<<左移位、>>算数右移(左面空位扩展)、>>>逻辑右移(左面空位补零)
6	<小于、<=小于等于、>大于、>=大于等于、instanceof 对象所属类型
7	==等于、!=不等于、===严格等于、!==严格不等于
8	& 按位与
9	^按位异或
10	| 按位或
11	&& 逻辑与
12	|| 逻辑或
13	?: 条件运算符
14	=赋值、+=、-=、*=、/=、%=、&=、^=、|=、<<=、>>=、>>>=运算赋值
15	, 多重求值或参数分隔

6.3.1　算术运算符与表达式

- ＋＋自加1、－－自减1、－取负值,自加自减运算符分为前缀或后缀运算;
- ＋加号(正号、字符串连接符)、－减号;
- 乘号、/ 除号、% 取模求余数。

由算术运算符构成的表达式称为算术表达式,运算符两边可以是任意合法的常量、变量或算术表达式,常量直接参与运算,变量使用其存储的值参与运算,表达式取其计算结果参与运算。例如:

```
var a=100, b=5, c=3;
a++;                    //a变量的值自加1后变为101
var x=a*b/(b+c)%c;
```

先计算 b＋c 的值为8,再计算 a * b 的值为505,再计算505/8的值为63.125,最后计算 63.125%3 即63.125 除3的余数为0.125 并保存在变量 x 中。

其中 ＋ 也是字符串连接运算符,＋号两侧的操作数只要有一个字符串类型的,即完成字符串连接运算,因此,数值与字符串连接结果为字符串。例如:

"abc"＋"xyz"　　　 结果为："abcxyz"
10＋10＋"abc"　　　 结果为："20abc"
"abc"＋10＋10　　　 结果为："abc1010"
"abc"＋(10＋10)　　 结果为："abc20"

自动类型转换："10"＋10 结果为字符串"1010",而"10" * 10 结果为数值100。

6.3.2　赋值运算符与表达式

＝赋值、＋＝、－＝、* ＝、/＝、%＝、&＝、^＝、|＝、<<＝、>>＝、>>>＝都是运算赋值运算符。

由赋值运算符构成的表达式称为赋值表达式,赋值表达式中,赋值号左侧必须是变量,右侧可以是任意合法的表达式:变量＝表达式。

例如:

```
var x=a*b/(b+c)%c;
```

运算赋值表达式"a * ＝x＋y;"等价于"a＝a * (x＋y);"。

6.3.3　比较、逻辑运算符与表达式

1. 比较运算符与条件表达式

比较运算符如下:

　　　　＜小于、＜＝小于等于、＞大于、＞＝大于等于

　　　　＝＝等于、!＝不等于、＝＝＝严格等于(全等于)、!＝＝严格不等于

由比较运算符构成的表达式称为条件表达式,比较运算符两边可以是任意合法的表达式:

`<算数或字符串表达式>比较运算符 <算数或字符串表达式>`

条件表达式的比较结果为布尔值,若条件成立则值为 true,不成立则值为 false。
例如,$(3+5)>=1$ 结果为 true,而"abc"＞"x" 结果为 false。

JavaScript 对字符串进行比较时将从左至右逐一按字符 Unicode 码的大小进行比较,所有中文字符都会比英文字符大。也可以将所比较的字符串都用"字符串".charCodeAt()方法转换为统一的编码方式再进行比较。

用标准的＝＝或!＝进行比较时,如果两个操作数的类型不一致,则会试图将操作数统一转换为字符串、数字或布尔值再进行比较。而严格的＝＝＝或!＝＝不会进行类型转换。

例如,null 与 undefined 用＝＝比较相等结果为 true,而用＝＝＝比较则不相等结果为 false。

例如,

```
var strA="I love you!";                //string 类型
var strB=new String("I love you!");    //object 类型
```

使用 strA＝＝strB 比较相等,结果为 true;而用 strA＝＝＝strB 比较则不相等,结果为 false。

2. 逻辑运算符与逻辑表达式

逻辑运算符如下:

! 逻辑非、&& 逻辑与、|| 逻辑或

由逻辑运算符构成的表达式称为逻辑表达式,参加逻辑运算的必须是结果为布尔值的合法条件或逻辑表达式:

```
! <条件或逻辑表达式>
<条件或逻辑表达式>&&<条件或逻辑表达式>
<条件或逻辑表达式>||<条件或逻辑表达式>
```

逻辑表达式的运算结果仍然是布尔值 true 或 false。例如,!true 结果为 false,!false 结果为 true。

　　$3>1$ && $2<5$　结果为 true,$3>1$ || $2<5$　结果为 true

　　$3>5$ && $2<5$　结果为 false,$3>5$ || $2<5$　结果为 true

注意:

 • 逻辑与、逻辑或也可使用 &、| 运算符强制计算所有表达式,而 &&、|| 运算符为短路与、短路或,其中的各个表达式不一定都被执行计算,一旦有结果便不再

计算。

- 短路与：任何值与 0 相与，结果为 0；多个 && 从左至右遇到 0，全式为假，不再运算。
- 短路或：任何值与 1 相或，结果为 1；多个 || 从左至右遇到 1，全式为真，不再运算。
- 使用 &、| 或 &&、|| 逻辑表达式的结果相同，但如果表达式中包含对变量的赋值或自增、自减则计算与不计算对变量值的结果是不同的。

6.3.4 条件运算符与表达式

? : 条件运算符

条件表达式：

(<条件或逻辑表达式>)? <任意表达式 1>: <任意表达式 2>

当条件或逻辑表达式的值为 true 时，整个条件表达式的结果取表达式 1 的值；否则整个条件表达式的结果取表达式 2 的值。

例如，取 a、b 中的最大值：

```
var x= (a>b)?a:b;
```

例如，取 a 的绝对值：

```
var x= (a>=0)?a: -a;
```

例如，若变量 year 中存放的是年份值，判断其是否是闰年，使用变量 res 表示，代码为：

```
var res= (year%4==0 && year%100!=0 || year%400==0)?"是闰年":"不是闰年";
```

6.4 JavaScript 语句

语句通常使用一个或多个关键字来完成给定任务。

6.4.1 if 语句

1. 格式 1

```
if (条件) {语句块 1}
```

语句块 1 只有一条语句时大括号{}可以省略。

2. 格式 2

```
if (条件) {语句块 1}
else {语句块 2}
```

其中的条件可以是任意表达式,而且对表达式求值的结果不一定是布尔值。JavaScript 会自动调用 Boolean()函数将表达式结果转换为一个布尔值。

语句块 1、语句块 2 只有一条语句时{}可以省略。

执行 if 语句时先计算并判断条件是否成立,如果条件成立,则执行语句块 1,然后结束;否则执行语句块 2,然后结束。

若是出现多层嵌套的 if 语句,则 else 总是与前面最近的没有与 else 配对的 if 配对,如果 if 与 else 的数目不相等,内嵌 if 最好用花括号括起来,否则容易造成逻辑错误。

3. 格式 3

```
if (条件 1) { 语句块 1 }
else if (条件 2) { 语句块 2 }
[ else if (条件 3)    { 语句块 3 }
    ...
    else { 语句块 } ]
```

该语句的执行流程如图 6-12 所示。

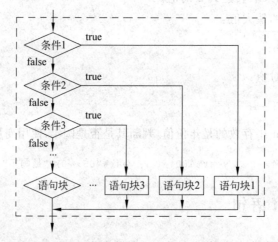

图 6-12　格式 3 if 语句的执行流程

该语句在执行时按顺序先判断条件 1,如果条件 1 成立则执行语句块 1,之后的所有语句都相当于不存在,完成语句块 1 的执行之后,则直接结束该语句,只有条件 1 不成立时才会跳过语句块 1 再判断条件 2,以此类推。如果所有条件都不成立,则执行最后单独 else 中的语句块,若没有单独的 else 则直接结束该语句。

6.4.2　switch 语句

switch 语句被称为多选择开关语句,结构如下:

```
switch(表达式) {
    case 常量 1: [ 语句块 1;    [ break; ] ]
```

```
    case 常量 2：[语句块 2;      [ break; ] ]
    …
    [ default：语句块;      [ break; ] ]
}
```

switch 语句的执行流程如图 6-13 所示。

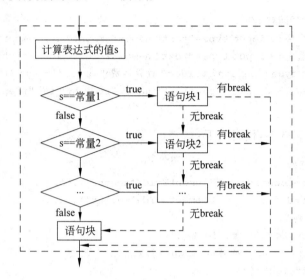

图 6-13 switch 语句的执行流程

说明：switch 语句中的表达式可以是任何数值型或字符型表达式，case 是入口标号，每个 case 中可以是数值或字符型常量，或者结果是常量的表达式，但其值必须互不相同。

执行 switch 语句时先计算表达式的值，并用该值依次与 case 后的常量相比较，如果等于某个常量值，则执行该常量之后的语句块；遇到中断语句 break，则立即跳出整个 switch 语句；若没有 break 语句则会继续顺序执行下面其他 case，包括 default 语句块而不再比较其常量值，直到遇到 break 或执行完所有语句，则结束 switch 语句。

带 break 的 case 或 default 子句的顺序任意，最后一个子句可省略 break，若表达式与所有常量值都不相等，不论 default 在什么位置都会执行 default 语句块，若没有 default 则直接跳出 switch。

case 可以没有语句但常量和冒号不能省略，这样的 case 将与下面的 case 共用一组语句。另外，case 中即使有多个语句也不需要使用大括号。

【例 h6-6. html】 计算运费问题：从某个网上超市购买粮油类货物，若购买金额在 50 元及以下，商品重量在 5kg 及以下，需要运费 20 元；若购买金额在 50 元以上，99 元及以下，商品重量在 5kg 及以下，需要运费 7 元；若购买金额超过 99 元且商品重量在 5kg 及以下，则免运费，否则每超出 1kg，收取运费 3 元。

编写代码，在用户输入金额和商品重量之后单击"计算运费"按钮计算出需要的运费并将其显示在相应的文本框中。

创建页面文件 h6-6. html，代码如下：

```
<head>
<meta http-equiv="Content-Type" content="text/html; charset=gb2312" />
<title>无标题文档</title>
<script type="text/javascript" src="j6-6.js"></script>
</head>
<body>
    <h2>计算运费问题</h2>
    <p>请输入金额：<input type="text" name="amount" id="amount" /></p>
    <p>请输入重量：<input type="text" name="weight" id="weight" /></p>
    <p><input type="button" value=" 计算运费 " onclick="cnt()" /></p>
    <p>需要的运费：<input type="text" name="freight" id="freight" /></p>
</body>
```

创建脚本文件 j6-6.js，代码如下：

```
function cnt(){
    var amount=document.getElementById('amount').value;
    var weight=document.getElementById('weight').value;
    if(weight<=5){
        if(amount<=50){ freight=20;}
        else if(amount<=99){freight=7;}
        else{freight=0;}
    }
    else{
        var weight1=weight-5;
        if(amount<=50){ freight=20+weight1*3;}
            else if(amount<=99){freight=7+weight1*3;}
            else{freight=+weight1*3;}
    }
    document.getElementById('freight').value=freight+"元";
}
```

运行效果如图 6-14 所示。输入了金额 78 和重量 6 之后的结果如图 6-15 所示。

图 6-14　计算运费问题初始效果

图 6-15　输入金额和重量后的效果

【例 h6-7. html】 从网页中查询某年某月天数问题。查询某年某月的天数,平年 2 月 28 天,闰年 2 月 29 天,判断闰年的条件为每 4 年闰一次,到 100 年会多一天不能闰年(能被 4 整除但不能被 100 整除),到 400 年又会少一天必须闰年(能被 400 整除)。

创建页面文档 h6-7. html,代码如下:

```
<head>
<meta http-equiv="Content-Type" content="text/html; charset=gb2312" />
<title>计算天数</title>
<style type="text/css">
    p{margin:5px 0;}
</style>
<script type="text/javascript" src="j6-7.js"></script>
</head>
<body>
    <h3>查询某年某月天数</h3>
    <p>输入年份:<input type="text" name="y" id="y" /></p>
    <p>输入月份:<input type="text" name="m" id="m" /></p>
    <p>当月天数:<input type="text" name="d" id="d" /></p>
    <p><input type="button" value="查询天数" onclick="rec()" /></p>
</body>
```

创建脚本文件 j6-7.js,代码如下:

```
function rec(){
    var y=document.getElementById('y').value;
    var m=document.getElementById('m').value;
    if (y=="" || isNaN(y)) {d="输入年份错误";}        //isNaN(y)判断 y 是非数字字符
    else if(m=="" || isNaN(m)){d="月份输入错误";}
    else switch(m){
        case '2': d=(y%4==0 && y%100 || y%400==0) ? 29:28 ; break;
        case '4':
        case '6':
        case '9':
        case '11': d=30; break;
        default: d=31;
    }
    document.getElementById('d').value=d;
}
```

运行效果如图 6-16 所示。在页面中输入 2016 年 2 月之后的效果如图 6-17 所示。

6.4.3   循环语句 while、do-while、for

对有规律重复进行的操作或计算可以采用循环结构的程序流程,循环结构一般由四

图 6-16   h6-7.html 运行效果

图 6-17   输入年月之后的效果

部分组成。

- 循环变量初始化：为循环设置一个控制循环的变量并在循环之前给定一个初始值。
- 循环控制条件：一般根据循环变量的值设置循环的条件，条件成立则重复执行循环操作，条件不成立则结束循环。
- 循环体语句：是指需要重复执行的操作。
- 循环变量增值：在每次循环中改变循环变量的值，使循环能朝着结束的方向发展。

JavaScript 提供了四种循环类型：while、do-while、for、for（…in…）。

1. while 当型循环

```
while (条件)
{循环体语句块；}
```

while 语句的执行流程如图 6-18 所示。

说明：执行 while 语句时先判断条件是否成立，如果条件不成立，则立即结束 while 语句；如果条件成立，则执行循环体语句块，执行完毕后无条件转回 while 再判断条件是否成立，如此循环反复，直到条件不成立跳出 while 结束循环。

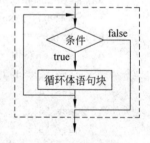

图 6-18   while 语句执行流程

循环操作的循环体语句块有多个语句时必须用{}括起来，否则只执行完第一个语句就无条件转回 while，虽然没有语法错误但会发生逻辑错误甚至造成死循环，while()后如果有分号则不会执行循环体，一般也会造成死循环。

2. do-while 直到型循环

```
do{
    循环体语句块；
}while (条件);
```

do-while 语句的执行流程如图 6-19 所示。

do-while 语句与 while 语句功能相似,不同的是 do-while 语句首先会无条件执行一次循环体语句块,执行到 while 时判断条件是否成立,如果条件不成立,则直接结束 do-while 语句;如果条件成立,则返回到 do 继续执行循环体语句块。

3. for 循环

for (表达式 1;表达式 2条件;表达式 3)
{循环体语句块;}

for 循环语句的执行流程如图 6-20 所示。

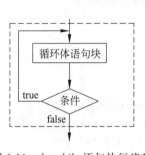

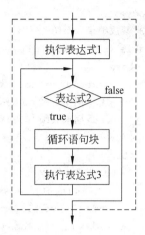

图 6-19 do-while 语句执行流程   图 6-20 for 语句执行流程

说明:for 语句中的三个表达式必须在()内且必须用分号隔开,表达式 1 和表达式 3 可以是任何类型的表达式,也可以是用逗号隔开的多个表达式,在表达式 1 中可以临时定义变量,表达式 2 是循环条件,必须是布尔型常量、变量或结果为逻辑值的条件或逻辑表达式。

for 语句类似 while 当型循环,执行 for 语句时仅在循环开始前执行表达式 1(即,表达式 1 不参与循环),再判断表达式 2 条件是否成立,如果条件不成立,则立即结束 for 语句;如果条件成立,则执行循环体语句块,然后转去执行表达式 3,之后再去判断表达式 2 条件是否成立,如此循环反复,直到表达式 2 条件不成立,跳出 for 语句结束循环。

for 语句可以没有循环体语句块,但必须有一个分号,否则会把后面的其他语句当作循环体语句,如果有循环体则 for 之后不能有分号,否则不会执行循环体。

for 语句中的三个表达式都可以省略,但两个分号都不能省略。

【例 h6-8. html】 使用 for 语句:存在某成绩录入系统,由教师录入每个学生的平时成绩、期中成绩和期末成绩,单击"保存成绩"按钮之后,计算并显示每个学生的总评成绩。

创建 h6-8. html 代码如下:

```
<head>
<meta http-equiv="Content-Type" content="text/html; charset=gb2312" />
<title>成绩录入</title>
```

```
<style type="text/css">
    h3{font-size:12pt; text-align:center;}
    td{ width:100px; height:30px; font-size:10pt; text-align:left; vertical-
    align:top;}
    .td1{width:60px;}
    .td2{ text-align:center;}
    .txt{width:90px; height:20px;}
</style>
<script type="text/javascript" src="j6-8.js"></script>
</head>
<body>
<h3>某成绩录入系统</h3>
<table width="460" align="center" cellpadding="0" cellspacing="0">
    <tr>
        <td class="td1">姓名</td><td>平时成绩(20%)</td>
        <td>期中成绩(20%)</td>
        <td>期末成绩(60%)</td><td>总评成绩</td>
    </tr>
    <tr>
      <td>张三</td>
        <td><input class="txt" name="t11" id="t11" /></td>
        <td><input class="txt" name="t12" id="t12" /></td>
        <td><input class="txt" name="t13" id="t13" /></td>
        <td><input class="txt" name="res1" id="res1" /></td>
    </tr>
    <tr>
        <td>李四</td>
        <td><input class="txt" name="t21" id="t21" /></td>
        <td><input class="txt" name="t22" id="t22" /></td>
        <td><input class="txt" name="t23" id="t23" /></td>
        <td><input class="txt" name="res2" id="res2" /></td>
    </tr>
    <tr>
        <td>王五</td>
        <td><input class="txt" name="t31" id="t31" /></td>
        <td><input class="txt" name="t32" id="t32" /></td>
        <td><input class="txt" name="t33" id="t33" /></td>
        <td><input class="txt" name="res3" id="res3" /></td>
    </tr>
    <tr>
        <td colspan="5" class="td2"><input type="button" value="保 存 成 绩 "
        onclick="storeScore();" /></td>
    </tr>
</table>
</body>
```

说明：

第一个学生的平时成绩使用 name 和 id 都是 t11 的文本框录入，期中成绩使用 t12 录入，期末成绩使用 t13 录入；

第二个学生的平时成绩使用 name 和 id 都是 t21 的文本框录入，期中成绩使用 t22 录入，期末成绩使用 t23 录入；

第三个学生的平时成绩使用 name 和 id 都是 t31 的文本框录入，期中成绩使用 t32 录入，期末成绩使用 t33 录入。

实际网站中的这些文本框元素并不是使用静态页面一个个生成的，而是从服务器端直接输出产生表格的每行的内容，本书中不做介绍。

创建 j6-8.js，代码如下：

```
1: function storeScore(){
2:     var n=3;//n表示需要录入成绩的学生人数
3:     for(i=1;i<=n;i++){
4:         var s1=document.getElementById('t'+i+1).value;
5:         var s2=document.getElementById('t'+i+2).value;
6:         var s3=document.getElementById('t'+i+3).value;
7:         var res=s1*0.2+s2*0.2+s3*0.6;
8:         res=res.toFixed(1);
9:         document.getElementById('res'+i).value=res;
10:         if(res<60){
11:             document.getElementById('res'+i).style.color='#f00';
12:         }
13:     }
14: }
```

第 2 行代码中定义的变量 n 表示需要录入成绩的学生人数。

从第 3 行到第 13 行代码，使用 for 循环逐个获取每个学生的平时成绩、期中成绩和期末成绩，计算每个学生的总评成绩并输出到相应文本框中。

第 8 行，使用 Number 对象的 toFixed() 函数将总评成绩四舍五入保留一位小数。

第 10 行到第 12 行代码，判断总评成绩若是不及格，则将其对应文本框中的分数设置为红色显示的文本。

当用户单击"保存成绩"按钮时调用该函数。

页面初始运行效果如图 6-21 所示。

输入分数并保存成绩之后的结果如图 6-22 所示。

6.4.4 break 和 continue 语句

1. break 语句

```
break;
```

break 语句可强行跳出循环或 switch 语句。如果在循环体语句中遇到 break 语句，

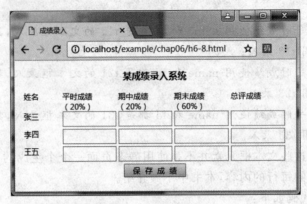

图 6-21　成绩录入系统的初始运行效果

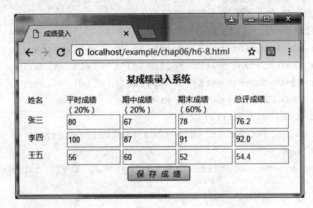

图 6-22　录入成绩并保存之后的运行效果

不论循环体语句是否执行完毕、也不论循环条件是否成立，都会立即强制结束并跳出循环。

对于多层循环，每层循环内的 break 语句只能跳出自己所在的本层循环，而不能从内层循环直接跳出外循环。

【例 h6-9. html】　在"I have a dream"字符串中找到第一个 d 的位置，使用 document. write 输出结果。

脚本代码如下：

```
<script type="text/javascript">
    var str="I have a dream";
    var len=str.length;
    for(i=0;i<len;i++){
        if(str.charAt(i)=='d'){
            break;
        }
    }
    document.write("'I have a dream'中字符'd'是第"+(i+1)+"个字符");
```

```
</script>
```

在循环体中使用字符串操作方法 charAt(i)获取指定位置的字符,运行效果如图 6-23 所示。

图 6-23 h6-9.html 运行效果

例 h6-9.html 可以不使用 break 语句而直接使用 while 循环完成,请读者自行尝试。

2. continue 语句

```
continue;
```

continue 语句可以终止结束本次循环。如果在循环体语句中遇到 continue 语句,那么不论循环体语句是否执行完毕,都必须立即强制结束这次循环,转到循环条件去判断是否进行下次循环。

对于多层循环,每层循环内的 continue 语句只能结束自己所在层的当前循环,转到自己所在层的循环条件去判断是否进行下次循环,而不能从内层循环直接结束外层循环的当前循环,也不能直接转到外层循环的条件去判断是否进行下次外层循环。

【例 h6-10.html】 输出"I have a dream"串中大于字母 d 的字符。

代码如下:

```
<script type="text/javascript">
    var str="I have a dream";
    var len=str.length;
    for(i=0;i<len;i++){
        if(str.charAt(i)<='d' ){
            continue;
        }
        document.write(str.charAt(i)+" ");
    }
</script>
```

运行效果如图 6-24 所示。

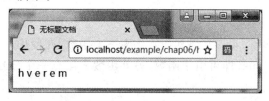

图 6-24 h6-10.html 运行效果

6.5　JavaScript 自定义函数

6.5.1　函数声明和函数表达式

JavaScript 中函数实际上是对象,每个函数都是 Function 类型的实例,函数名也是一个指向对象的实例,而不会与某个函数绑定。函数通常是使用函数声明语法定义的。

1. 函数声明

```
function 函数名([参数变量1,参数变量2,...])
{脚本代码语句块;
    [return[返回值表达式];]
}
```

函数声明必须使用 function 关键字,函数名必须符合标识符的构成规则,其中的参数变量也称为形式参数,是属于该函数的局部变量,其用途就是负责接收调用函数时传递过来的数据。

带表达式的 return 语句可以将表达式的值作为调用函数产生的结果数据返回给调用者,省略表达式的 return 语句仅表示立即停止代码的执行,结束函数调用。

例如:

```
function sum(num1,num2){
    return num1+num2;
}
```

此时,使用 typeof sum,得到的类型为 function。

2. 函数表达式

```
var 变量=function([参数变量1,参数变量2,...])
{脚本代码语句块;
    [return[返回值表达式];]
};
```

例如:

```
var sum=function (num1,num2){
    return num1+num2;
};
```

以上代码定义了变量 sum 并将其初始化为一个函数,在使用函数表达式时没有必要使用函数名,通过变量 sum 即可引用函数;另外函数末尾有一个分号,就像声明其他变量一样。

此时,使用 typeof sum,得到的类型也是 function。

使用函数声明定义的函数 sum() 与使用函数表达式定义的函数 sum() 都是独立函数，从使用方式上几乎没有区别。但是解析器在向执行环节中加载数据时，对函数表达式和函数声明的处理方式是不同的。解析器会率先读取函数声明，并使其在执行任何代码之前就可以访问；而函数表达式，则必须等到解析器执行到它所在的代码行，才会真正被解释执行。

例如：

```
alert(sum(10,10));
function sum(num1,num2){
    return num1+num2;
}
```

执行时，若在函数声明之前调用函数，则可以正常执行，因为解析器先读取函数声明。而下面代码，将出现错误。

```
alert(sum(10,10));
var sum=function (num1,num2){
    return num1+num2;
};
```

上面代码中，函数位于一个初始化语句中，而不是一个函数声明，执行到 sum() 语句时，函数还未定义，因此会产生错误。

3. 函数的引用

由于函数名仅仅是指向函数的指针，因此函数名与包含对象指针的其他变量没有什么不同，一个函数可能会有多个名字，例如，对于上面声明的函数 sum，可以这样来引用：

```
alert(sum(10,10));            //20
```

或者

```
var anotherSum=sum;
alert(anothersum(10,10));     //20

sum=null;
alert(anotherSum(10,10));     //20
```

上面代码中，将变量 anotherSum 设置为与 sum 相等（注意，使用不带小括号的函数名 sum 是访问函数指针，而不是调用函数），此时，anotherSum 和 sum 指向同一个函数，因此 anotherSum() 也可以被调用并返回结果。即使将 sum 设置为 null，让它与函数断绝关系，仍然可以正常调用 anotherSum()。

4. 函数的调用

独立函数的调用有下面四种方式。

1) 简单调用

简单调用又称为直接调用。

在定义函数的前后，直接使用函数名([实参 1,实参 2,…])格式调用，例如：

```
function sum(num1,num2){
    alert("num1+num2="+(num1+num2));
}
sum(10,10);
```

2) 在表达式中调用

将函数的调用作为某个表达式中的一部分(或者和 alert、document 等配合使用)，通常是用于有返回值的函数，返回值参与表达式的计算或作为表达式的参数。例如：

```
function sum(num1,num2){
    return num1+num2;
}
alert(sum(10,10)+30);
```

3) 事件驱动函数调用

```
<标记名 事件属性名称="函数名 ( [表达式 1, 表达式 2, ...] )" >
```

或者

```
对象名.事件名=函数名
```

【例 h6-11. html】 单击按钮后判断文本框中输入的值是否是合法的年份值，若是，判断是否是闰年，在页面内容的最后显示结果，代码如下：

```
<body>
1: <script type="text/javascript">
2: function checkYear(){
3:     var res=document.getElementById('res');
4:     var txtYearObj=document.getElementById('year');
5:     var txtYear=txtYearObj.value;
6:     if((txtYear=="")||(txtYear<0)){
7:         alert("请在文本框中输入正确的年份!");
8:         txtYearObj.focus();
9:         return;
10:    }
11:    if(txtYear%1 !=0){
12:        alert("年份必须是整数");
13:        txtYearObj.focus();
14:        return;
15:    }
16:    if(txtYear%400==0 ||(txtYear%4==0 && txtYear%100!=0)){
17:        res.innerHTML=txtYear+"年是闰年";
```

```
18:    }
19:    else{
20:        res.innerHTML=txtYear+"年不是闰年";
21:    }
22:}
23:</script>
    请输入年份：<input type="text" name="year" id="year" />
    <p>请单击按钮判断输入年份是否为闰年</p>
    <input type="button" value="判断闰年" onclick="checkYear()" />
    <p id="res"></p>
</body>
```

代码说明：

第 6～10 行，判断文本框内容是否为空，或者是否是小于 0 的值，若是则弹出消息框提示，使用"txtYearObj.focus();"方法让光标自动进入文本框，使用 return 结束函数的执行过程；

第 11～15 行，使用 txtYear 除 1 取余，判断余数如果为 0，说明输入的是整数，否则不是整数，做相应处理；

第 16～21 行，对于符合要求的年份值，判断其是否是闰年，将相应结果设置为段落 res 的 innerHTML 属性值，从而在页面中显示出来。

页面初始运行效果如图 6-25 所示。输入年份 2016 之后，结果如图 6-26 所示。

图 6-25　h6-11.html 运行效果

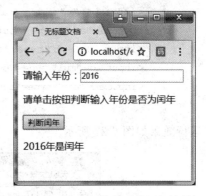

图 6-26　输入年份值后的运行效果

【例 h6-12.html】　用传统事件驱动调用函数的方式模拟计算器。

本例题为 ＋、-、×、÷ 共四个按钮设置了单击事件，而且调用同一个 bfun() 函数，为了保证单击不同按钮进行不同的运算，并让＜span＞标记显示该运算符，必须在调用函数时根据单击的按钮确定传递的运算符。

```
<head>
<meta http-equiv="Content-Type" content="text/html; charset=gb2312" />
<title>无标题文档</title>
<style type="text/css">
    #x,#y{width:50px;}
```

```
</style>
<script type="text/javascript">
function bfun(op){
    var num1, num2, result;
    num1=document.getElementById('x').value;
    num2=document.getElementById('y').value;
    document.getElementById("o").innerHTML=op;        //为<span>标记设置新运算符
    switch(op){
        case '+' : result=num1 * 1+num2 * 1; break;
        case '-' : result=num1-num2; break;
        case '×' : result=num1 * num2; break;
        case '÷' : result=num1/num2; break;
    }
    document.getElementById('z').value=result;
}
</script>
</head>
<body>
    <h2>模拟计算器</h2>
    请在两个文本框输入数值,单击按钮获取结果<br />
    <p><input id="x" name="x" /><span id="o">+</span>
        <input id="y"      />=<input id="z" /></p>
    <p><input id="add" type="button" value="  +  " onclick="bfun('+')" />
        <input id="sub" type="button" value="  -  " onclick="bfun('-')" />
        <input id="mul" type="button" value="  ×  " onclick="bfun('×')" />
        <input id="div" type="button" value="  ÷  " onclick="bfun('÷')" /></p>
</body>
```

运行效果如图 6-27 所示。

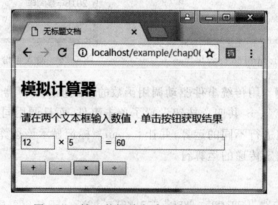

图 6-27　输入数据单击乘法按钮后的结果

说明：例题 h6-12.html 运行时，需要先输入两个操作数，再单击操作符按钮。

4）通过超链接调用函数

```
<a href="javascript:函数名()">
```

例如,将例 h6-11. html 中的按钮元素换做下面的超链接元素:

```
<a href="javascript:checkYear()">判断闰年</a>
```

运行效果如图 6-28 所示,输入年份 2016 并单击超链接后效果如图 6-29 所示。

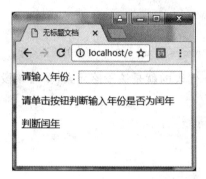

图 6-28 修改 h6-11. html 后的运行效果

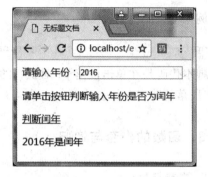

图 6-29 输入年份单击超链接后的运行效果

在有些页面中,为了使用超链接的特殊效果,但是又不需要链接到某个文件或锚点处,如果将 href 属性取值设置为空链接♯,单击时会回到页面开始处,为了避免这种情况,通常选择如下设置方案:

```
<a href="javascript:void(0)">
```

6.5.2 函数内部属性

在函数内部有两个特殊的对象:arguments 和 this。

1. arguments 对象

JavaScript 的函数在每次被调用时都会自动生成一个名字为 arguments 的局部数组以接收调用者传递过来的所有实参数据,因此定义函数时即使不指定参数变量,调用时也可以传递任意多个数据,通过 arguments 数组元素即可逐一获取使用这些数据。

例如:

```
function test()
{   var i;
    for(i=0; i<arguments.length; i++) document.write(arguments[i]+"<br />");
    //或: for (i in arguments) document.write(arguments[i]+"<br />");
    ...

}
```

使用 arguments. length 可以获取实际传递参数的个数;

使用 arguments.callee 可以指向 arguments 对象所属的函数,通常用于递归函数中。

2. this 对象

this 引用的是函数赖以执行的环境对象——或者可以说是 this 值,当在网页的全局作用域中调用函数时,this 对象引用的就是 window。

this 除了可以在函数中使用之外,还可以在标签事件属性执行的简单脚本代码中使用。

例如下面的代码:

```html
<p id="p1" onclick="this.style.backgroundColor='#faa';">页面中的段落</p>
```

脚本代码是在单击段落 p1 时执行的,因此 this 代表的就是该段落元素,单击该段落时,将段落的背景色设置为 #faa。

6.5.3 函数的嵌套与递归

1. 嵌套函数

嵌套函数是指在函数内部再定义一个函数,这样定义的优点在于:内部函数可以轻松使用外部函数的参数以及外部函数中的变量。例如:

```javascript
function fun1(num1){
    function fun2(num2){
        return num1+num2;
    }
    return fun2(9);
}
alert(fun1(10));    //19
```

在上面代码中,在函数 fun1()函数体内部又定义了函数 fun2(),并调用了函数 fun2()。执行时,先执行函数 fun1(10),为形参 num1 传递实参 10,然后执行函数 fun2(9),位形参 num2 传递实参 9,执行 return 10+9,函数 fun2 返回结果 19,该结果又通过代码 return fun2(9)被作为函数 fun1()的返回值,故而最后结果为 19。

2. 递归函数

递归函数是在一个函数内部通过名字调用自身,简单格式如下:

```
function 函数名(参数 1){
    函数名(参数 2);
}
```

注意:

- 在递归函数中,一定要有 return 语句,没有 return 语句的递归函数是死循环;
- 递归一定要根据递归变量选好终止条件;

- 多数递归都可以使用循环取代。

【例 h6-13. html】 定义递归函数 sum(m)完成 20 以内偶数的求和运算。

代码如下：

```
function sum(m){
    if(m==0) return 0;
    else{
    return m+arguments.callee(m-2);
    }
}
alert(sum(20))
```

在函数中使用了 arguments. callee 表示该 arguments 对象所属的函数本身。

注意：函数本身与函数名称无关，若是使用下面引用方式仍旧可以成功执行函数：

```
var s=sum;              //将 sum 指针赋给 s,即 s 也指向该函数
sum=null;              //将 sum 指针设置为空,即与函数体断绝关系
alert(s(20));          //该语句能成功执行原来函数体
```

6.5.4 匿名函数

匿名函数就是不指定函数名，即关键字 function 后面直接跟小括号，对于匿名函数的用法通常可以使用函数表达式、事件驱动执行匿名函数、立即执行的匿名函数等几种形式。

1. 函数表达式——将函数赋给变量

函数表达式在 6.5.1 节中已经介绍过，格式为：

var 变量=function([参数 1,参数 2,…]){…}

变量将作为表达式的名称。

2. 事件驱动执行匿名函数

格式：

对象.事件属性名称＝function(参数 1,参数 2,…) { 脚本代码语句块;}

【例 h6-14. html】 页面加载完成后，单击段落时为段落应用已经设置好的类样式。

代码如下：

```
<head>
<meta http-equiv="Content-Type" content="text/html; charset=gb2312" />
<title>事件驱动匿名函数</title>
<style type="text/css">
```

```
    .pStyle{color:#f00; font-size:16pt; text-align:center;}
</style>
</head><body>
    <p id="p1">页面中的段落</p>
    <button>单击上面的段落</button>
<script type="text/javascript">
window.onload=function(){
    var p1=document.getElementById('p1');
    p1.onclick=function(){
     this.className='pStyle';
    }
}
</script></body>
```

页面初始运行效果如图 6-30 所示,单击段落后,效果如图 6-31 所示。

图 6-30　h6-14. html 的运行效果　　　　　图 6-31　单击段落后的运行效果

例 h6-14. html 中使用了嵌套的匿名函数,页面加载时执行外层匿名函数,单击段落时执行内层匿名函数,设置段落的 className 属性为已经定义的类选择符,从而实现相应的功能。

【例 h6-15. html】　使用嵌套的匿名函数生成年月日下拉列表中的各个选项,要求如下:

可选取的年份取值从 1921 年到 2020 年,月份为 1 到 12 月,必须在选取了年份和月份之后才能选取日期,并根据大小月显示 30 或 31 天,根据年份是否是闰年显示 2 月份的天数;用户选择了年月日值后,在下方显示相应的出生日期信息

代码如下:

```
<head>
<meta http-equiv="Content-Type" content="text/html; charset=utf-8" />
<title>选择出生日期</title>
<style type="text/css">
    select{width:100px;}
</style>
</head>
<body>
```

```
1:<form>
2:    <p>请选择出生日期：
3:    <select id="year" name="year">
4:       <option selected="selected">请选择年份</option>
5:    </select>
6:    <select id="month" name="month">
7:       <option selected="selected">请选择月份</option>
8:    </select>
9:    <select id="day" name="day">
10:       <option selected="selected">请选择日期</option>
11: </select></p>
12: </form>
13: <p id="p1"></p>
14: <script type="text/javascript">
15: var p1=document.getElementById('p1');
16: var year=document.getElementById('year');
17: var month=document.getElementById('month');
18: var day=document.getElementById('day');
19: window.onload=function(){
20:    var y1=1920;
21:    var m=0;
22:    for(i=1;i<=100;i++){
23:       year.options.add(new Option((y+i)+'年', i));
                              //可以去掉 options,直接使用 year.add
24:    }
25:    for(i=1;i<=12;i++){
26:       month.options.add(new Option(i+'月',i));
                              //可以去掉 options,直接使用 month.add
27:    }
28:    year.onchange=function(){
29:       y=year.selectedIndex+y1;
30:       month.selectedIndex=0;
31:       month.onchange=function(){
32:          m=month.selectedIndex;
33:          day.options.length=1;
34:          switch(m){
35:          case 2: days= (y%4==0 && y%100!=0 || y%400==0)?29:28;break;
36:          case 4:
37:          case 6:
38:          case 9:
39:          case 11:days=30;break;
40:          default:days=31;
41:          }
42:          for(i=1;i<=days;i++){
```

```
43:            day.options.add(new Option(i,i)//可以去掉 options,直接使用 day.add
44:        }
45:        day.onchange=function(){
46:        d=day.selectedIndex;
47:        p1.innerHTML="你的出生日期是："+y+'年'+m+'月'+d+'日';
48:        }
49:    }
50:    }
51: }
52: </script>
</body>
```

代码说明：

第 3～11 行，添加了三个下拉列表 year、month、day，每个列表中只有一个选项；

第 13 行，添加了空白段落，为后续输出出生日期做准备；

第 15～18 行，使用四个全局变量分别表示段落、年月日列表框；

第 19～51 行，定义了窗口加载完成后执行的匿名函数，完成所有功能；

第 20 行，设置初始年份为 1920，在 22-24 行中循环变量 i 取值从 1 到 100，加上初始 1920 之后，得到需要的年份范围 1921-2020；23 行代码中 new Option((y+i)+'年',y+i) 创建 Option 对象实例，作为新的选项，两个参数中，第一个参数表示选项内容，第二个参数表示选项对应的值（这里添加选项的值从 1 开始直到 100）；之后使用列表框 year 的 options 数组中 add 方法将选项添加到列表中，从而完成年份列表框的生成；

第 25～27 行，用同样的方法创建月份选项，并将选项添加到 month 列表中；

第 28～50 行，定义选择年份后执行的匿名函数，选择年份会改变 year 下拉列表框的内容，从而触发 onchange 事件，事件发生后执行匿名函数；

第 29 行，使用 year.selectedIndex 获取所选择年份的下标，加上 1920（y1 的值）后得到选择的年份；

第 30 行，使用 month.selectedIndex＝0；设置选择月份列表框中的"请选择月份"选项，这是为了保证每选择一次年份，要取消原来选择的月份，让用户重新选择一次月份；

第 31～49 行，定义选择月份后执行的匿名函数；

第 32 行，获取所选择月份的下标，该下标同时也作为月份值使用；

第 33 行，设置 day 列表框中选项数组长度为 1，即取消原来月份中的天数，只保留"请选择日期"这个选项；

第 34～41 行，根据所选择年份和月份计算当月的天数；

第 42～44 行，为 day 列表框添加相应选项；

第 45～48 行，定义选择日期后执行的匿名函数；第 46 行，获取选择的日期；第 48 行，将年月日信息设置为 p1 元素的 innerHTML 属性值，在页面中显示出来。

页面初始运行效果如图 6-32 所示。

选择出生日期后显示结果如图 6-33 所示。

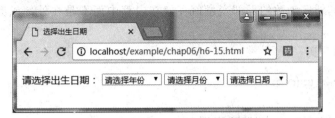

图 6-32　h6-15.html 的运行效果

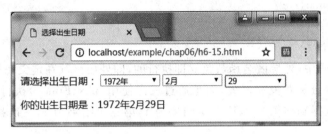

图 6-33　选择出生日期后的运行效果

3. 立即执行的匿名函数

格式如下：

```
(function([形参1,形参2,…]){函数体})([实参1,实参2,…])
```

或者

```
(function([形参1,形参2,…]){函数体}([实参1,实参2,…]))
```

使用这种格式时，函数定义完毕即使用小括号传递参数，完成对函数的调用执行。

注意：必须使用小括号将函数括起来，包括函数的小括号位置有两种用法，如上所示。

例如：

```
(function(x,y){ alert(x+y);})(34,12);        //46
alert(function(x){return x++;}(5));          //5
```

6.5.5　闭包

闭包是一个函数（通常使用较多的是匿名函数），这个函数有权访问另一个函数作用域中的变量，创建闭包的常见方式为嵌套函数，内层函数可以使用外层函数的所有变量，即使外层函数已经执行完毕

闭包的作用如下：

- 可以大大减少代码量，使代码简洁清晰；
- 可以利用它反复访问外部函数的局部变量；

- 可以把其外部函数的局部变量值存储在内存中而不是在外部函数调用完毕后就
  销毁。

例如下面的代码：

```
var makeFunc= (function () {
    var x=0;
    return function () {return x++;}
})()
alert(makeFunc());
alert(makeFunc());
alert(makeFunc());
```

在上面的代码中，外层匿名函数是立即执行的，即外层函数在定义完毕之后即执行完毕，但是其局部变量 x 并没有消失，而是通过三次使用 makeFunc() 执行内层函数，不断改变其值，第一次得到结果为 0，第二次结果为 1，第三次结果为 2，三次执行结束后 x 的值为 3。

闭包的注意事项：闭包允许内层函数引用父函数中的变量，但是该变量是最终值。

例如，对于下面页面中的无序列表元素：

```
<ul>
    <li>星期一</li>
    <li>星期二</li>
    <li>星期三</li>
    <li>星期四</li>
    <li>星期五</li>
</ul>
```

要在单击列表项时获取相应列表项的下标(0～4)，若是使用如下脚本代码：

```
window.onload=function(){
    var lists=document.getElementsByTagName('li');
    var len=lists.length;
    for (i=0;i<len;i++){
        lists[i].onclick=function(){alert(i);};
    }
}
```

上面代码执行时，单击任何一项，得到的结果都是 5，即闭包使用了外层函数循环变量 i 的终值 5。

为了解决上面问题，可以在内外函数之间增加一个即刻执行的匿名函数，完成循环变量值的正确传递，代码如下（注意粗体部分代码）：

```
1: window.onload=function(){
2:     var lists=document.getElementsByTagName('li');
```

```
3:     for(var i=0 , len=lists.length ; i <len ; i++){
4:         (function(index){
5:                 lists[ index ].onclick=function(){
6:                     alert(index);
7:                 };
8:         })(i);
9:     }
10: }
```

代码说明：

第 2 行，使用 document 对象的 getElementsByTagName()方法获取页面中所有的 li 标签元素，得到拥有 5 个元素的数组；

第 3～9 行，使用循环结构实现需要的功能；

第 4～8 行，定义立即执行的匿名函数，通过该函数将外层函数循环变量 i 的值正确传递到内层函数中；

第 5～7 行，定义内层闭包函数，当单击某个列表项时执行该匿名函数，从而显示出相应列表项的下标。

【例 h6-16. html】 使用闭包实现 tab 选项卡的切换功能。

样式代码如下：

```
<head>
<meta http-equiv="Content-Type" content="text/html; charset=gb2312" />
<title>实现 tab 选项卡功能</title>
<style type="text/css">
1:     .divw {width: 563px; height: 301px; border: 1px solid # 000; position:
relative;}
2:     .divw>div{display:inline;}
3:     .divw>div>a{ width:140px; height:50px; padding:0; margin:0; float:left;
       font-size:14pt; line-height:50px; text-align:center; text-decoration:
       none;}
4:     .tabDarkLeft{background: # ccf; border - left: 1px solid # 666; border -
       bottom:1px solid #666;}
5:     .tabDarkRight{background: # ccf;border - right: 1px solid # 666; border-
       bottom:1px solid #666;}
6:     .tabLight{background:#fff; border:0;}
7:     .divw>div> div { width: 543px; height: 230px; padding: 10px; margin: 0;
       background:#fff; position:absolute; left:0; top:51px;z-index:0; }
8:     #div1{z-index:1}
</style>
```

脚本代码如下：

```
<script type="text/javascript">
1: window.onload=function(){
```

```
2:      var a=document.getElementsByTagName('a');
3:      for(i=0;i<a.length;i++){
4:          (function(index){
5:              a[index].onmouseover=function(){
6:                  this.className="tabLight";
7:                  document.getElementById('div'+(index+1)).style.zIndex=1;
8:                  for(j=0;j<a.length;j++){
9:                      if(j!=index){
10:                         a[j]. className = ( j < index )?" tabDarkRight ":"
                           tabDarkLeft";          //左侧的使用右边框,右侧的使用左边框
11:                         document.getElementById('div'+(j+1)).style.zIndex=0;
12:                     }
13:                 }
14:             }
15:         })(i)
16:     }
17: }
</script>
</head>
```

页面元素代码如下：

```
<body>
1:      <div class="divw">
2:          <div>
3:              <a href="javascript:void(0)" id="tab1">选项卡 1</a>
4:              <div id="div1">第一个选项卡下面的内容: aaaaaaaa</div>
5:          </div>
6:          <div>
7:              <a href="javascript:void(0)" id="tab2" class="tabDarkLeft">选
                项卡 2</a>
8:              <div id="div2">第二个选项卡下面的内容: bbbbbbbb</div>
9:          </div>
10:         <div>
11:             <a href="javascript:void(0)" id="tab3" class="tabDarkLeft">选
                项卡 3</a>
12:             <div id="div3">第三个选项卡下面的内容: cccccccc</div>
13:         </div>
14:         <div>
15:             <a href="javascript:void(0)" id="tab4" class="tabDarkLeft">选
                项卡 4</a>
16:             <div id="div4">第四个选项卡下面的内容: dddddddd</div>
17:         </div>
18:     </div>
</body>
```

样式代码部分说明：

第 1 行,定义最外层使用的 div 样式,应用相对定位,作为绝对定位 div 的父元素;

第 2 行,定义内部第一层 div 为行内显示效果;

第 3 行,定义选项卡使用的超链接元素为向左浮动的块元素;

第 4 行,定义未被选中的选项卡左边框下边框暗色效果;

第 5 行,定义未被选中的选项卡右边框下边框暗色效果;

第 6 行,定义选中选项卡的亮色效果,无边框白背景;

第 7 行,定义被设置为行内元素 div 内部 div(即选项卡下面显示内容的 div)的样式,采用绝对定位,设置 z 轴坐标都是 0,即将所有的内容 div 都定位在同一个位置,根据 z 轴坐标值决定显示哪一个;这些 div 的最终定位都依据最外层的相对定位的 div 来进行。

第 8 行,定义第一个选项卡下面的内容 div 的 z 轴坐标为 1,在其他三个 div 前方显示出来。

脚本代码部分说明：

第 1～17 行,定义页面加载完成后执行的匿名函数;

第 2 行,获取页面中所有的超链接元素(共 4 个),存放在数组 a 中;

第 3～16 行,根据数组 a 元素的个数设计循环语句;

第 4～15 行,增加能够即刻执行的匿名函数,将循环变量值正确传递给内层匿名函数;

第 5～14 行,定义匿名函数,当鼠标指针移至某个超链接元素上方执行该函数,实现切换功能(这里可以将 onmouseover 改为 onclick,即单击后切换);

第 6 行,对鼠标指向的超链接元素应用亮色效果(被选中者);

第 7 行,设置选中选项卡对应的内容层 z 轴坐标为 1(即显示出来);

第 8～13 行,使用循环语句控制设置未被选中选项卡及其对应的内容 div 的效果;

第 9 行,若循环变量 j!=index,则说明是未被选中;

第 10 行,对未被选中的选项卡(超链接块元素)设置相应的暗色效果,如果是在当前选中选项卡的左侧(j<index),就为其应用右边框下边框暗色效果的类样式;如果是在当前选中选项卡的右侧(j>index),就为其应用左边框下边框暗色效果的类样式;

第 11 行,设置相应内容层 z 轴坐标为 0(隐藏在后面)。

页面元素部分说明：

第 2～5 行,生成第一个选项卡及相关内容层,第一个使用默认的亮色效果;对超链接 href 设置 javascript:void(0),是为了单击超链接时不会产生任何动作;

第 6～9 行、第 10～13 行、第 14-17 行,分别生成第二、第三、第四个选项卡及相关内容层,因为初始显示第一个选项卡,后面三个都是暗色且都需要设置左边框,所以应用 tabDarkLeft 类样式。

页面初始运行效果如图 6-34 所示。鼠标指针移至第三个选项卡上时,效果如图 6-35 所示。

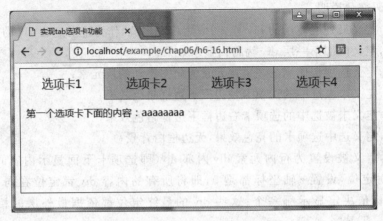

图 6-34　h6-16.html 初始运行效果

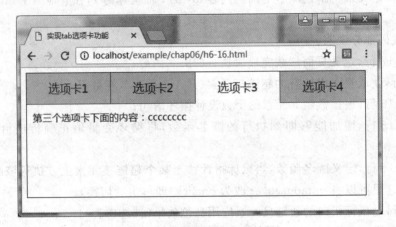

图 6-35　选中选项卡 3 的结果

6.6　JavaScript 事件处理

JavaScript 与 HTML 之间的交互是通过事件实现的。事件,就是在文档或浏览器窗口中发生的,在一些特定的交互瞬间用户或浏览器自身执行的某种动作。例如,单击操作 click 对应事件 onclick、加载操作 load 对应事件 onload 和鼠标指向操作 mouseover 对应事件 onmouseover 等。响应某个事件的函数就称为事件处理程序。

页面中的每个标记元素都可以引发某组事件,XHTML 或 HTML 4.0 都可以将事件以事件属性的方式作为标记的属性,并与 JavaScript 函数配合使用,事件发生时自动调用函数或执行 JavaScript 代码实现对页面的操作。换句话说,通过 JavaScript 指定事件处理程序的传统方式,就是将一个函数赋给一个事件属性。

标记元素响应事件的传统写法:

<标记名 事件属性名称＝"函数名([参数1,参数2,...])或 JavaScript 代码">

如果执行的代码较少,可以直接在事件属性中书写事件代码,但不推荐这种方式,而且在目前流行的网页制作技术中,即使调用事件函数也不在标记中使用事件属性,只为标记设置 id 属性,所要响应的各种事件名称及调用的事件函数全部在 JavaScript 文件中设置。

注意:事件发生时 JavaScript 会自动创建一个 event 事件对象,可作为参数传递也可在事件函数中直接获取,event 事件对象中封装了引发事件的所有状态与参数,通过 event 对象可以获取引发事件的事件源对象、鼠标左键或右键及单击次数以及鼠标按下点的坐标、按下了键盘的哪个按键,详见 8.7 节。

6.6.1 JavaScript 的常用事件

1. 页面相关事件

页面相关事件一般由 window 窗口对象或 body 对象响应。

- onload:页面内容加载完成,包括外部文件引入完成。
- onunload:用户改变页面卸载当前页面前或关闭浏览器后。
- onbeforeunload:当前页面内容被改变之前(关闭浏览器之前)。
- onmove:移动浏览器窗口(onmovestart、onmoveend)。
- onresize:调整浏览器窗口或框架尺寸大小(onresizestart、onresizeend)。
- onerror:加载页面或图像出现错误,如脚本错误与外部数据引用的错误。
- onabort:加载图像被用户中断或取消。
- onstop:按下浏览器停止按钮或者正下载的文件被中断。
- onscroll:浏览器滚动条位置发生变化。

一般来说,在 window 中发生的任何事件,在<body>元素中都有一个特性与之对应。例如,若存在函数 fun1(),当页面加载完成时调用,可以使用下面两种实现方法:

第一种,在 JavaScript 代码处使用

```
window.onload=fun1;
```

第二种,在<body>标记中使用

```
<body onload="fun1()">;
```

2. 鼠标相关的一般事件

鼠标相关事件可以由页面中任意标记对象响应。

- onclick:鼠标单击(在某个标记对象控制的范围内)。
- ondblclick:鼠标双击。
- onmousedown:鼠标按下(一般用于按钮或超链接对象)。
- onmouseup:鼠标松开(一般用于按钮或超链接对象)。
- onmouseover:鼠标移到元素上(进入某个标记对象控制的范围内)。

- onmouseout：鼠标从元素移开（脱离某个标记对象的控制范围）。
- onmousemove：鼠标在元素内控制范围移动。

注意：鼠标单击将同时分解为鼠标按下、鼠标释放，响应顺序为按下、释放、单击。

3. 键盘相关事件

键盘相关事件可以由页面中任意标记对象响应，但必须获得焦点才能响应键盘事件。

- onkeydown：某个键被按下时。
- onkeyup：某个键松开释放时。
- onkeypress：键盘上的某个键被敲击（按下并释放）。

注意：按键事件将同时分解为键按下、键释放，响应顺序为按下、敲击、释放。

4. 表单相关事件

表单相关事件一般由表单元素响应，可配合表单元素对表单数据进行验证。

- onfocus：元素获得焦点（也可用于其他标记，鼠标与键盘操作均可触发）。
- onblur：元素失去焦点（也可用于其他标记，鼠标与键盘操作均可触发）。
- onchange：文本内容被改变——在失去焦点时触发。
- onsubmit：单击提交按钮提交表单时触发（必须由 form 标记响应）。
- onreset：单击重置按钮时触发（必须由 form 标记响应）。

5. 页面编辑事件

页面编辑事件一般由 window 浏览器对象、body 对象或表单元素响应。

- onselect：文本内容被选中后。
- onselectstart：文本内容被选择开始时触发。
- oncopy：页面选择内容被复制后在源对象触发。
- onbeforecopy：页面选择内容将要复制到用户系统的剪贴板前触发。
- oncut：页面选择内容被剪切时在源对象触发。
- onbeforecut：页面选择内容将要被移离页面并移动到用户系统的剪贴板前触发。
- onpaste：内容被粘贴到页面时在目标对象触发。
- onbeforepaste：内容将要从用户系统剪贴板粘贴到页面中时触发。
- onbeforeeditfocus：当前元素将要进入编辑状态前触发。
- onbeforeupdate：当用户粘贴系统剪贴板中的内容时通知目标对象。
- oncontextmenu：按下鼠标右键或通过按键弹出页面菜单时触发（可禁用鼠标右键）。
- ondrag：当某个对象被拖动时在源对象上持续触发（活动事件）。
- ondragdrop：外部对象被鼠标拖进并停放在当前窗口。
- ondragend：鼠标拖动结束后释放鼠标时在源对象上触发。
- ondragstart：当某对象将被拖动时在源对象上触发。
- ondragenter：对象被鼠标拖动进入某个容器范围内时在目标容器上触发。

- ondragover：被拖动对象在其容器范围内拖动时持续在目标容器上触发。
- ondragleave：对象被鼠标拖动离开其容器范围时在目标容器上触发。
- ondrop：在一个拖动过程中，释放鼠标键时在目标对象上触发。
- onlosecapture：当元素失去鼠标移动所形成的焦点时触发。

6. 滚动字幕事件

滚动字幕事件一般由<marquee>标记响应。

- onbounce：marquee 对象 behavior 属性为 alternate 且字幕内容到达窗口一边时触发。
- onstart：marquee 元素开始显示内容时触发。
- onfinish：marquee 元素完成需要显示的内容后触发。

7. 数据绑定事件

数据绑定事件一般由 window 浏览器对象或 body 对象响应。

- onafterupdate：当数据完成由数据源到对象的传送时触发。
- oncellchange：当数据来源发生变化时触发。
- ondataavailable：当数据接收完成时触发。
- ondatasetchanged：数据在数据源发生变化时触发。
- ondatasetcomplete：当来自数据源的全部有效数据读取完毕时触发。
- onerrorupdate：当使用 onBeforeUpdate 事件取消了数据传送时触发。
- onrowenter：当前数据源的数据发生变化并且有新的有效数据时触发。
- onrowexit：当前数据源的数据将要发生变化时触发。
- onrowsdelete：当前数据记录将被删除时触发。
- onrowsinserted：当前数据源将要插入新数据记录时触发。

8. 外部事件

外部事件一般由 window 浏览器对象响应。

- onafterprint：对象所关联的文档打印或打印预览后在对象上触发。
- onbeforeprint：文档即将打印前触发。
- onfilterchange：当某个对象的滤镜效果发生变化时触发。
- onhelp：当用户按下 F1 键或调用浏览器帮助时触发。
- onpropertychange：当对象属性之一发生变化时触发。
- onreadystatechange：当对象的初始化属性值发生变化时触发。
- onactivate：当对象设置为活动元素时触发。
- oncontrolselect：当用户将要对该对象制作一个控件选中区时触发。
- ontimeerror：当特定时间错误发生时触发，通常因将属性设置为无效值导致。

6.6.2 页面相关事件与函数的记忆调用

页面相关事件一般由 window 窗口对象或 body 对象响应,常用事件有 onload 页面加载完成、onunload 改变或卸载页面、onmove 移动浏览器窗口、onresize 调整浏览器窗口或框架大小、onerror 加载页面错误、onabort 加载图像中断或取消、onstop 按下浏览器停止按钮、onscroll 浏览器滚动条变化。

1. onload 事件与函数的记忆调用

onload 是浏览器装载打开页面完毕(包括引入外部文件完毕)后触发的事件,可以在 onload 事件调用的函数中创建用户 cookies 对象、为页面标记元素指定响应的事件函数、或者检测用户的浏览器类型以确定显示不同的页面内容。

假设为 onload 事件定义一个 initDocument 函数:

```
function initDocument()
{
    //页面装载完毕后执行的代码;
}
```

通过 window 窗口对象响应 onload 执行该函数,对应的 JavaScript 代码为:

```
window.onload=initDocument;                //只有函数名没有()
```

浏览器装载页面时 JavaScript 代码同时被装载执行,执行这条语句只是将函数名交给 window 对象的 onload 事件,是让 window 对象记住 onload 事件发生时所要调用的函数名而不是立即调用函数,其含义就是"当浏览器窗口发生 onload 事件时再调用 initDocument()函数"或"记住 onload 事件发生时调用的函数是 initDocument()"。

而如果写成"window.onload=initDocument();",则装载执行这条语句时就会立即调用 initDocument()函数,但此时全部页面内容都还没有装载,浏览器尚不知道页面中有哪些标记,如果在 initDocument()函数中操作页面元素则会出错。

在 JavaScript 中 window 是浏览器最顶层全局对象,对象名 window 可以省略,而且该对象在打开浏览器时就已经存在,让 window 对象响应 onload 事件的代码可以简写为:

```
onload=initDocument;
```

window 对象的 onload 事件除了可以驱动执行一个指定名称的函数之外,很多时候,还会为该事件指定一个匿名函数。

【例 h6-17.html】 在页面中添加一个空图像元素,页面加载完成后,对该元素设置 src 属性添加图像文件,同时定义图像宽度为 300px。

```
<body>
    <img id="img1" />
```

```
<script type="text/javascript">
window.onload=function(){
    var img1=document.getElementById('img1');
    img1.width=300;
    img1.src="images/dog1.jpg";
}
</script>
</body>
```

执行效果如图 6-36 所示。

2. onunload 事件与匿名函数的记忆调用

某些浏览器会缓存页面内容，当单击"后退"按钮返回已装载过的页面时则只显示缓存的内容而不再触发 onload 事件，如果是在 onload 事件函数中设置标记的事件操作，则这些操作用"后退"按钮返回后也会失效。

图 6-36　页面加载完成后设置的图像文件

当浏览器窗口转换显示新页面或关闭浏览器退出当前页面时，会触发 onunload 事件，通过 onunload 事件执行函数既可以避免页面缓存，还可以清理资源、显示退出提示信息。

我们可以编写卸载页面事件函数 exitDocument( )，使用"window. onunload = exitDocument;"在事件发生时调用函数。如果不需要清理资源、显示退出提示信息，也可以仅调用匿名空函数避免页面缓存，以便在再次返回时能自动触发 onload 事件。

```
window.onunload=function() {}
```

使用匿名函数同样具有函数的记忆调用功能，即执行该语句时不会立即执行函数，而是让事件记住该函数，当事件发生时再执行函数代码。

【例 h6-18. html】　设计代码，当用户打开网页时弹出消息框显示欢迎信息。

方案一：创建脚本函数，当页面加载完成时调用该函数。

创建 h6-18-1. html 文件，代码如下：

```
<head>
<meta http-equiv="Content-Type" content="text/html; charset=gb2312" />
<title>无标题文档</title>
<script type="text/javascript">
window.onunload=function() {}          //记忆卸载页面事件匿名函数,避免页面缓存
window.onload=welcome
function welcome(){
    alert("欢迎光临本网站,请您多提宝贵意见");
}
</script>
</head>
```

```
<body>
    <h2>这是页面中的内容</h2>
</body>
```

方案二：直接定义匿名脚本函数，完成页面加载时弹出消息框。
创建 h6-18-2. html 文件，代码如下：

```
<head>
<meta http-equiv="Content-Type" content="text/html; charset=gb2312" />
<title>无标题文档</title>
<script type="text/javascript">
window.onunload=function() { }          //记忆卸载页面事件匿名函数,避免页面缓存
window.onload=function(){
    alert("欢迎光临本网站,请您多提宝贵意见");
}
</script>
</head>
<body>
    <h2>这是页面中的内容</h2>
</body>
```

6.6.3 鼠标相关事件

常用鼠标事件有 onclick 鼠标单击、ondblclick 鼠标双击、onmousedown 鼠标按下、onmouseup 鼠标松开、onmouseover 鼠标进入、onmouseout 鼠标移开、onmousemove 鼠标移动等，其中鼠标单击包括了鼠标按下与释放事件，响应顺序为按下、释放、单击。

鼠标事件是使用最多的事件，鼠标相关事件可以由页面中的任何标记响应。

【例 h6-19. html】 用鼠标设置页面背景：页面初始默认背景为白色，在页面中任意位置（包括任意标记）按下鼠标则背景变为蓝色、抬起鼠标变为红色、双击鼠标恢复为原来的白色。

```
<head>
<meta http-equiv="Content-Type" content="text/html; charset=gb2312" />
<title>使用 body 设置页面背景</title>
<script type="text/javascript">
    onmousedown=function(){
    document.body.style.backgroundColor='#f00';
    }
    onmouseup=function(){
    document.body.style.backgroundColor='#00f';
    }
    ondblclick=function(){
    document.body.style.backgroundColor='#fff';
```

```
    }
</script>
</head>
<body>
    <h2>在页面任意位置按下鼠标背景蓝色,抬起鼠标红色、双击鼠标恢复白色</h2>
</body>
```

在上面执行函数的代码中,因为没有设置当页面加载完成之后进行函数的调用,所以只能使用顶级对象 window,即 window. onmouseover、window. onmouseup 等,此处 window 对象被省略。

对于上面所定义的函数,还可以使用如下方式完成调用。

【例 h6-19-2. html】 第二种方法,在页面加载完成之后,通过操作 body 区域,实现函数的调用。

```
<head>
<meta http-equiv="Content-Type" content="text/html; charset=gb2312" />
<title>使用 body 设置页面背景</title>
<script type="text/javascript">
    window.onunload=function(){}      //记忆卸载页面事件匿名函数,避免页面缓存
    window.onload=initBody;           //记忆加载页面时调用的函数
    function initBody(){
        document.body.onmousedown=blue;
        document.body.onmouseup=red;
        document.body.ondblclick=white;
    }
    function red(){     //纯 JavaScript 设置的调用函数内可直接使用 this 表示当前调用的对象
        document.body.style.backgroundColor='#f00';
}
    function blue(){document.body.style.backgroundColor='#00f';}
    function white(){document.body.style.backgroundColor='#fff';}
</script>
</head>
<body>
    <h2>在页面任意位置按下鼠标背景蓝色,抬起鼠标红色、双击鼠标恢复白色</h2>
</body>
```

该页面对 IE 或火狐浏览器相同,都必须操作页面实际内容区域才有效。

上面代码中,可以将如下两行代码

```
window.onload=initBody;
function initBody()
```

直接换成匿名函数的方式

```
window.onload=function()
```

另外,还可以将函数 red()、blue()和 white()内部的 document.body 直接更换为 this。

注意:

- CSS 背景样式属性为 background-color。在 JavaScript 中 style 作为样式对象其背景颜色属性为 backgroundColor,关于 JavaScript 中 style 对象对应的 CSS 属性详见 8.8 节。
- IE 浏览器 body 的有效范围仅与页面类型有关,在 XHTML 页面中 body 的有效范围仅仅是页面的实际内容区域,而在传统 HTML 页面中 body 的范围是浏览器中的全部可见区域。
- 对火狐浏览器 body 的有效范围与文档类型无关,但使用纯 JavaScript 代码设置标记调用函数时,body 的有效范围仅仅是页面的实际内容区域,而在标记内书写代码或调用函数时 body 的范围是浏览器中的全部可见区域。

【例 h6-20.html】 设置 div 响应各种鼠标事件,包括鼠标移入、离开、按下、弹起等。

当鼠标指针移入 div 区域时,设置其内部文本为红色的"鼠标进来了,文字颜色变为红色!";

当鼠标指针离开 div 区域时,设置文本为黑色的"鼠标离开了,文字变为黑色!";

当用户在 div 内部按下鼠标时,设置文本为加粗的"哎呀,你按住我了,文字加粗";

当用户释放鼠标时,设置文本为"哇塞,你终于松开了"

<div>、<p>、<span>等标记中的文本内容是该标记对象中的 firstChild 子对象,这里使用 firstChild 子对象的 nodeValue 属性获取或写入文本内容。

使用 firstChild.nodeValue 属性时必须保证标记的初始状态不能没有内容,如果该标记中没有初始内容则应输入保留一个空格或书写" ",否则会产生 firstChild 对象不存在错误。

页面代码如下:

```
<head>
<meta http-equiv="Content-Type" content="text/html; charset=gb2312" />
<title>无标题文档</title>
<style type="text/css">
    #div1{width:230px; height:20px; padding:10px; margin:0; border:1px solid
    #00f; font-size:10pt; font-weight:}
</style>
<script type="text/javascript">
window.onunload=function(){}
window.onload=function(){
    var div1=document.getElementById('div1');
    div1.onmouseover=function(){
        this.firstChild.nodeValue="鼠标进来了,文字颜色变为红色!";
        this.style.color='#f00';
    }
    div1.onmouseout=function(){
        this.firstChild.nodeValue="鼠标离开了,文字变为黑色!";
```

```
        this.style.color='#000';
    }
    div1.onmousedown=function(){
        this.firstChild.nodeValue="哎呀,你按住我了,文字加粗";
        this.style.fontWeight='bold';
    }
    div1.onmouseup=function(){
        this.firstChild.nodeValue="哇塞,你终于松开了";
        this.style.fontWeight='normal';
    }
}
</script>
</head>
<body>
    <div id="div1">我是一个盒子,可以响应各种鼠标事件</div>
</body>
```

页面初始运行效果如图 6-37 所示。鼠标移入 div 内部效果如图 6-38 所示。

图 6-37　h6-20.html 页面初始状态　　　　　　图 6-38　鼠标移入 div 内部的效果

【例 h6-21.html】　用鼠标事件实现图片翻转、链接指定页面。

鼠标进入第一张图片翻转为另一幅图片并同时改变文本,离开后恢复原样。鼠标进入第二张图片后添加蓝色边框,离开后恢复原样。效果如图 6-39～图 6-41 所示。

图 6-39　h6-21.html 页面初始效果

图 6-40 鼠标进入第一幅图的效果

图 6-41 鼠标进入第二幅图的效果

对应 CSS 边框样式 border-color 属性的 style 对象属性为 borderColor。

(1) 创建 h6-21.html 页面文档。

```
<head>
<meta http-equiv="Content-Type" content="text/html; charset=gb2312" />
<title>图片链接翻转</title>
<script src="j6-21.js" type="text/javascript"></script>
<style type="text/css" >
    * {font-size:10pt;}
    #pic2 { border:5px solid #fff; }
</style>
</head>
<body>
```

```
<h3>鼠标事件实现图片链接翻转</h3>
<img id="pic1" src="images/cat1.jpg" width="190" height="150" />
 <img id="pic2" src="images/dog3.jpg" height="150" />
<h3 id="cont">知道我在想什么吗?</h3>
<p>鼠标移过来看看吧……
</body>
```

(2) 在同一目录下创建 js 外部文件 j6-21.js。

```
onunload=function() {}
window.onload=function(){
    var pic1=document.getElementById("pic1");
    var pic2=document.getElementById("pic2");
    var cont=document.getElementById('cont');
    pic1.onmouseover=function(){
        this.src="images/cat2.jpg";
        cont.firstChild.nodeValue="我想和它去旅行~~~~~";
    }
    pic1.onmouseout=function(){
        this.src="images/cat1.jpg";
        cont.firstChild.nodeValue="知道我在想什么吗?";
    }
    pic2.onmouseover=function(){
        this.style.borderColor="#00f";
    }
    pic2.onmouseout=function(){
        this.style.borderColor="#fff";
    }
}
```

6.6.4 焦点、按键及表单相关事件

鼠标单击某个元素时该元素即获得焦点,当其他元素获得焦点时该元素随即失去焦点,获得焦点的元素还可以响应按键事件。

常用的焦点、按键及表单事件有 onfocus 获得焦点、onblur 失去焦点、onchange 内容被改变(失去焦点时触发)、onsubmit 提交表单、onreset 重置表单、onkeydown 键按下、onkeyup 键释放、onkeypress 敲击按键(包括键按下、键释放,响应顺序为按下、敲击、释放)。

表单元素还可响应 onselect 选中文本、oncopy 复制、oncut 剪切、onpaste 粘贴等页面编辑事件。

注意:onsubmit 提交表单、onreset 重置表单事件必须由<form>标记响应,返回 false 可终止提交或重置表单,而 submit 提交按钮、reset 重置按钮只能响应单击事件

onclick,返回 false 同样可终止提交或重置表单。

应用技巧:

(1) window 浏览器窗口对象响应 onfocus 获得焦点事件可以迫使一个窗口总在其他窗口背后,必须等其他窗口都最小化或关闭后该窗口才可以浏览。例如,某些页面会悄悄打开一些广告窗口,当你关闭所有窗口时才发现背后有一堆广告。实现方法只需加入以下 JavaScript 代码即可(火狐浏览器不支持):

```
window.onfocus=function () { self.blur(); }
```
　　　　　　　　　　　　　　　//window 获得焦点函数,让自己自动重新失去焦点

(2) window 对象响应 onblur 失去焦点事件可以使一个窗口总在其他窗口前面,实现方法只需加入以下代码即可(火狐浏览器不支持):

```
window.onblur=function () { self.focus(); }
```
　　　　　　　　　　　　　　　//window 失去焦点函数,让自己自动重新获得焦点

【例 h6-22. html】 模拟用户注册页面响应焦点、按键及表单相关事件。

具体说明如下:

"输入名称"文本框响应 onblur 失去焦点事件验证数据,内容为空时设置文本框重新获得焦点并将文本框 outline 线框设置为 2px,虚线蓝色;名称文本框响应 onfocus 获取焦点事件时,文本框 outline 线框设置为 1px 实线♯66f 颜色;

获取页面中所有元素,对设置为只读的电子邮箱元素在响应 onfocus 事件时,通过使用 blur()方法直接强迫其失去焦点,以达到鼠标点不进去的效果。

表单标记响应提交、重置事件,单击"提交"按钮时显示确认对话框;如果单击"确定"按钮,则完成提交数据操作;单击"取消"按钮,则不提交数据保持原页面;单击"重置"按钮时显示确认对话框,确认是否重置清除输入内容。效果如图 6-42～图 6-45 所示。

图 6-42　h6-22. html 名称文本框初次获取焦点

图 6-43　未输入名称而离开名称框

(1) 创建 h6-22. html 页面文档。

```
<head>
<meta http-equiv="Content-Type" content="text/html; charset=gb2312" />
```

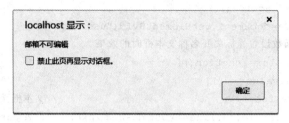

图 6-44　试图编辑电子邮箱出现的对话框

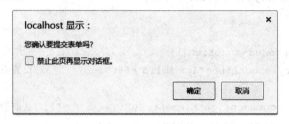

图 6-45　单击"提交"按钮出现的对话框

```
<title>焦点、按键及表单事件</title>
<style type="text/css">
    form{margin:0;}
    * {font-size:10pt;}
    #userName,#pass,#email{width:150px;}
    p{margin:5px 0; }
</style>
<script type="text/javascript" src="j6-22.js"></script>
</head><body>
    <h3>用户注册页面</h3>
    <form id="form" action="" method="post" >
        <p>输入名称：<input id="userName" /></p>
        <p>输入密码：<input type="password" name="pass" id="pass" /></p>
        <p>电子邮箱：<input type="email" id="email" readonly="readonly" value=
        "10575298@qq.com" /></p>
        <p>选择性别：<input type="radio" name="sex" value="0" />男
                      <input type="radio" name="sex" value=
                  "1"/>女</p>
        <p>选择运动：<input type="checkbox" name="sport" value="爬山" />爬山  
                    <input type="checkbox" name="sport" value="游泳" />游泳</p>
        <p><input type="submit" value="提交" />
        <input type="reset" /></p>
    </form>
</body>
```

（2）在同一目录下创建 js 外部文件 j6-22.js。

```
window.onunload=function(){}
```

```
window.onload=function(){
    var userName=document.getElementById("userName");
    //下面匿名函数设置光标离开名称文本框时的效果
    userName.onblur=function(){
        if(this.value==""){
            this.focus();                       //文本框获取焦点
            this.style.outline="#00f dashed 2px";   //设置 outline 线框效果
        }else{
            this.style.outline="0px";           //失去焦点时 outline 为 0
        }
    }
    userName.onfocus=function(){
        this.style.outline="1px solid #66f";       //设置获取焦点时线框效果
    }
    var allTags=document.getElementsByTagName("*");//获取所有标记对象数组
    for (var i=0; i<allTags.length; i++){
        if ( allTags[i].readOnly ){             //对只读标记获得焦点事件记忆匿名函数
            allTags[i].onfocus=function(){
                this.blur();                    //强制离开只读控件
                alert("邮箱不可编辑");
            }
        }
    }                                           //用标记内置函数 blur()强制失去焦点
    var form=document.getElementById("form");
    form.onsubmit=function(){                   //提交表单
        var x=confirm("您确认要提交表单吗?"); //创建确认对话框,返回用户选择
        if (!x) return false;                   //用户选择"取消"则取消提交表单
    }
    form.onreset=function(){                    //重置事件
        var x=confirm("重置后所有信息将被删除\n 您确认要重置表单吗?");
        if (!x) return false;
    }
}
```

注意：火狐浏览器不支持标记内置函数"focus();",无法保持文本框自动重新获得焦点。

6.6.5 表单数据验证

进行表单数据验证的主要目的是将不符合要求的表单数据阻止在浏览器端,即避免将垃圾数据提交给服务器,从而减轻服务器的负担。表单数据验证主要对如下几个方面进行：

- 验证某个输入域是否为空;

- 验证某个输入域字符个数是否符合要求；
- 验证某个输入域字符组成是否符合要求；
- 验证某个输入域的取值是否在给定范围；
- 验证是否选择了单选按钮、复选框、下拉列表等选项内容。

【例 h6-23. html】 设计一个收集个人信息的表单界面，要输入的信息有账号、密码、确认密码、年龄、性别、手机号码和个人介绍等信息。

数据验证要求如下：

- 账号不能为空，字符个数必须在 6～20 个之间；
- 密码不能为空，字符个数必须在 6～16 个之间；
- 确认密码必须与密码一致；
- 年龄不能为空，取值范围在 0～100 之间；
- 性别必须要选择；
- 手机号不能为空，必须为 1 开始的 11 个数字（此处对数字组成不做验证）；
- 个人介绍不能为空。

为了能够有效监测不符合要求的数据是否被提交到服务器端，此处对表单中 method 属性取值要求设置为 get。

1. 使用传统表单数据验证方法完成

（1）创建 h6-23. html 页面文件，生成表单界面。

```
<head>
<meta http-equiv="Content-Type" content="text/html; charset=gb2312" />
<title>无标题文档</title>
<style type="text/css">
    h3{font-size:16pt; font-family:黑体; text-align:center;}
    div{width:400px; height: auto; padding: 10px 0; margin: 0 auto; border-
    radius:5px; background:#ddf;}
    table td{height:25px; font-size:12pt; vertical-align:top;}
    #tdjl{height:110px;}
    .td1{width:100px; text-align:right;}
    .td2{width:300px;}
    .inp1{width:200px; height:16px;}
    textarea{width:200px; height:100px; line-height:20px;}
</style>
<script type="text/javascript" src="j6-23.js"></script>
</head>
<body>
<div>
<h3>收集个人信息</h3>
<form method="get" onsubmit="return validate()">
    <table width="400" border="0" cellspacing="0" cellpadding="0" align="center">
```

```
<tr>
    <td class="td1">姓名: </td>
    <td class="td2">< input type="text" name="name" id="name" class="
    inp1" /></td>
</tr>
<tr>
    <td class="td1">密码: </td>
    <td><input type="password" name="psd1" id="psd1" class="inp1" /></td>
</tr>
<tr>
    <td class="td1">确认密码: </td>
    <td><input type="password" name="psd2" id="psd2" class="inp1" /></td>
</tr>
<tr>
    <td class="td1">年龄: </td>
    <td><input type="text" name="age" id="age" class="inp1" /></td>
</tr>
<tr>
    <td class="td1">性别: </td>
    <td><input type="radio" name="sex" value="male" />男
            <input type="radio" name="sex" value="female" />女</td>
</tr>
<tr>
    <td class="td1">手机号: </td>
    <td><input type="text" name="phoneno" id="phoneno" class="inp1" /></td>
</tr>
<tr>
    <td class="td1" id="tdjl">个人简历: </td>
    <td><textarea name="jianli" id="jianli"></textarea></td>
</tr>
<tr>
    <td class="td1"> </td>
    <td><input type="submit" value="    提 交    " /></td>
</tr>
</table>
</form>
</div>
</body>
```

(2) 创建 j6-23. js 文件,代码如下:

```
function validate(){
    //对姓名进行验证
    var name=document.getElementById('name');
    var nameValue=name.value;
```

```
var len=nameValue.length;
if(len<6 || len>20){
    alert("姓名必须在 6-20 个字符之间,请重新输入");
    name.focus();
    return false;
}
//对密码进行验证
var psd1=document.getElementById('psd1');
var psd1Value=psd1.value;
var len=psd1Value.length;
if(len<6 || len>16){
    alert("密码必须在 6-16 个字符之间,请重新输入");
    psd1.focus();
    return false;
}
//对确认密码进行验证
var psd2=document.getElementById('psd2');
var psd2Value=psd2.value;
if(psd2Value!=psd1Value){
    alert("确认密码必须与密码一致,请重新输入");
    psd2.focus();
    return false;
}
//对年龄进行验证
var age=document.getElementById('age');
var ageValue=age.value;
var len=ageValue.length;
if(len==0||isNaN(ageValue)||parseInt(ageValue)<0||parseInt(ageValue)>
100){                                     //年龄不为空、必须是数字、不能小于 0 或者大于 100
    alert("年龄必须在 0-100 之间,请重新输入");
    age.focus();
    return false;
}
//对性别进行验证
var checked=false;               //若是有选项被选中,将 checked 设置为 true
var sex=document.getElementsByName('sex');
for(i=0;i<sex.length;i++){
    if(sex[i].checked){          //判断某个选项是否被选中
        checked=true;
        break;
    }
}
if(!checked){
    alert("必须选择性别");
```

```
    return false;
    }
//对手机号验证
var phoneno=document.getElementById('phoneno');
var phoValue=phoneno.value;
var len=phoValue.length;
if(phoValue.charAt(0)!='1' || isNaN(phoValue) || len!=11){
                                //手机号第一个字符必须是 1,整体是数字,长度是 11
    alert("手机号必须是 1 开始的 11 个数字, 请重新输入");
    phoneno.focus();
    return false;
    }
//对个人简历进行验证
var jianli=document.getElementById('jianli');
var jianliValue=jianli.value;
var len=jianliValue.length;
if(len==0){
    alert("简历不能为空,请输入");
    jianli.focus();
    return false;
    }
}
```

函数中每个模块返回的 false 不可或缺,返回值 false 与＜form＞标记的 onsubmit＝"return validate()"中的 return 配合使用,能够有效阻止不符合要求的数据提交到服务器端。

2. 结合 HTML5 表单新输入元素和新属性完成

在 HTML5 中已经增加了相应的属性,分别用于设置输入域不允许为空(required)、设置对字符个数和范围的要求(使用正则表达式属性 patten,这里不做介绍),对数字范围的限制等,但是这些属性在 IE8 中并不支持,下面代码供读者尝试。

(1) 修改 h6-23.html 保存为 h6-23-1.html。

样式代码与 h6-23.html 完全相同,此处略去。

```
<body>
<div>
<h3>收集个人信息</h3>
< form method="get" onsubmit="return validate()">
    <table width="400" border="0" cellspacing="0" cellpadding="0" align="center">
    <tr>
        <td class="td1">姓名：</td>
        <td class="td2">< input type="text" name="name" id="name" class="
        inp1" required="required" pattern="[a-zA-Z_0-9]{6,20}" /></td>
    </tr>
    <tr>
```

```
    <td class="td1">密码: </td>
    <td><input type="password" name="psd1" id="psd1" class="inp1" required
    ="required" pattern="[a-zA-Z0-9%!@$#&*_]{6,16}" /></td>
</tr>
<tr>
    <td class="td1">确认密码: </td>
    <td><input type="password" name="psd2" id="psd2" class="inp1" /></td>
</tr>
<tr>
    <td class="td1">年龄: </td>
    <td><input type="number" name="age" id="age" class="inp1" min="0"
    max="100" required="required" /></td>
</tr>
<tr>
    <td class="td1">性别: </td>
    <td><input type="radio" name="sex" value="male" />男
        <input type="radio" name="sex" value="female" />女</td>
</tr>
<tr>
    <td class="td1">手机号: </td>
    <td><input type="text" name="phoneno" id="phoneno" class="inp1"
    required="required" pattern="1[3|4|5|7|8][0-9]{9}" /></td>
</tr>
<tr>
    <td class="td1" id="tdjl">个人简历: </td>
    <td><textarea name="jianli" id="jianli" required="required"></
    textarea></td>
</tr>
<tr>
    <td class="td1"> </td>
    <td><input type="submit" value="  提 交  " /></td>
</tr>
</table></form></div></body>
```

加粗部分的代码说明:

required="required"设置不允许为空;

pattern="[a-zA-Z_0-9]{6,20}设置在姓名中允许使用大小写字母、数字和下画线,至少 6 个字符,最多 20 个字符;

pattern="[a-zA-Z0-9%!@$#&*_]{6,16}设置在密码中允许使用的字符和字符个数范围;

type="number" min="0" max="100"设置年龄使用 number 类型,取值最小为 0最大 100;

pattern="1[3|4|5|7|8][0-9]{9}"设置手机号第一位是 1,第二位是 3、4、5、7、8 中

的一个,后面 9 位数字是任意的。

(2) 修改 j6-23.js,保存为 j6-23-1.js。

脚本代码中只需要对确认密码和性别两个信息进行验证。

```
function validate(){
    //对确认密码进行验证
    var psd1=document.getElementById('psd1');
    var psd1Value=psd1.value;
    var psd2=document.getElementById('psd2');
    var psd2Value=psd2.value;
    if(psd2Value!=psd1Value){
        alert("确认密码必须与密码一致,请重新输人");
        psd2.focus();
        return false;
    }
    //对性别进行验证
    var checked=false;              //若是有选项被选中,将 checked 设置为 true
    var sex=document.getElementsByName('sex');
    for(i=0;i<sex.length;i++){
        if(sex[i].checked){         //判断某个选项是否被选中
            checked=true;
            break;
        }
    }
    if(!checked){
        alert("必须选择性别");
        return false;
    }
}
```

6.7　onerror 事件与页面错误提示

脚本代码有错误时,浏览器不执行,但是也不显示错误信息,只在状态栏显示"页面上有错误",这给脚本编辑带来了很大困难,利用 onerror 事件或 try…catch/throw 捕获错误模块可以提供错误信息。

6.7.1　用 onerror 事件捕获错误

这是捕获错误的传统方法,当页面文档或图像加载过程中出现错误时会触发 onerror 事件,可定义一个专门捕获错误的函数进行处理,这个函数也称为 onerror 事件处理器。

```
onerror=函数名;              //指定错误处理器,由 window 对象记忆而不是立即调用
function 函数名(msg, url, line)
```

```
{                                    //错误处理代码
    return true||false;
}
```

事件处理器函数必须有三个参数：msg 错误消息、url 错误页面、line 发生错误的代码行，当页面出现错误时 window.document 文档对象自动传递参数调用函数。

函数返回值可以确定错误消息是否显示在控制台，返回 false 则显示在控制台，返回 true 则不显示。

也可以直接定义匿名函数实现：

onerror=function(msg, url, line){　　　　　　//错误处理代码**}**

【例 h6-24. html】 捕获错误信息的页面。

```
<head>
<meta http-equiv="Content-Type" content="text/html; charset=gb2312" />
<title>错误处理页面</title>
<script type="text/javascript">
onunload=function() {}
window.onload=function(){
    document.getElementById("mess").onclick=function(){    //按钮单击事件
        adddlert("欢迎光临本网站!");                       //模拟错误,正确为 alert
    }
}
window.onerror=function(msg, url, line){                    //错误处理通用函数
    var txt="页面出现错误:\n\n"
    txt+=line+"行发生错误: "+msg+"\n\n"
    txt+="单击确定继续…\n"
    alert(txt);
}
</script>
</head>
<body>
    <h3>捕获错误信息页面</h3>
    <script type="text/javascript">
        document.write("35/2="+(35/2)+"<br />");
    </script>
    <input type="button" id="mess" value="引发错误" />
</body>
```

页面初始运行效果如图 6-46 所示，单击"引发错误"按钮弹出如图 6-47 所示对话框。

如果将页面中的 document. write 代码去掉 te 改为 document. wri,刷新装载页面则弹出的对话框如图 6-48 所示。如果将页面中的 document. write("35/2＝"＋35/2＋"＜br /＞")代码去掉最后的")",刷新装载页面弹出的对话框如图 6-49 所示。

图 6-46　h6-24. html 初始运行效果

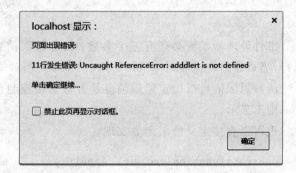

图 6-47　单击"引发错误"按钮时弹出对话框

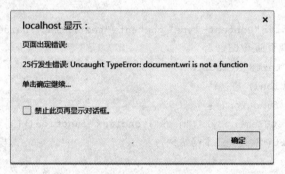

图 6-48　document. write 代码错误弹出对话框

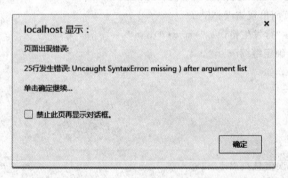

图 6-49　document. write 后缺少）弹出对话框

6.7.2　用 try…catch 捕获错误

格式如下：

try{ //可能出现错误的 **JavaScript** 代码；}
catch(err) 　　{ //处理错误代码；}

将可能发生错误的代码放在 try 中，如果没有错误等于 catch 不存在，一旦发生错误，则会自动传递 err 错误对象并执行 catch 中的代码。

【例 h6-25.html】 发生错误时显示错误信息。

```
<head>
<meta http-equiv="Content-Type" content="text/html; charset=gb2312" />
<title>try…catch 错误处理页面</title>
<script type="text/javascript">
onunload=function() {}
onload=function(){
    document.getElementById("mess").onclick=function(){          //按钮单击事件
        try{ adddlert("欢迎光临本网站"); }              //可能出现错误的代码,模拟错误
        catch(err){
            var txt="页面出现错误: "+err ;
            alert(txt);
        }
    }
}
</script>
</head>
<body>
    <h3>try…catch 捕获错误信息页面</h3>
    <input type="button" id="mess" value="引发错误" />
</body>
```

运行效果如图 6-50 所示,单击"引发错误"按钮后的对话框如图 6-51 所示。

图 6-50 h6-25.html 初始运行效果

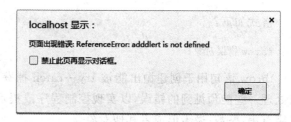

图 6-51 单击"引发错误"按钮时弹出对话框

【例 h6-26.html】 用 try…catch 改写 h6-24.html。

```
<head>
<meta http-equiv="Content-Type" content="text/html; charset=gb2312" />
<title>错误处理页面</title>
<script type="text/javascript">
onunload=function() {}
window.onload=function(){
    document.getElementById("mess").onclick=function(){  //按钮单击事件
        try{adddlert("欢迎光临本网站!");}                        //模拟错误,正确为 alert
```

```
        catch(err){
            var txt="页面出现错误: "+err+"\n 单击确定继续";
                alert(txt);
            }
        }
    }
</script>
</head>
<body>
    <h3>捕获错误信息页面</h3>
    <script type="text/javascript">
        try{document.write("35/2="+(35/2)+"<br />");}
        catch(err){
            var txt="页面出现错误: "+err+"\n 单击确定继续";
            alert(txt);
        }
    </script>
    <input type="button" id="mess" value="引发错误" />
</body>
```

该方式单击"引发错误"按钮或将页面中的 document.write 代码去掉 te 改为 document.wri 后,刷新装载页面都可弹出错误提示对话框,但如果去掉")"或""""双引号则既不执行代码也不会弹出对话框。

6.7.3 用 throw 抛出错误对象

格式如下:

throw 错误对象;

throw 语句用于创建抛出能被 try…catch 捕获并处理的错误对象,配合 try…catch 可处理一些能预见到的错误,以实现控制程序或提示精确错误信息。其中错误对象可以是字符串、整数、逻辑值或者其他对象。

【例 h6-27.html】 提交表单时检查学生成绩,如果用户输入的学生成绩大于 100、小于 0 或等于 0 则弹出错误信息提示框。

(1) 创建 h6-27.html 页面文档。

```
<head>
<meta http-equiv="Content-Type" content="text/html; charset=gb2312" />
<title>用 throw 抛出错误对象</title>
<script type="text/javascript" src="j6-27.js"></script>
</head>
<body>
    <h3>提交学生成绩页面</h3>
```

```
<form method="post" >
    <p>学生成绩：<input id="score" /></p>
    <p><input type="submit" id="form" value="提交成绩" />
    <input type="reset" value=" 重  置 " /></p>
</form>
</body>
```

（2）在同一目录下创建 js 外部文件 j6-27.js。

注意： onsubmit 事件必须由<form>表单标记响应，但是 submit 按钮可响应单击事件，而且返回 false 时也可终止表单数据提交过程。

```
onunload=function(){}
onload=function(){
    document.getElementById("form").onclick=function(){        //提交表单
        var x=document.getElementById("score").value;
        try{
            if ( x=="" || isNaN(x) ) throw "Err1";             //抛出错误 1
            else if (x>100) throw "Err2";                      //抛出错误 2
            else if (x<0) throw "Err3";                        //抛出错误 3
            else if (x==0){
                var txt="学生成绩为 0 分\n\n 单击"确定"提交成绩\n 单击"取消"返回修改\n";
                if ( !confirm(txt) ) throw "Err4";             //抛出错误 4
            }
        }
        catch(err){
            if (err=="Err1") alert("请输入数字字符");
            else if (err=="Err2") alert("学生成绩超过了 100,请重新输入");
            else if (err=="Err3") alert("必须输入 0~100 分的正数成绩");
            return false;                                      //取消提交表单
        }
    }
}
```

页面初始运行效果如图 6-52 所示，输入"1a"单击提交成绩按钮后结果如图 6-53 所示。其他各种情况请读者自行尝试。

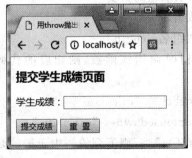

图 6-52　h6-27.html 初始运行效果

图 6-53　输入 1a 单击"提交成绩"按钮后弹出的对话框

6.8 习题

一、选择题

1. 以下描述中哪些是 JavaScript 的功能？（　　　）
    A. 检测客户机器的浏览器版本，并能根据不同的浏览器装载不同的页面内容
    B. 读取、改变并创建页面的 HTML 元素，动态改变页面内容
    C. 对客户的操作事件作出响应，仅当事件发生时才执行某些代码
    D. 在提交服务器之前对数据进行语法检查，避免向服务器提交无效数据

2. 对 JavaScript 语言的特点描述中正确的有（　　　）。
    A. 是一种基于对象、解释执行的脚本语言
    B. 是一种基于对象、编译后执行的脚本语言
    C. 是一种以事件驱动方式运行的语言
    D. 它的运行环境只与客户端的浏览器版本有关，与服务器及客户端的操作系统无关

3. 可以在下列（　　　）HTML 元素中放置 JavaScript 代码。
    A. ＜script＞　　　　B. ＜javascript＞　　C. ＜js＞　　　　D. ＜scripting＞

4. 引用名为 xxx.js 的外部脚本的正确语法是（　　　）。
    A. ＜script src="xxx.js"＞　　　　　　B. ＜script href="xxx.js"＞
    C. ＜script name="xxx.js"＞

5. 在脚本编程中，如果使用已定义但是没有赋值的变量，则系统会返回（　　　）。
    A. 空值 null　　　　　　　　　　B. 不确定值 undefined
    C. 布尔值 false　　　　　　　　　D. 0 值

6. 下列说法中正确的是（　　　）。
    A. JavaScript 中所有变量都必须使用 var 定义
    B. 使用 var 定义变量时一次只能定义一个
    C. JavaScript 中变量 num 和 Num 是一样的
    D. JavaScript 中变量没有固定的类型

7. javascript 中可以通过下面（　　　）形式的代码获取数组的长度。
    A. count(数组名)　　　　　　　　B. 数组名.len
    C. len(数组名)　　　　　　　　　D. 数组名.length

8. 假设存在函数 calculate()，要求单击某个按钮时调用该函数，则相应的代码是（　　　）。
    A. onclick= "calculate()"　　　　　　B. onclick= "calculate "
    C. onmousedown= "calculate()"　　　　D. onmousedown= "calculate "

9. 若存在代码＜form onsubmit= "return validate();"＞，则下列说法中正确的是（　　　）。

A. 在某种条件下函数 validate() 必须能够返回值 false

B. 当函数返回 false 值时，该函数将停止执行，并阻止表单向服务器提交数据

C. 函数 validate() 的调用必须是在单击 submit 类型按钮时

D. 函数 validate() 返回任意值都能够阻止表单向服务器提交数据

10. 若存在变量 a＝5，b＝6，则下面表达式中能使变量 a 的值变为 4 的有（　　）。

    A. b＞＝6 ‖ a--   B. b＞6 && a--

    C. b＞6 ‖ a--   D. b＞＝6 && a--

11. "允许定义函数时不指定形参，而调用函数时指定实参"，这句话是否正确？（　　）

    A. 是   B. 否

12. 在页面加载时立即执行的事件函数一般定义为（　　）。

    A. 独立函数   B. 内嵌函数   C. 匿名函数

13. 假设已经定义了独立的函数 valicate()，要求在页面加载时调用该函数，正确的做法是（　　）。

    A. window. onload＝valicate();   B. window. onload＝valicate;

    C. Window. onload＝valicate;   D. onload＝valicate;

14. 关于 body 的有效范围，以下说法中正确的是（　　）。

    A. IE 浏览器对 xhtml 页面，body 的有效范围是页面实际内容区域

    B. IE 浏览器对 html 页面，body 的有效范围是页面实际内容区域

    C. 火狐浏览器中使用纯脚本调用函数时，body 的有效范围是页面实际内容区域

    D. 火狐浏览器使用事件属性调用函数时，body 的有效范围是页面实际内容区域

15. 脚本中鼠标离开事件是（　　）。

    A. onMouseDown   B. onMouseOut

    C. onMouseOver   D. onMouseUp

二、操作题

设计如图 6-54 所示的页面效果，要求如下：

图 6-54　运行效果

在前两个文本框中输入任意数字值，单击相应的运算符按钮后，完成需要的运算。

第 7 章　JavaScript 全局对象与系统对象

学习目的与要求

知识点

- 掌握脚本中全局对象的概念
- 掌握 window 对象的属性及方法
- 理解浏览器信息对象 navigator 的属性和方法
- 掌握 location 对象和 history 对象的作用

难点

- window 对象中各种方法应用

7.1　面向对象概述

7.1.1　面向对象基础

对象就是指现实世界中的某个具体事物或者一个独立的实体,如一个学生、一台发动机、一辆汽车、一场演出、一个 HTML 文档、页面中的一幅<img>图像、一个<div>标记、一个<a>标记都是一个对象。

面向对象就是把现实中的对象抽象为一组数据和若干操作方法(函数),也可以把对象想象成一种新型变量:这种变量既能保存它自身具有的若干数据(对象的特征或属性,也称为对象的数据成员),又包含有对它自身数据进行处理的方法(函数或对象的行为,也称为对象的成员方法或函数)。

学生对象的属性如学号、姓名、性别、年龄、身高、体重、语文成绩、数学成绩。

学生对象的方法如计算总分、计算平均分、打印输出个人简介及自身的各项数据。

一个<a>标记对象的属性:id 值、class 样式类名、href 超链接页面。

一个<a>标记对象的方法:鼠标进入、鼠标离开、鼠标单击时的事件处理函数。

一个对象的属性成员也可以是其他对象,例如,汽车对象包含发动机对象,而 HTML 文档对象包含的属性为页面中的所有标记对象、每个标记对象还包含自己的属性对象。也就是说,页面中的每个标记对象都还是文档对象的一个属性成员。

面向对象的程序设计就是用程序语言把对象的属性成员、操作方法抽象封装成一个类,用这个类作为通用的类型模板再去创建具体的对象(变量)。

面向对象必须具有的三大特征就是对象或类的封装(抽象)、类的继承与方法的多态。虽然 JavaScript 完全支持类与对象,但它只具有对象或类的封装特性而没有继承和多态,因此 JavaScript 只是一种基于对象的脚本语言。

JavaScript 提供了大量内置的系统类与对象,如浏览器对象、HTML 文档对象、各种标记对象，用户可以直接使用系统的内置对象，也可以自定义类并创建自己的对象。

例如，下面代码使用 new 构造函数的方法创建了一个对象 person，该对象拥有 firstname、lastname、age 和 eyecolor 等几个属性。

```
person=new Object();
person.firstname="Bill";
person.lastname="Gates";
person.age=56;
person.eyecolor="blue";
document.write(person.firstname+" is "+person.age+" years old.");
```

也可以使用对象字面量方式创建对象。例如：

```
var person={
    firstname:"Bill",
    lastname:"Gates",
    age:56,
    eyecolor:"blue"
};
```

7.1.2　对象访问语句

1. for-in 循环语句

for-in 语句与 for 语句非常相似，用来遍历对象的每一个属性，每次都会将属性名作为字符串保存在循环变量中。语法格式为：

```
for(var 变量 in object){
    语句
}
```

其中，变量表示数组的一个元素下标或者对象的一个属性；object 表示对象名或数组名。

例如，对于上面创建的对象 person，可以使用下面语句输出其各个属性名称：

```
for(var i in person){
    document.write(i+"    ");    //firstname lastname age eyecolor
}
```

2. with 语句

使用 with 语句，可以避免在存取对象的属性和方法时重复指定参考对象。语法格式为：

```
with(object){…}
```

例如：

```
var person={
    firstname:"Bill",
    lastname:"Gates",
    age:56,
    eyecolor:"blue"
};
    with(person){
    document.write(firstname+" is "+age+" years old.");
}
```

在页面中使用脚本时，多是使用系统的各种内置对象，因此本书中只讲解系统的内置对象，关于自定义类及对象，有兴趣的读者可参阅其他相关图书。

7.2　JavaScript 全局对象

JavaScript 提供了一个内置的系统全局对象，该对象没有名称，其属性、函数可直接使用而不需要对象名前缀，因此全局对象的属性可理解为 JavaScript 的内置全局变量，全局对象的函数可理解为 JavaScript 的内置全局通用函数。

7.2.1　全局对象的属性——全局变量

infinity：用于存放表示无穷大的数值。

当使用大于 1.7976931348623157E+308 的数值或者 0 作除数时，返回正无穷值 infinity；当使用小于−1.7976931348623157E+308 的数值时，返回负无穷值−infinity。

若要判断变量 num 中的数据是否是正常数，可以使用 if(num==infinity)（条件成立则不正常），也可以使用全局函数 isFinite()。

NaN：表示非数字值，即不能转换为数值的数据。

NaN 可以看作是一类数据或一个不确定的值，NaN 与任何数据包括它自身比较都不会相等，如果需要判断某个数据是否是非数字值，可以使用全局函数 isNaN()。

undefined：表示未定义的值。

undefined 与 null 不同，null 是一个常量用于表示没有值或空值，而 undefined 表示一个不存在的值，比如使用已声明未赋值的变量会返回 undefined。

如果需要判断一个数据是否为 undefined 不存在，必须用全等于===或!==，如果使用==或!=比较则 undefined 与 null 等价。

7.2.2　全局对象的方法——全局函数

1. 字符串转换整数值 parseInt(string [,radix])

将字符串按指定的 radix 进制计算并返回十进制整数。允许字符串开头+、−号及两端的空格,转换到第一个非数字字符,若第一个字符不能转换则返回 NaN。

进制数 radix 取值 2～36 之间,超出范围返回 NaN。

例如:

```
alert(parseInt("11",2));          //是指将二进制的 11 转换为十进制数,结果为 3;
alert(parseInt("11",8));          //是指将八进制的 11 转换为十进制数,结果为 9;
alert(parseInt("11",16));         //是指将十六进制的 11 转换为十进制数,结果为 17。
```

省略 radix 或取值为 0 则根据 string 的值自动判断基数:0x 或 0X 开头认为是十六进制数,0 开头则认为是八进制数,1～9 开头认为是十进制数。

2. 字符串转换实数值 parseFloat(string)

将字符串转换为实型数。允许字符串开头＋、－号及两端的空格,转换到第一个非数字字符,若第一个字符不能转换则返回 NaN。

3. 判断正常数值 isFinite(number)

用于判断数值表达式或纯数字字符串 number 是否为正常数值(非无穷大),如果是正常数值返回 true,非数字值 NaN 或无穷大则返回 false。

4. 判断非数字值 isNaN(x)

用于判断 x 是否为非数字值或非纯数字字符串,如果是非数字值或非纯数字字符串则返回 true,若是数值或纯数字字符串则返回 false。

5. 执行表达式 eval(字符串形式的数学表达式或脚本命令代码)

参数如果是可计算的算术表达式则进行计算并返回结果,如果是 JavaScript 命令代码则执行这些代码。

例如:

```
alert(eval("12+Math.sqrt(25)"));      //结果为 17;
alert(eval("12+abc"));                //语法错误无结果;
```

若

```
var a=3,b=5;
eval(alert("a+b="+(a+b)));            //弹出消息框显示"a+b=8"。
```

6. 字符串编码 encodeURI(string)

对字符串进行编码,并返回编码后的副本。

在使用 URL 进行参数传递时,经常会传递一些中文参数或 URL 地址,如果传送数据页面采用 GB2312,而接收数据页面或程序使用 UTF-8,则处理收到的参数时就会发生错误。

如果接收数据的程序采用 UTF-8 方式,而当前页面采用其他方式,传递数据时,可使用 encodeURI()方法把 URI 文本字符串用 UTF-8 编码格式转化成 escape 格式的统一资源标识符(URI)字符串。

注意：该方法对 !@ # $& * ()＝ : / ; ? +'等字符不能进行编码,如果字符串中包含这些字符但又不是 URL 中的特殊字符,则可使用 encodeURIComponent()函数(不能编码 ! * ()等字符)进行编码。

7. 字符串解码 decodeURI(string)

对字符串进行解码并返回解码后的副本。

【例 h7-1. html】 在页面中创建两个文本框 t1、t2 和一个计算按钮 bt1。

要求的功能如下:

在文本框 t1 中输入一个数,该文本框失去焦点时判断输入的是否是一个数,若不是,则弹出消息框给出提示信息;

在文本框 t2 中输入一个数值表达式,单击 bt1 按钮时,计算表达式的结果,并弹出消息框显示结果,若表达式中出现了除 0 运算,则显示"除数不能为 0"提示信息。

创建 h7-1. html,代码如下:

```
<head>
<meta http-equiv="Content-Type" content="text/html; charset=gb2312" />
<title>全局函数的应用</title>
<style type="text/css">
    * {font-size:10pt;}
    #t1,#t2{width:100px;}
</style>
<script type="text/javascript" src="j7-1.js"></script>
</head><body>
    <p>请输入一个数：<input type="text" id="t1" /></p>
    <p>请输入表达式：<input type="text" id="t2" /></p>
    <p><input type="button" id="bt1" value="计算" /></p>
</body>
```

创建 j7-1. js,代码如下:

```
window.onunload=function(){}
window.onload=function(){
    document.getElementById('t1').onblur=function(){
        var data=document.getElementById('t1').value;
        if(isNaN(data)){
            alert('要求在文本框中输入一个数字');
            return false;
        }
    }
    document.getElementById('bt1').onclick=function(){
        var data=document.getElementById('t2').value;
        var result=eval(data);
```

```
        if(result=='Infinity'){ alert("除数不能为 0"); }
                                            //可换做 if(!isFinite(result))
        else{   alert('表达式'+data+'的计算结果是'+result);   }
    }
}
```

运行效果如图 7-1～图 7-4 所示。

图 7-1　h7-1.html 页面的初始效果

图 7-2　在第一个文本框中输入非数字值后的结果

图 7-3　t2 中输入表达式"23＋35/0"的效果

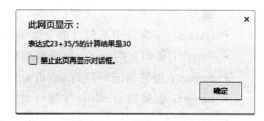

图 7-4　t2 中输入表达式"23＋35/5"的效果

7.3　浏览器窗口对象 window

window 是 JavaScript 的最顶层对象,代表了客户端的一个浏览器窗口或一个框架,一个独立的浏览器窗口或一个框架就是一个 window 对象。浏览器打开一个页面窗口或创建一个框架时会自动创建相应的 window 对象。

在客户端 JavaScript 中,window 也是全局对象,代表了当前浏览器窗口,引用当前窗口不需要特殊的语法,对象名 window 可以省略。

例如,window.onload 可简写为 onload,创建消息框 window.alert()简写为 alert()。

我们经常使用的 DOM 文档对象 document、客户端的浏览器信息对象 navigator、屏幕对象 screen、浏览器 URL 历史对象 history、打开页面文档的 URL 对象 location 等特殊对象都是 window 对象中所包含的属性成员子对象,都可以直接使用。

7.3.1　window 对象的属性

self 或 window 表示对当前窗口对象自身的引用。

当需要明确引用当前窗口时可使用这两个属性之一。例如,当试图将某个页面强制装载到当前框架窗口的顶层窗口中打开时,可使用以下代码:

```
if (window.top!=window.self)              //如果顶层窗口不是当前窗口自己
{ window.top.location="test.html" }       //则在顶层窗口中打开
```

- navigator:当前窗口所在的浏览器信息对象。
- screen:当前窗口所在的屏幕对象。
- history:当前浏览器窗口访问页面的 URL 历史对象。
- location:当前窗口所打开页面文档的 URL 对象。
- document:当前窗口中打开的页面文档对象。
- name:当前窗口的名称。

当前窗口名称一般是用 open()创建窗口时指定或创建<iframe>框架时指定的 name 或 id 属性,可作为<a>标记的 target 属性值以指定打开超链接页面的目标窗口。

- closed:判断当前窗口是否已关闭,若已关闭其值为 true,否则为 false,窗口关闭后相应 window 对象并不消失,但不能继续使用窗口的相关属性,否则会引发错误。
- frames[]:窗口中所包含的全部子框架集合,是一个 window 对象数组。
- length:所包含的 window 子框架窗口对象的数量。
- opener:创建当前窗口的 window 窗口对象。
- parent:框架的 window 父窗口对象。
- top:框架的最顶层 window 父窗口对象。

【例 h7-2. html】 在浮动框架中应用 parent 属性。

创建如图 7-5 所示的页面效果,右下角部分为浮动框架,在浮动框架子窗口的文本框中输入内容(如"子窗口文本框输入的内容"),单击"传值到父窗口"按钮后,将该内容传入父窗口的文本框中,如图 7-6 所示。

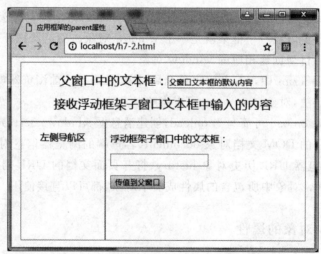

图 7-5　h7-2. html 运行效果(右下为浮动框架)

图 7-6　完成子窗口向父窗口传值后的效果

创建主窗口文件 h7-2.html 代码如下：

```html
<head>
<meta http-equiv="Content-Type" content="text/html; charset=gb2312" />
<title>应用框架的 parent 属性</title>
<style type="text/css">
    .divD{width:500px; height:auto; padding:0; margin:0 auto; border:1px solid
    #aaf;}
    .divTop{width:100%; height:80px; padding:10px 0; margin:0; border-bottom:
    2px solid #aaf; font-size:16pt; line-height:40px; text-align:center;}
    .divBot{width:100%; height:200px;}
    .divLeft{width:148px; height:200px; border-right:2px solid #aaf; float:
    left; font-size:12pt; text-align:center; line-height:50px;}
    .divRight{width:350px; height:200px; float:left; font-size:12pt; line-
    height:24px;}
</style>
</head><body>
    <div class="divD">
      <div class="divTop" id="top">
          父窗口中的文本框：<input type="text" name="topText" id="topText"
          value="父窗口文本框的默认内容" /><br />
          接收浮动框架子窗口文本框中输入的内容
      </div>
      <div class="divBot">
        <div class="divLeft">
            左侧导航区
        </div>
        <div class="divRight">
```

```
                <iframe src="h7-2-main.html" name="main" id="main" width="350"
                height="200" frameborder="0"></iframe>
            </div>
        </div>
    </div>
</body>
```

创建浮动框架子窗口文件 h7-2—-main.html,代码如下:

```
<head>
<meta http-equiv="Content-Type" content="text/html; charset=gb2312" />
<title>无标题文档</title>
<script type="text/javascript">
onunload=function(){}
function postValue(){
    var mainText=document.getElementById('mainText');
    var mainTextValue=mainText.value;
    var topText=parent.document.getElementById('topText');
                                        //通过 parent 获取父窗口元素
    topText.value=mainTextValue;
}
</script>
</head><body>
    <p>浮动框架子窗口中的文本框: </p>
    <p><input type="text" name="mainText" id="mainText" value="" /></p>
    <p><input type="button" value="传值到父窗口" onclick="postValue()" /></p
>
</body>
```

注意:h7-2.html 页面必须采用 Web 服务器端运行方式才能实现浮动框架子窗口 parent 属性的功能。

7.3.2 window 对象的对话框

window 提供了消息、确认、输入对话框和弹出式信息窗口的创建方法,可直接使用。

1. 提示信息对话框 alert("文本")

创建带指定文本信息和一个确认按钮的有模式消息对话框,对话框创建后必须立即响应,即单击"确认"按钮让对话框消失后才可以操作其他内容。

消息对话框中显示的内容是 JavaScript 的纯文本字符串,对 IE 浏览器省略文本为无提示信息的对话框,而火狐浏览器省略文本则语法错误不执行。

消息对话框无返回值。

2. 确认对话框 confirm("文本")

创建带指定文本信息和确认、取消两个按钮的确认对话框。

单击"确认"按钮返回 true,单击"取消"按钮返回 false,仅 IE 浏览器可以省略文本。

【例 h7-3. html】 使用确认对话框:单击"去百度"按钮,调用函数 firm(),询问用户"是否确定要去百度",若用户选择"确定"则使用代码 location. href = "http://www. baidu. com"设置进入百度页面,否则弹出消息框显示"按了【取消】按钮后,系统返回 false"。

代码如下:

```
<head>
<meta http-equiv="Content-Type" content="text/html; charset=gb2312" />
<title>应用 confirm</title>
<script type="text/javascript">
function firm(){
    if(confirm("你确定要去百度吗?")){
        location.href="http://www.baidu.com";
                                //使用 location 对象的 href 属性设置新的 URL
    }
    else{
        alert("你按了【取消】按钮,返回 false");
    }
}
</script>
</head>
<body>
    <input type="button" value="去百度" onclick="firm()" />
</body>
```

页面初次运行效果如图 7-7,单击"去百度"按钮后,弹出确认框如图 7-8 所示。

图 7-7 h7-3. html 运行效果

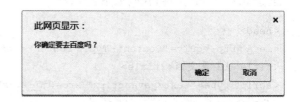

图 7-8 单击"去百度"按钮后弹出确认消息框

7.3.3 window 对象的方法

window 对象提供了许多方法,可直接作为全局函数使用。

1. 创建新浏览器窗口 open（ [URL [，name [，features [，replace]]]] ）

open()方法先按指定名称 name 查找已有窗口，如果没有同名窗口或同名窗口已经关闭，则会创建并立即打开一个新浏览器窗口，并返回新创建窗口 window 对象的引用。

- URL：指定在窗口中加载的页面文档，省略或取值为""，则打开一个空窗口。
- name：指定窗口的名称，可作为<a>标记的 target 属性值以指定打开超链接页面的目标窗口，省略 name 为无名窗口。如果已存在打开的、与 name 指定名称同名的窗口，则不创建新窗口而直接使用原有窗口并忽略 features 参数的设置。
- features：是用逗号分隔的界面参数列表字符串，指定新窗口的外观界面元素。

其中，height＝窗口文档区高度（像素），width＝窗口宽度，left＝窗口距屏幕左侧 x 坐标，top＝窗口距屏幕上方 y 坐标，以下特征取值均为 yes||no||1||0，用于指定浏览器某些外观界面元素是否显示。

titlebar＝标题栏，location＝地址栏，menubar＝菜单栏，toolbar＝工具栏，scrollbars＝滚动条，status＝状态栏，resizable＝窗口调节，directories＝目录按钮，channelmode＝使用剧院模式，fullscreen＝全屏模式（必须与剧院模式同步）。

注意：

- 若省略 features 参数或使用""，则采用浏览器的默认设置，即使用全部界面元素；
- 一旦设置了某一个界面元素（包括 height、width），则其余未设置的界面元素全部默认为 no||0 不显示；
- 指定多个界面元素可使用简化方式，如"toolbar,scrollbars＝yes"或"toolbar,scrollbars"，但逗号前后不能有空格；
- features 参数在很多浏览器中都不能实现指定的功能。

【例 h7-4. html】 应用 window. open 方法。

在页面中创建三个普通按钮，id 分别是 btn1、btn2 和 btn3，单击三个按钮时，分别在新窗口中打开 163 邮箱登录页面、山东商职学院网站首页和百度主页，打开百度主页时，要求指定在一个宽 600px、高 150px，没有工具栏、滚动条、地址栏、状态栏等其他信息的窗口中。

创建 h7-4. html 文件，代码如下：

```
<head>
<meta http-equiv="Content-Type" content="text/html; charset=gb2312" />
<title>无标题文档</title>
<script type="text/javascript" src="j7-2.js"></script>
</head>
<body>
    <input type="button" id="btn1" value=" 进入邮箱登录界面 " />
    <input type="button" id="btn2" value=" 进入我的学校首页 "/>
    <input type="button" id="btn3" value=" 进入百度首页 " />
</body>
</html>
```

创建 j7-4.js 文件，代码如下：

```
window.onunload=function(){}
window.onload=function(){
    document.getElementById('btn1').onclick=function(){
        window.open('http://mail.163.com');
    }
    document.getElementById('btn2').onclick=function(){
        window.open('http://www.sict.edu.cn');
    }
    document.getElementById('btn3').onclick=function(){
        window.open('http://www.baidu.com',"","toolbars=0,scrollbars=0,location=
        0,statusbars=0,menubars=0,resizable=no,width=600,height=200");
    }
}
```

运行效果如图 7-9 所示。单击"进入百度首页"按钮，效果如图 7-10 所示。

图 7-9　h7-4.html 运行效果

图 7-10　谷歌浏览器下单击"进入百度首页"按钮后的效果

在谷歌浏览器下，打开百度首页的操作基本按照要求实现了，但是调整窗口大小功能并没有被禁止；在 IE 浏览器下，所有要求都能实现；而其他各种浏览器则很难满足程序中的要求。

2. 创建弹出式窗口 createPopup()

弹出式 pop-up 窗口也是一个 wondow 对象，通过 window 对象的 document 子对象及其 body 对象可设置窗口中显示的内容,但弹出式窗口仅是一个没有边框及任何界面元素不可移动的空白区域,类似于漂浮在页面上的面板或画布,单击 pop-up 窗口外的任意位置即可关闭该窗口。

弹出式窗口的使用步骤如下:

- 使用 createPopup()方法创建窗口对象;
- 获取窗口中的子对象 document. body;
- 必要时,使用子对象的 style 属性中的各种样式属性设置弹出窗口的外观;
- 使用子对象的 innerHTML 属性设置弹出窗口中要显示的文本信息;
- 使用窗口对象的 show()方法设置窗口的显示位置和大小,show()方法有五个参数,分别是 x 坐标、y 坐标、宽度、高度、窗口位置所参照的页面中对象。

【例 h7-5. html】 创建一个 pop-up 弹出式窗口,要求在所单击文本的正下方显示该窗口。

```
<head>
<meta http-equiv="Content-Type" content="text/html; charset=gb2312" />
<title>创建 pop-up 弹出式窗口</title>
<style type="text/css">
    * {font-size:10pt;}
    p span{color:#00f; cursor:pointer;}
</style>
<script type="text/javascript">
function show_popup(){                          //按钮事件函数
    var popup=createPopup();                    //创建弹出式 pop-up 窗口
    var popupbody=popup.document.body;          //获取弹出式窗口的 body 对象
    var sp=document.getElementById('sp1');
    popupbody.style.backgroundColor="#ff0";   //设置背景
    popupbody.style.border="dashed #f00 1px"; //设置边框
    popupbody.innerHTML="用户单击某个概念时弹出来,在 pop-up 外面单击任意位置即可
    关闭!"
    popup.show(0, 15, 200, 50, sp);            //显示弹出窗口,位置大小及内容
}
</script>
</head><body>
    <h3>创建 pop-up 弹出式窗口--帮助文档式的应用</h3>
    <p>在页面中经常需要使用弹出式窗口来解释说明某个概念,例如单击<span id="sp1"
    onclick="show_popup()">弹出式窗口</span>可看到对弹出式窗口的说明</p>
</body>
```

运行效果如图 7-11 所示。

注意:弹出式窗口只能在 IE 浏览器中起作用。

3. 循环定时器 setInterval(code, millisec[,"lang"])/clearInterval(id)

setInterval()方法用于创建一个循环定时器,并按参数 millisec 指定的毫秒数为周

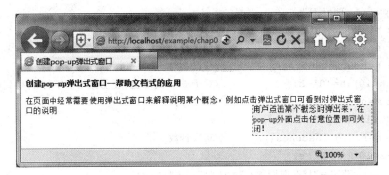

图 7-11　使用 pop-up 弹出式窗口

期,循环调用执行 code 指定的代码或函数,直到浏览器关闭或调用 clearInterval()方法结束。

　　setInterval()方法返回所创建定时器的 ID 值,并作为 clearInterval(id)方法的参数。

　　code 为循环定时调用执行的代码字符串、函数名或匿名函数,如果调用带参数的函数且参数为变量时必须组合成字符串。例如"var x=3;",若指定循环调用函数 fun(x)时必须写为:

```
setInterval("fun("+x+")", 1000);
```

　　clearInterval(id)方法用于结束指定 ID 的循环定时器,其中 id 参数必须是由 setInterval()创建循环定时器时返回的 ID 值。

4. 延时定时器 setTimeout(code,millisec)/clearTimeout(id)

　　setTimeout()方法用于创建一个延时定时器,仅在参数 millisec 指定的毫秒数之后调用执行一次 code 指定的代码,并返回所创建定时器的 ID 值作为取消延时定时方法的参数。

　　code 为延时定时调用执行的代码字符串、函数名或匿名函数,如果调用带参数的函数且参数为变量时必须组合成字符串。

　　虽然 setTimeout()方法只调用执行一次 code 代码,但如果在执行的 code 代码中再通过 setTimeout()方法继续延时调用 code 代码,即可实现递归循环调用的效果。

　　clearTimeout(id)用于取消指定 ID 延时定时器的延时调用,其中 id 参数必须是由 setTimeout()创建延时定时器时返回的 ID 值。

　　【例 h7-6. html】　创建页面上的动态时钟,使用段落的 innerHTML 显示时钟。

```
<head>
<meta http-equiv="Content-Type" content="text/html; charset=gb2312" />
<title>创建动态时钟</title>
<style type="text/css">
    h3{font-size:20pt; text-align:center; line-height:40px;}
    p{font-size:16pt; text-align:center; line-height:30px;}
</style>
<script type="text/javascript">
```

```
function    clock(){
    var p1=document.getElementById('p1');
    var now=new Date();                //创建日期对象实例 now
    var h=now.getHours();              //获取小时值
    if(h<10){h='0'+h;}                 //对于 0-9 的取值,在前面增加字符 0,得到两位字符
    var m=now.getMinutes();            //获取分钟值
    if(m<10){m='0'+m;}
    var s=now.getSeconds();            //获取秒数
    if(s<10){s='0'+s;}
    p1.innerHTML="现在时间为: "+h+":"+m+":"+s;
}
setInterval(clock,1000);              //也可以写为 setInterval("clock()",1000);
</script>
</head>
<body>
    <h3>页面中的动态时钟</h3>
    <p id="p1"></p>
</body>
```

运行效果如图 7-12 所示。

图 7-12 使用定时器创建的动态时钟

因为启用定时器时,使用的时间间隔是 1000ms,所以刚打开页面需要等待 1s 的延迟时间才能显示时钟,为了避免延迟时间,可以使用如下两种方案。

第一种方案:

将"setInterval(clock,1000);"直接改为"setInterval(clock, 0);"。

但是这样一来存在的问题是,由原来的间隔 1000ms 才执行一次函数,变为不停地执行函数,占用 CPU 时间太多。

第二种方案:

将脚本部分代码如下更改(注意代码中的加粗部分):

```
function clock(){
    var p1=document.getElementById('p1');
    var now=new Date();
    var h=now.getHours();
```

```
        if(h<10){h='0'+h;}
        var m=now.getMinutes();
        if(m<10){m='0'+m;}
        var s=now.getSeconds();
        if(s<10){s='0'+s;}
        p1.innerHTML="现在时间为："+h+":"+m+":"+s;
        setTimeout(clock,1000);
    }
    setTimeout(clock,0);
```

在函数外面使用延时定时器延时 0ms 调用函数一次，启动时钟后，在函数内部则通过延时定时器延时 1s 重新启动时钟，如此不断重新启动，完成动态时钟效果。

window 对象的其他方法如浏览器窗口获得焦点 focus()、浏览器窗口失去焦点 blur()、设置窗口位置 moveTo(x,y)、移动窗口位置 moveBy()、设置窗口尺寸 resizeTo()、调整窗口尺寸 resizeBy()、设置页面内容位置 scrollTo()、移动页面内容位置 scrollBy()、打印窗口内容 print()、关闭浏览器窗口 close()等在本书中不做介绍，读者可自行阅读其他相关书籍。

7.3.4　定时器应用小案例——图片轮换与漂浮广告

1. 图片轮换

【例 h7-7. html】　使用定时器实现图片轮换效果。

（1）页面中需要设计的元素。

① 在页面中设置一个盒子 divimg，盒子居中，宽度和高度根据要显示的图片确定。

② 在盒子 divimg 中设置一个图片元素，设置 name 和 id 为 img1，当前显示的图片是参与轮换的第一幅图。

（2）脚本代码。

定义全局变量 i，并设置初值为第一幅图的序号值 1。

函数 imgswitch()定义：

全局变量 i 增值

判断 i 的值是否超过最后一幅图的序号值，若超过则将 i 值变换为 1。

设置序号为 i 的图片作为图片区域中的内容。

在函数外面使用循环定时器设置每间隔 1s 调用一次函数。

代码如下：

```
<head>
<meta http-equiv="Content-Type" content="text/html; charset=gb2312" />
<title>图片轮换</title>
<style type="text/css">
    #divimg{width:360px; height:190px; padding:0; margin:0;}
</style>
```

```
<script type="text/javascript">
i=1;
function imageswitch(){
    i++;
    if(i>4){i=1;}
    document.getElementById('img1').src="img/img"+i+".jpg";
}
window.setInterval("imageswitch()",1000);
</script>
</head>
<body>
    <div id="divimg">
      <img src="img/img1.jpg" width="360" height="190" id="img1" />
    </div>
</body>
```

在图片轮换中还可以设置每幅图切换进来时采用的滤镜效果,如矩形从大到小、矩形从小到大、圆形大小等,应用的滤镜是 filter:revealTrans,需要使用两个参数:

- duration——设置效果的持续时间(秒);
- transition——设置效果样式,取值范围 0~23。

在图片区域中设置该滤镜样式。

在轮换函数中应用滤镜(使用 apply()方法)和播放滤镜(使用 play()方法)。

该滤镜主要支持有 IE 内核的浏览器,所以应用和播放之前先使用 if(document. all)条件判断浏览器是否是 IE 内核的。

【例 h7-8. html】 在 h7-7. html 页面中增加由大到小的圆形切换效果。

代码如下:

```
<head>
<meta http-equiv="Content-Type" content="text/html; charset=gb2312" />
<title>图片轮换</title>
<style type="text/css">
    #img1{filter:revealTrans(duration=1,transition=2); }
                                //应用圆形由大到小的变化效果,持续时间是 1 秒钟
    #divimg{width:360px; height:190px; padding:0; margin:0;}
</style>
<script type="text/javascript">
    i=1;
    function imageswitch(){
        i++;
        if(i>4){i=1;}
        document.getElementById('img1').src="img/img"+i+".jpg";
        if(document.all){              //判断是否是 IE 浏览器
            document.getElementById('img1').filters.revealTrans.apply();
                                                        //应用滤镜
```

```
            document.getElementById('img1').filters.revealTrans.play();
                                                        //播放滤镜
        }
    }
    window.setInterval("imageswitch()",2000);          //设置每间隔 2 秒钟换一幅图
</script>
</head>
<body>
    <div id="divimg">
        <img src="img/img1.jpg" width="360" height="190" id="img1" />
        </div>
</body>
```

运行效果如图 7-13 所示。

图 7-13　IE 浏览器中运行的滤镜效果

图 7-13 中间的圆形是切换过程中的由大到小变化的圆形效果,一幅图从显示出来,到变化到最小圆形,直到消失需要的时间是 2 秒钟。

2. 漂浮广告

制作漂浮广告的几个要点:

- 漂浮广告总是使用绝对定位的盒子设置,盒子的初始位置及高度和宽度根据页面具体要求设置,漂浮是指盒子在页面中的移动;
- 盒子的移动是通过改变其左上角顶点坐标值进行的,横坐标和纵坐标都可以改变;
- 盒子的移动方向可通过两个方向变量控制,两个变量分别控制水平和垂直方向的移动,如果向右或向下移动,则相应的横坐标和纵坐标值增大,需要两个变量为＋1,向左或向上移动,两个变量为－1;
- 两个方向变量值的更改是当层的边框移动到窗口可见范围之外时;
- 程序开始运行时必须获取当前窗口的宽度和高度;
- 当页面打开时广告就出现——即函数是在页面的 onload 事件发生时执行的。

【例 h7-9.html】 制作页面中的漂浮广告。

创建 h7-9.html,代码如下:

```
<head>
<meta http-equiv="Content-Type" content="text/html; charset=gb2312" />
<title>制作漂浮广告</title>
<style type="text/css">
    #piaofu{width:100px; height:50px; padding:10px; margin:0; border:1px solid
    #00f; background:#eee; position:absolute; left:0; top:0; font-size:10pt;
    color:#f00;}
</style>
<script type="text/javascript" src="j7-8.js"></script>
</head><body>
    <div id="piaofu">这是漂浮的广告</div>
</body>
```

创建 j7-9.js,代码如下:

```
gox=1;goy=1;
function move(){
    var w=document.documentElement.clientWidth;            //获取窗口的宽度
    var h=document.documentElement.clientHeight;           //获取窗口的高度
    var x=document.getElementById('piaofu').offsetLeft;    //获取盒子的横坐标
    var y=document.getElementById('piaofu').offsetTop;     //获取盒子的纵坐标
    if(x<0){gox=1;}              //若横坐标小于 0,设置方向向右
    else if(x+100>w){gox=-1;}    //若横坐标+盒子宽度 100 超出窗口宽度,设置方向向左
    if(y<0){goy=1;}              //若纵坐标小于 0,设置方向向下
    else if(y+50>h){goy=-1;}     //若纵坐标+盒子高度 50 超出窗口高度,设置方向向上
    var step=20;                 //设置每次移动的像素数
    x=x+step * gox;              //计算新的横坐标
    y=y+step * goy;              //计算新的纵坐标
    document.getElementById('piaofu').style.left=x+'px';   //重新设置盒子的横坐标
    document.getElementById('piaofu').style.top=y+'px';    //重新设置盒子的纵坐标
}
setInterval('move()',500);                                 //设置每间隔 500 毫秒移动一次
```

运行效果如图 7-14 所示。

图 7-14 页面中漂浮的广告

使用例 h7-9. html 设计的漂浮广告是在整个窗口范围内漂浮的,读者可根据该效果自行修改为在某个宽度范围内上下漂浮或者相对固定在窗口的左侧垂直方向正中间或其他位置。

7.4 浏览器信息对象 navigator

navigator 对象是浏览器窗口 window 对象的子对象属性,可直接使用。

navigator 对象包含了客户端浏览器的类型、版本等信息,通过 navigator 对象可对浏览器进行检测,以针对不同浏览器提供不同的页面,避免个别 JavaScript 代码在某些浏览器中无法运行,本书中只讲解该对象的几个常用属性。

appName:浏览器名称;

例如,IE 浏览器名称为"Microsoft Internet Explorer"、Netscape 浏览器名称为"Netscape"。

appCodeName:浏览器代码名。一般都是"Mozilla"。

appVersion:浏览器版本信息。

不同浏览器的信息格式有所不同,一般开头是版本号数字,之后是版本的细节包括操作系统等等。例如,IE 浏览器的版本信息(IE 5.0 以后的版本号仍保持为 4.0)为:

```
4.0 (compatible; MSIE 6.0; Windows NT 5.2; SV1; .NET CLR 1.1.4322)
```

可用 parseFloat()获取版本号完整数字,用 parseInt()获取主版本号。

userAgent:发送给服务器 HTTP 请求的用户代理头 user-agent。

userAgent 属性值一般由浏览器代码名 appCodeName 和版本信息 appVersion 属性值构成。如 IE 浏览器发送给服务器 HTTP 请求的用户代理头 user-agent 的 userAgent 属性值为:

```
Mozilla/4.0 (compatible; MSIE 6.0; Windows NT 5.2; SV1; .NET CLR 1.1.4322)
```

cookieEnabled:浏览器是否启用 Cookie,启用为 true,禁用为 false。

【例 h7-10. html】 获取浏览器信息。

```
<head>
<meta http-equiv="Content-Type" content="text/html; charset=gb2312" />
<title>获取浏览器信息</title></head>
<body style="font-size:10pt;">
<h3>获取浏览器信息</h3>
<script type="text/javascript">
    var x=window.navigator, version=navigator.appVersion;    //版本信息
    document.write("浏览器名称:"+x.appName+"<br />")
    document.write("浏览器版本:"+version+"<br />")
    document.write("浏览版本号:"+parseFloat(version)+"<br />")
    document.write("浏览器代码:"+x.appCodeName+"<br />")
    document.write("浏览器平台:"+x.platform+"<br />")
```

```
        document.write("浏览器插件："+x.plugins+"<br />")
        document.write("用户代理头："+x.userAgent+"<br />")
        document.write("是否启用 Cookies: "+x.cookieEnabled+"<br />")
    </script>
    </body>
```

谷歌浏览器中的运行效果如图 7-15 所示。

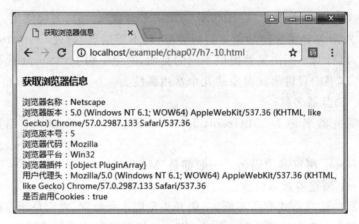

图 7-15　谷歌 5.0 浏览器信息

IE 浏览器中的运行效果如图 7-16 所示。

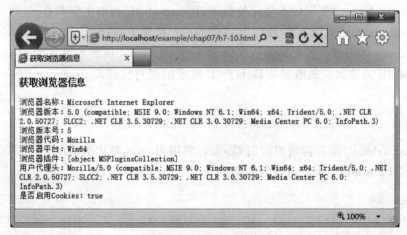

图 7-16　IE8 浏览器信息

7.5　location 对象

location 对象是浏览器窗口对象 window 的子对象属性，可直接使用。

location 对象包含了当前所显示页面的 URL 信息，即当前页面的 Web 地址。

7.5.1 location 对象的属性

href：当前页面完整的 URL。

href 是 location 对象的默认属性，只使用 location 对象名即表示使用 location. href 属性，如果为 href 属性设置新的 URL，则浏览器会立即装载显示 URL 指定的新页面。

pathname：页面 URL 中的路径。

hostname：页面所在服务器的主机名。

host：页面所在服务器的主机名和端口号。

port：页面所在服务器的端口号。

protocol：服务器发送页面使用的协议。

注意：通过为 location 对象属性赋值即可控制浏览器显示的页面，例如，把新的 URL 赋予 location 或 href 属性，浏览器会装载显示新页面，如果给其他属性赋值浏览器会重新组合并装载显示组合后的新 URL 页面。

【例 h7-11. html】 获取页面 URL 信息。

该页面运行时需要设置虚拟站点以获取页面 URL 中的服务器信息。

```
<head>
<meta http-equiv="Content-Type" content="text/html; charset=gb2312" />
<title>获取页面 URL 信息</title>
</head>
<body>
    <h3>获取页面 URL 信息</h3>
    <script type="text/javascript">
        document.write("当前页面完整 URL: "+location+"<br />")
        document.write("当前页面完整 URL: "+location.href+"<br />")
        document.write("当前 URL 的路径: "+location.pathname+"<br />")
        document.write("主机名 URL 端口: "+location.host+"<br />")
        document.write("当前 URL 主机名: "+location.hostname+"<br />")
        document.write("当前 URL 端口号: "+location.port+"<br />")
        document.write("当前 URL 的协议: "+location.protocol+"<br />")
        document.write("?之后 URL 查询: "+location.search+"<br />")
        document.write("#开始的 URL 锚: "+location.hash+"<br />")
    </script>
</body>
```

设置了虚拟 Web 服务器之后，运行该页面文件的效果如图 7-17 所示。

7.5.2 location 对象的方法

1. 重新加载当前文档 reload([force])

reload()方法可完成当前页面文档的重新加载，相当于刷新页面，其中参数 force 指

图 7-17　页面的 URL 信息

定是否必须下载：

若 force 取值 false 或省略，则通过 HTTP 头 If-Modified-Since 检测服务器文档是否改变，如果已经改变，则会下载新的；如果未改变，则从浏览器的缓存中装载，相当于单击浏览器刷新按钮。

若 force 取值 true，则无论文档是否修改都会强制从服务器端重新下载，相当于按住 Shift 键再单击浏览器刷新按钮。

2. 加载新文档 assign(URL)

assign()方法用于加载新的文档，相当于超链接，该方法加载页面后将在 history 对象中产生新的历史记录，可以通过后退按钮返回原页面。

3. 加载新文档替换当前文档 replace(newURL)

replace()方法与 assign()相同，也是用于加载新的文档，但 replace()方法不在 history 对象中产生新的历史记录，而是用新页面的 URL 覆盖替换 history 对象中原页面的记录，因此使用 replace()方法后不能用"后退"按钮返回到原页面。

【例 h7-12. html】 用 location 对象加载新页面。

直接运行文件时，replace()方法加载新页面后"后退"按钮不可用，因此无法返回前页面，如果使用虚拟网站运行虽然可以"后退"，但后退返回的不是被它替换的页面而是之前的页面。

```
<head>
<meta http-equiv="Content-Type" content="text/html; charset=gb2312" />
<title>用 location 对象加载页面</title>
<script type="text/javascript">
    function reloadDoc(force) { location.reload(force); }
    function assignDoc()     { location.assign("h7-10.html") }
```

```
        function replaceDoc() { location.replace("h7-9.html") }
</script>
</head>
<body>
    <h3>用 location 刷新加载替换页面</h3>
    <button type="button" onclick="reloadDoc(false)">刷新当前页面</button><br />
    <button type="button" onclick="reloadDoc(true)">下载当前页面</button><br />
    <button type="button" onclick="assignDoc()">用 assign()加载一个新文档</
button><br />
    <button type="button" onclick="replaceDoc()">用 replace() 替换当前文档</
button><br />
</body>
```

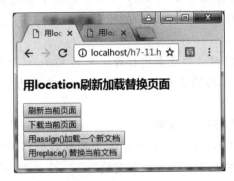

图 7-18　用 location 对象加载页面

单击"用 assign()加载一个新文档"按钮时,运行 h7-10. html 页面,后退按钮可用;单击"用 replace() 替换当前文档"按钮时,运行 h7-9. html 页面,后退按钮不可用。

注意事项:

如果为卸载页面事件编写代码:

```
onunload=function() { location.replace("h7-8.html"); }
```

则无论超链接到哪个页面或者在事件方法中用 assign()、replace()加载哪个指定页面,当卸载当前页面准备加载指定页面时就会执行 onunload 事件函数,结果都将被替换加载到"h7-8. html"页面,而且无法后退到原页面,当然这不是我们所希望的。

7.6　history 对象

history 对象是浏览器窗口对象 window 的子对象属性,可直接使用。

history 对象可用于访问本次打开浏览器访问过的历史 URL 页面,该对象拥有 length 属性以及 back()、forward()和 go()三个方法。

1. length 属性

该属性为本次打开浏览器已访问过的历史 URL 页面数量。

2. 加载前一个历史 URL 页面 back()

back()方法返回到本次打开浏览器 history 列表中的上一个 URL(如果存在)，等价于单击"后退"按钮或使用 history. go(-1) 方法。

3. 加载下一个历史 URL 页面 forward()

forward()方法前进到本次打开浏览器 history 列表中的下一个 URL(如果存在)，等价于单击"前进"按钮或使用 history. go(1)方法。

4. 加载指定历史 URL 页面 go(number|URL)

go()方法加载本次打开浏览器 history 列表中的某个指定页面，参数可以使用数字值，表示要访问的 URL 在 history 列表中的相对位置，正值前进，负值后退，也可以直接指定要访问的 URL 字符串。

注意：参数 URL 字符串必须是本次打开浏览器 history 列表中已经存在的页面，否则不执行 go()方法，但如果内容为空(如读取文本框的内容为空)，则重新加载当前页面自己。

【例 h7-13. html】 使用 history 对象。

刚刚新打开浏览器时 history. length 为 0，为观察效果，必须装载访问几个页面后再加载运行本程序，并且刚装载本页面时没有向前的下一个页面，还应该再装载其他页面然后后退到本页面才可以观察到使用"前进到下一个历史 URL 页面"的效果。

```
<head>
<meta http-equiv="Content-Type" content="text/html; charset=gb2312" />
<title>使用 history 对象</title>
<script type="text/javascript">
    alert("当前浏览器已访问的历史页面数="+history.length);
    function goForward() { history.forward(); } //或 go(1)
    function goBack() { history.go(-1); }            //或 back()
    function goTo(){
        var url=document.getElementById("url").value;
        if ( url!="" ) history.go(url);
    }
</script>
</head>
<body>
    <h3>history 对象的使用</h3>
    <input type="button" value="前进到下一个历史 RUL 页面" onclick="goForward()" />
    <input type="button" value="后退到前一个历史 RUL 页面" onclick="goBack()" ><br />
    输入已访问过页面的 URL: <input id="url" size="23" />
    <input type="button" value="提交" onclick="goTo()" ><br />
</body>
```

7.7　习题

选择题

1. 表达式 parseInt("11",2)的结果是（　　）。
   A. 11　　　　　　　　B. 2　　　　　　　　C. 3　　　　　　　　D. 9

2. JavaScript 中的顶级对象是（　　）。
   A. window　　　　　B. location　　　　　C. document　　　　D. history

3. 使用 open 方法创建新浏览器窗口时，下面哪种说法是错误的？（　　）
   A. 参数 URL 不能省略，必须要指定新窗口中的页面文档
   B. 参数 URL 可以省略，此时新窗口中页面文档为空
   C. 参数 name 不能省略，必须指定要打开的窗口名称
   D. 参数 name 的取值可以是已经存在的窗口名称

4. 关于定时器，下面说法正确的是（　　）。
   A. setInterval()不能实现自身的循环定时
   B. setTimeout()能实现自身的循环定时
   C. 在函数体内部使用 setTimeout()能够实现函数自身的递归循环调用
   D. 只有 setInterval()在使用时能够返回 ID，并可通过该 ID 设置定时结束

5. 使用 location 对象的（　　）属性能够装载新的页面文件。
   A. src　　　　　　　B. url　　　　　　　C. href

6. 下面各种说法中正确的是（　　）。
   A. 任何浏览器中，window 对象都不能获取或者失去焦点
   B. 可以通过 location 对象重新加载一个新的页面文档并指定锚点位置
   C. history、location 都是 window 窗口的子对象
   D. location 对象的 href 属性和 assign()方法使用后效果是相同的

第8章 JavaScript 内置对象与 DOM 对象

学习目的与要求

知识点

- 掌握数组对象、字符串对象和正则表达式对象的应用
- 掌握 Math 对象的应用
- 掌握日期时间对象的应用
- 掌握 document 对象的应用
- 掌握 DOM 节点对象的应用
- 掌握 event 事件对象和 style 样式对象的应用

难点

- 正则表达式对象的应用
- DOM 节点对象的应用

8.1 Date 对象

JavaScript 的 Date 对象使用自 1970 年 1 月 1 日 0 时 0 分 0 秒开始经过的毫秒数来保存日期。

8.1.1 Date 日期时间对象的创建

创建一个日期对象实例,使用 new 操作符和 Date 构造函数即可,格式为:

```
var myDate=new Date([日期时间字符串])
var myDate=new Date([year, month, day])
```

用构造方法可以创建由参数指定的日期时间对象,可以使用日期时间字符串,也可以使用年、月、日数组作参数,省略参数默认为机器系统当前的日期时间。

使用年、月、日数组作参数创建指定日期时间对象时,年份参数 year 必须是 4 位数,如果使用 2 位数,则创建的日期为 19xx 年。

例如,要创建 2017 年 4 月 27 日的日期对象,可以使用下面形式:

new Date("2017-4-27")或者 new Date("2017-04-27")或者 new Date("2017/4/27")或者 new Date("2017/04/27")或者 new Date("4-27-2017")等等。

日期时间对象默认的显示格式为:

英文月份 日期 年份 时:分:秒

例如：

```
July 21 1983 01:15:00
```

日期对象可直接进行大小比较，例如：

```
var date1=new Date('2017-4-26');
var date2=new Date('2017-4-27');
alert(date1<date2);                //结果为 true
```

8.1.2 Date 日期时间对象的常用方法

Date 日期时间对象没有可直接操作的属性，全部通过方法进行操作。

1. 获取日期时间中特定部分的方法

默认本地日期时间，UTC 表示世界时。

getYear()：返回两位或四位数年份，已被 getFullYear()方法取代。

getFullYear()/getUTCFullYear()：返回四位数年份；UTC 世界时。

getMonth()/getUTCMonth()：返回月份(0～11)。

getDate()/getUTCDate()：返回日值。

getDay()/getUTCDay()：返回一周中的星期几(日 0～6)。

getHours()/getUTCHours()：返回小时(0～23)默认 24 小时制。

getMinutes()/getUTCMinutes()：返回分钟(0～59)。

getSeconds()/getUTCSeconds()：返回秒数(0～59)。

getMilliseconds()/getUTCMilliseconds()：返回毫秒(0～999)。

getTime()：返回 1970-01-01 0:0:0 至当前对象的毫秒数，等价 valueOf()。

getTimezoneOffset()：返回本地与格林威治时间的分钟差(GMT)。

Date.parse(日期时间字符串或日期对象)：类方法，由类名调用返回指定日期与 1970.1.1 日 00:00:00 相隔的毫秒数。

Date.UTC(y, m, d［, h［, m［, s［, ms］］］］)：类方法，由类名调用返回指定日期距世界时 1970.1.1 日 00:00:00 相隔的毫秒数。

2. 显示日期时间的方法

valueOf()：返回 1970.1.1 日至当前对象的毫秒数，等价于 getTime()。

toString()：返回 Date 对象默认格式的字符串，可只用对象名省略 toString()。

toDateString()：返回 Date 对象的日期部分字符串。

toTimeString()：返回 Date 对象的时间部分字符串，默认 24 小时制。

toUTCString()：返回 Date 对象世界时字符串。

toGMTString()：返回 Date 格林威治时间字符串，用 toUTCString()取代。

toLocaleString()：返回本地格式的日期、时间字符串，时间默认 24 小时制。

toLocaleDateString()：返回本地格式的日期部分字符串。

toLocaleTimeString()：返回本地格式的时间部分字符串，默认 24 小时制。

【例 h8-1.html】 日期时间对象的简单应用。

创建一个页面，使用脚本判断当前日期是否是周六或周日，若是，则弹出消息框显示"周末愉快"；否则弹出消息框显示"上班不要玩游戏哦，否则会挨批的！"

代码如下：

```
<head>
<meta http-equiv="Content-Type" content="text/html; charset=gb2312" />
<title>日期时间对象的简单应用</title>
<script type="text/javascript">
    var now=new Date();
    var w=now.getDay();
    if(w==0 || w==6){alert("周末愉快！");}
    else{alert("上班不要玩游戏哦，否则会挨批的！");}
</script>
</head>
```

【例 h8-2.html】 计算当前日期距离 2018 年元旦的天数。

代码如下：

```
<head>
<meta http-equiv="Content-Type" content="text/html; charset=gb2312" />
<title>无标题文档</title>
<style type="text/css">
    #div1 {width:500px; height:100px; padding:0; margin:0 auto; font-size:
    16pt; line-height:100px; font-weight:bold;}
</style>
<script type="text/javascript">
1: window.onload=function(){
2:     var div1=document.getElementById('div1');
3:     var text="";
4:     var newYear=new Date("2018-01-01");
5:     var now=new Date();
6:     text="今天是"+now.getFullYear()+"年";
7:     text=text+(now.getMonth()+1)+"月";
8:     text=text+now.getDate()+"日，";
9:     var ms=newYear.getTime()-now.getTime();
10:    var days=Math.ceil(ms/(1000*60*60*24));
11:    if(days>1){text=text+"距"+"2018 年元旦"+"还有"+days+"天";}
12:    else if(days==1){text=text+"明天就是"+"2018 年元旦";}
13:    else{text=text+"今天就是"+"2018 年元旦";}
14:    div1.innerHTML=text;
15: }
```

```
</script>
</head>
<body>
    <div id="div1"></div>
</body>
```

代码说明：

第 9 行，计算 2018 年 1 月 1 日和系统当前日期之间的毫秒数 ms。

第 10 行，使用 ms 除以 1000 得到秒数，再除以 60 得到分钟，再除以 60 得到小时，再除以 24 得到天数；使用 Math.ceil() 获取不小于结果的最小整数，例如 Math.ceil(24.3) 结果为 25。

运行效果如图 8-1 所示。

图 8-1 h8-2.html 页面运行效果

8.2 Array 对象

JavaScript 中的 Array 对象用于创建数组，可以使用 new 创建空数组对象，也可以用初始化数据创建数组对象。

在 JavaScript 中，数组的每一项可以保存任何类型的数据。也就是说，可以用第一个元素保存字符串，第二个元素保存数值，第三个元素保存对象，以此类推。而且数组的大小也是可以动态调整的，可以随着数据的添加自动增长以容纳新增数据。

8.2.1 数组的创建与属性

创建数组的基本方式有两种。

第一种是使用 Array 构造函数，例如：

```
var colors=new Array();                  //创建空数组对象
var colors=new Array(20);                //创建初始长度为 20 的数组对象
var colors=new Array('red','green','blue' ); //用初始化数据创建数组对象
```

创建数组的第二种基本方式是使用数组字面量表示法。数组字面量由一对包含数组项的方括号表示，多个数组项之间以逗号隔开。例如：

```
var colors=['red','green','blue'];                    //用初始化数据创建数组,不能用{}
```

JavaScript 数组元素下标从 0 开始,通过数组名及下标可以访问指定的数组元素；未赋值元素默认为 undefined。

```
colors[3]="yellow";              //为数组元素赋值,若下标超过数组长度则自动增加数组长度
```

JavaScript 的每个数组对象都自动具有一个数组长度的属性 length,可以通过数组名访问:

```
数组名.length
```

数组长度属性 length 在创建数组时初始化,添加、删除元素改变数组长度时自动更新。通过设置修改 length 的值可以改变数组长度,设置值小于数组长度则数组截断变小,反之数组增大。

8.2.2　数组对象的方法

1. 转换方法 toString()、valueOf()和 join()

数组对象的 toString()和 valueOf()方法会返回相同的值,即由数组中每个值的字符串形式拼接而成的一个以逗号分隔的字符串。例如:

```
var colors=['red','green','blue'];
alert(colors.toString());              // red,green,blue
alert(colors.valueOf());               // red,green,blue
alert(colors);                         // red,green,blue
```

最后一行代码 alert(colors)会在后台调用 toString()方法,由此会得到与直接调用 toString()方法相同的结果。

使用 join()方法,可以使用不同的分隔符合并数组中每个元素值,格式为:

```
join("分隔符"),
```

例如

```
alert(colors.join("||"))              // red||green||blue
```

如果不给 join()方法传入任何参数,或者传入 undefined,则默认使用逗号作为分隔符。

2. 栈方法 push()和 pop()

JavaScript 数组也提供了一种让数组的行为类似于其他数据结构的方法。具体来说,数组可以表现得像堆栈。栈是一种后进先出的数据结构,也就是最后添加的项最早被移除,栈中项的压入和弹出只能在栈的顶部进行。

JavaScript 中提供了 push()和 pop()方法实现栈的行为。

push()方法可以一次性将任意个数的数组元素逐个添加到数组末尾,同时返回修改后数组的长度。

pop()方法则从数组末尾移除最后一项,减少数组的 length 值,然后返回移除的项。例如:

```
var colors=['red','green','blue'];
var count=colors.push('yellow','black');
alert(count);                //结果为 5
alert(colors.pop());         //结果为 black,将最后压入的值 black 弹出
alert(colors.length);        //结果为 4
```

3. 队列方法 shift()和 unshift()

队列数据结构的访问规则是先进先出,队列在列表的末端添加项,从列表的前端移除项,使用 shift()方法能够移除数组中的第一个项并返回该项,同时将数组长度减 1。结合使用 shift()和 push()可以实现队列的行为。

例如:

```
var colors=['red','green','blue'];
var count=colors.push('yellow','black');
alert(colors.shift());       //结果为 red,将数组中的第一项移除
alert(colors.length);        //结果为 4
```

使用 unshift()方法能够在数组前端添加任意个项并返回新数组长度。因此,同时使用 unshift()和 pop()方法,可以从相反的方向来模拟队列行为,即从数组前端添加项,从数组末端移除项。

4. 排序方法 reverse()和 sort()

1) reverse()方法

该方法用于反转数组项的顺序。例如:

```
var values=[4,2,6,8,1];
alert(values.reverse());              //1,8,6,2,4
```

2) sort()方法

默认情况下,sort()方法按升序排列数组项,直接修改原数组,该方法会调用每个数组项的 toString()转型方法,然后比较得到的字符串,以确定如何排序。即使数组中的每一项都是数值,sort()方法比较的也是字符串。例如:

```
var values=[4,20,1,6,10];
alert(values.sort());                 //1,10,20,4,6
```

上例中,将数值转为字符串之后,串"10"中第一个字符 1 是小于字符 4 的,故而串"10"小于"4",如果希望得到"1,4,6,10,20",使用默认方式将无法实现。

因此,sort()方法可以接收一个比较函数作为参数,以便能够指定哪个值在前,哪个值在后。

比较函数接收两个参数,格式为 compareFunc(arg1,arg2),两个参数代表了两个将要进行对比的字符。该函数的返回值决定了如何对 arg1 和 arg2 进行排序,若返回负数,则 arg2 排在 arg1 后面;若返回 0,则两个相等;若返回正数,则 arg1 排在 arg2 后面。

下面是一个典型的比较函数,能够实现数组的升序排序。

```
function compare(value1,value2){
    if(value1<value2){
        return-1;
    }
    else if(value1>value2){
        return 1;
    }
    else{
        return 0;
    }
}
```

这个比较函数适用于大多数数据类型,只要将函数名作为参数传递给 sort()方法即可。例如:

```
var values=[4,20,1,6,10];
alert(values.sort(compare));              //1,4,6,10,20
```

也可以通过比较函数产生降序排序的效果,只要交换比较函数的返回值即可。下面比较函数即可实现数组的降序排序效果。

```
function compare(value1,value2){
    if(value1<value2){
        return 1;
    }
    else if(value1>value2){
        return-1;
    }
    else{
        return 0;
    }
}
```

【例 h8-3. html】 完成数值数组按字符串方式的升序以及按数值方式的升序和降序排序。

```
<head>
<meta http-equiv="Content-Type" content="text/html; charset=gb2312" />
<title>无标题文档</title>
```

```
<script type="text/javascript">
var values=Array(1,20,8,12,40,7);
document.write("排序前数组: "+values+"<p>");
document.write("没有使用比较函数排序后的数组: "+values.sort()+"<p>");
document.write("使用比较函数排序升序后的数组: "+values.sort(asc)+"<p>");
document.write("使用比较函数排序降序后的数组: "+values.sort(des)+"<p>");
function asc(a,b){
    return a-b;
}
function des(a,b){
    return b-a;
}
</script>
</head>
```

h8-3.html 中使用了简化的升序和降序比较函数,函数 asc 中使用 return a-b,若 a>b,返回正数;若 a<b,返回负数,否则返回 0。

运行效果如图 8-2 所示。

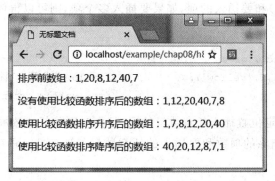

图 8-2 h8-3.html 页面运行效果

5. 操作方法 concat()、slice()和 splice()

1) concat()方法
格式如下:

```
concat(array1,array2,…)
```

参数也可以是一个独立的数据,而不一定是数组。

连接其他数据或数组到当前数组,不改变当前数组的内容,而是产生当前数组的一个副本,在副本的基础上连接其他内容。例如:

```
var colors=['red','green','blue'];
colors2=colors.concat('yellow',['black','brown']);
alert(colors);              //red,green,blue
alert(colors2);             //red,green,blue,yellow,black,brown
```

2）slice()方法

获取数组中的一部分数据，格式如下：

```
slice(start[,end])
```

该方法可以接收一个或两个参数，即要返回项的起始和结束位置。如果只有一个参数，返回从该参数指定位置开始到当前数组末尾的所有项。若是两个参数，则返回起始和结束位置之间的项，但是不包括结束位置的项。例如：

```
var colors=['red','green','blue','black','brown'];
alert(colors.slice(2,4));              //blue,black
alert(colors.slice(2));                //blue,black,brown
```

3）splice()方法

该方法的主要用途是向数组的中部插入项，但使用这个方法的方式有如下三种。

删除：可以删除任意数量的项，只需指定两个参数：要删除的第一项的位置和要删除的项数。例如，splice(2,2)会删除数组中的第二项和第三项。

插入：可以向指定位置插入任意数量的项，只需提供三个参数：起始位置、0（0 表示要删除的项数是 0 项）和要插入的项，如果要插入多个项，则可以再传入第四个、第五个以至任意多个项。例如：

```
var colors=['red','green','blue'];
colors.splice(1,0,'yellow');           //yellow 作为第 1 项插入进来
alert(colors);                         //red,yellow,green,blue
```

替换：可以向指定位置插入任意数量的项，且同时删除任意数量的项，需要指定三个参数：起始位置、要删除的项数和要插入的任意数量的项。插入的项数不必与删除的项数相等。例如：

```
var colors=['red','green','blue'];
colors.splice(1,1,'yellow','black');   //删除 green,在该位置添加 yellow 和 black
alert(colors);                         //red,yellow,black,blue
```

6. 位置方法 indexOf()和 lastIndexOf()

这两个方法都接收两个参数：要查找的项和（可选的）表示查找起点位置的索引。其中 indexOf()方法从数组的开头（位置 0）开始向后查找，lastIndexOf()方法则从数组的末尾开始向前查找。

两个方法返回的结果都是要查找的项在数组中的位置，若是没有找到，则返回-1。例如：

```
var values=[1,2,3,4,5,4,3,2,1];
alert(values.indexOf(3));              //2
alert(values.indexOf(3,4));            //6,从下标 4 开始向后找
alert(values.indexOf(3,7));            //-1,从下标 7 开始向后找
```

```
alert(values.lastIndexOf(3));        //6
alert(values.lastIndexOf(3,3));      //2,从下标 3 开始向前找
```

8.2.3 数组对象与日期时间对象的综合应用

【例 h8-4. html】 在页面中输出如图 8-3 所示的日期时间效果。

图 8-3 h8-4. html 的运行效果

页面代码如下：

```html
<head>
<meta http-equiv="Content-Type" content="text/html; charset=gb2312" />
<title>数组的简单应用</title>
<style type="text/css">
    #t1{width:300px; height:25px; font-size:14pt; border:0;}
</style>
<script type="text/javascript">
window.onunload=function(){}
window.onload=function(){
    var week=new Array('星期天','星期一','星期二','星期三','星期四','星期五','星期六');
    var now=new Date();
    with(now){
        var year=getFullYear();
        var m=getMonth()+1;
        var d=getDate();
        var w=getDay();            //获取的数字正好作为数组元素的下标
    }
    var t1=document.getElementById('t1');
    t1.value='今天是'+year+'年'+m+'月'+d+'日 '+week[w];
}
</script>
</head><body>
    <input type="text" id="t1" />
</body>
```

8.2.4 表单复选框组数据验证的实现

在 6.6.5 节中,对单选按钮组进行了数据验证,要求必须选择一项,对复选框组的验

证方法与要求和单选按钮组是相同的。表单复选框组是一个数组的形式,若是要求用户必须要从该组中选择至少一项,则在提交数据时,需要对复选框组进行验证,判断用户是否选择了选项,若是没有选择,则弹出消息框提示用户至少要选择一项。

【例 h8-5.html】 假设页面中存在复选框组"喜欢的运动",包含的选项有"篮球、足球、乒乓球、踢毽子、游泳、爬山、羽毛球、网球"共八个选项,要求用户至少要选择一项,否则不允许提交数据。

```html
<head>
<meta http-equiv="Content-Type" content="text/html; charset=gb2312" />
<title>无标题文档</title>
<script type="text/javascript">
function validate(){
    var sport=document.getElementsByName('sport');
    result=false;
    for(i=0;i<sport.length;i++){
        if(sport[i].checked){
            result=true;
            break;
        }
    }
    if(!result){
        alert("必须要选择自己喜爱的运动哦!");
        return false;
    }
}
</script>
</head><body>
<form method="post" onsubmit="return validate()">
    <p>喜爱的运动:<br />
    <input type="checkbox" name="sport" value="篮球" />篮球  
    <input type="checkbox" name="sport" value="足球" />足球  
    <input type="checkbox" name="sport" value="爬山" />爬山  
    <input type="checkbox" name="sport" value="游泳" />游泳  <br />
    <input type="checkbox" name="sport" value="踢毽子" />踢毽子  
    <input type="checkbox" name="sport" value="网球" />网球  
    <input type="checkbox" name="sport" value="羽毛球" />羽毛球  
    <input type="checkbox" name="sport" value="乒乓球" />乒乓球  </p>
    <p><input type="submit" value=" 提交 " /></p>
</form>
</body>
```

运行效果如图 8-4 所示。

图 8-4 没有选择任何复选框提交数据后的效果

8.3 String 对象

字符串是 JavaScript 的基本数据类型,每个字符串常量、变量都是 String 对象。字符串对象的内容是不可变的,String 对象的函数对字符串的处理都不会改变原字符串内容,而是将处理结果作为新的字符串对象返回。

1. String 对象的长度属性 length

字符串对象只有一个长度属性,可用于获取字符串所包含的字符个数。

例如,"var txt="Hello World!";",则 txt.length 的值为 12。

需要注意的是,即使字符串中包含双字节字符(不是占一个字节的 ASCII 字符),每个字符也仍然算一个字符。例如:

```
var str="Hello 中国";           //中间有空格
alert(str.length);             //8,一个汉字也是一个字符
```

2. 获取指定位置的字符 charAt([index])

charAt()方法返回字符串中 index 指定位置的字符(第一个字符位置为 0)。如果省略参数或取值为 0,则返回第一个字符;如果指定的 index 不在字符串长度的范围内,则返回空串""。

例如:

```
var str="Hello world!";
```

则 str.charAt(str.length-1)的值是"!",str.charAt()的值是"H",str.charAt(40)的值是""。

另外,获取指定位置字符时,可以把字符串看作是由一个个字符组成的数组,从而可以使用数组下标的方式访问数组元素。例如,str[1]的结果为字符"e"。

3. 获取指定位置字符的 Unicode 编码 charCodeAt([index])

charCodeAt()方法返回字符串中 index 指定位置字符的 Unicode 编码值,若返回值在 0～255 之间,则属于 ASCII 字符。如果省略参数或取值为 0,则返回第一个字符的 Unicode 值,如果指定的 index 不在字符串长度的范围内,则返回 NaN。

例如:

```
var str="A我们学习";
```

则 str.charCodeAt(1)的值是 25105,str.charCodeAt()的值是 65,str.charCodeAt(40)的值是 NaN。

该方法经常用于判断字符串中某个字符是否是 ASCII 码字符。例如,要判断字符串 str1 中第 10 个字符是否是 ASCII 码字符,代码为:

```
if(str1.charCodeAt(10)>=0 && str1.charCodeAt(10)<=255)
```

若满足上面条件,则是 ASCII 码字符,否则不是。

4. 获取指定范围的子字符串 substring(start[, end])

substring()方法返回当前字符串中从 start 到 end-1 指定范围内的子字符串。若省略 end,则从 start 位置一直取到结尾。

start 与 end 必须是正数,两个参数相等返回空字符串,若 start 大于 end 可自动交换。

例如:

```
var str="Hello 中国";
alert(str.substring(1,3));          //el
```

【例 h8-6. html】 单击退格按钮完成文本框输入内容的退格操作。

```
<body>
    <h3>单击按钮完成文本框内容的退格操作</h3>
    <p><input type="text" id="txt" />
        <input type="button" value="Backspace" onclick="backSpace()" /></p>
    <script type="text/javascript">
    function backSpace(){
        var txt=document.getElementById('txt');
        var txtValue=txt.value;
        txtValue1=txtValue.substring(0,txtValue.length-1);
        txt.value=txtValue1;
    }
    </script>
</body>
```

页面运行效果如图 8-5 所示,单击退格按钮效果如图 8-6 所示。

图 8-5　h8-6.html 运行效果（输入内容后）　　　　图 8-6　单击退格键之后的效果

注：文本框内容输入过程中本身就可以进行退格删除，这里只是为了说明使用取子串方式实现这一功能的做法。

5. 获取指定范围的子字符串 slice(start[，end])

slice()方法与 substring()方法的功能相同，区别是 slice()方法的 start 与 end 参数可以取负值，即可以从尾部向前查找指定位置，最后一个字符的位置为-1。例如：

```
var str="Hello 中国";
alert(str.slice(-4,-1));           //o 中
```

6. 获取指定字符数的子字符串 substr(start[，length])

substr()方法从当前字符串中提取从 start 指定位置开始的 length 个字符的子字符串并返回该子串。若省略 length，则从 start 位置的字符一直取到结尾。

该方法可替代 substring()和 splice()但没有标准化，不建议使用。

7. 正向检索查找子字符串 indexOf(子字符串[，起始位置])

indexOf()方法从指定位置开始向后查找匹配的子字符串（区分大小写），返回首次出现指定子串第一个字符的位置，如果没有找到，则返回-1。

省略起始位置默认为 0，即从字符串开头开始查找。例如：

```
var str="Hello everyone";
alert(str.indexOf('e'));           //返回值 1
alert(str.indexOf('e',4));         //返回值 6
alert(str.indexOf('H',4));         //返回值-1
```

8. 逆向检索查找子字符串 lastIndexOf(子字符串[，最后位置])

lastIndexOf()方法从指定位置开始向前查找匹配（区分大小写）的子字符串，返回首次出现指定子串第一个字符的位置（即最后一次出现的位置），如果没有找到，则返回-1。

省略最后位置为最后一个字符，即从字符串结尾开始向前查找。例如：

```
var str="Hello everyone";
```

```
alert(str.lastIndexOf('e'));                    //返回值 13,最后一个字符 e 的位置
alert(str.lastIndexOf('e',4));                  //返回值 1,从第 4 个字符开始向前找
alert(str.lastIndexOf('H',4));                  //返回值 0
```

9. 字符串转换为小写/大写字母 toLowerCase()/toUpperCase()

toLowerCase()将字符串中的大写字母都转换为小写字母;toUpperCase()将字符串中的小写字母都转换为大写字母。

10. 分割字符串的方法 split(separator, [limit])

该方法将字符串分割为字符串的子串数组,并返回此数组。

separator 参数:从该参数指定的地方分割字符串;若指定的分割字符为空串"",则会把字符串的每个字符分割为一个子串。

limit 参数:可选,指定返回的子串数组中子串的个数,若省略,则返回的数组中包括分割后的所有子串。

例如:

```
var str="how are you?";
var strArr1=str.split(' ');          //使用空格分割
document.write(strArr1);             //how,are,you ?
var strArr2=str.split(' ',2);        //使用空格分割,保留两个子串
document.write(strArr2);             //how,are
var strArr3=str.split("",3);         //使用空串分割,保留 3 个子串
document.write(strArr3);             //h,o,w,
```

11. 删除前后空格的方法 trim()

该方法创建一个字符串的副本,删除前置及后缀的所有空格,然后返回结果。
例如:

```
var str="  Hello everyone  ";
alert(str.trim());              //"Hello everyone"
alert(str);                     //"  Hello everyone  "
```

12. 字符串与正则表达式有关的方法

- search(string||regexp)检索与 string 或正则表达式 regexp 匹配的字符串。
- match(string||regexp)获取字符串中与 string 或 regexp 匹配的文本数组。
- split(string||regexp [, howmany])用 string 或正则表达式 regexp 作分隔符,获取从字符串中拆分出的子字符串数组。
- replace(string||regexp, replacement) 替换与 string 或正则表达式 regexp 匹配的文本。

这些都是字符串非常有用的方法,因为与正则表达式有关,所以将在 8.4 节介绍。

【例 h8-7. html】 使用字符串对象的方法判断某个文本框中输入的第一个字符是否是字母,若不是,则在光标离开文本框时弹出消息框提示用户。

获取字符串中第一个字符的方法有很多,假设字符串变量是 str1,可以使用 str1.charAt(0)、str1.substr(0,1)、str1.substring(0,1),还可以通过判断第一个字符的编码 charCodeAt(0)是否在 96~121(小写字母)或者 64~89(大写字母)。

```
<head>
<meta http-equiv="Content-Type" content="text/html; charset=gb2312" />
<title>字符串对象应用</title>
<script type="text/javascript">
function check(){
    var t1=document.getElementById('t1').value;
    var fst=t1.charAt(0);
    if(!((fst>='a' && fst<='z') || (fst>='A' && fst<='Z'))){
        alert("用户名第一个字符必须是字母!");
        return false
    }
}
</script></head><body>
    请输入用户名:<input type="text" id="t1" onblur="check();" />
</body>
```

8.4 RegExp 对象

对于很多复杂的数据验证,使用字符串对象的方法来实现,程序会非常烦琐复杂,例如要检查用户名的组成中是否只包含字母、数字、下画线,测试密码的强弱、检查手机号的组成等,而使用正则表达式,这些操作就会变得很轻松。

正则表达式是由普通字符及特殊元字符组成的字符串,用于校验字符串的构成语法。

8.4.1 正则表达式的构成

1. 普通字符

在正则表达式中 .(圆点或小数点)* + ? ^ $ | & {} [] ()等字符是具有特定含义的特殊字符,使用这些字符本身时必须用"\"引导或使用代表它的转义字符。

正则表达式中保留了用"\"引导的转义字符:

\\反斜线字符、\'单引号、\"双引号、\0mnn 三位八进制字符 mnn(第一位 m 取值 0~3,对应了十进制数 0~255)、\xhh 两位十六进制字符 hh、\uhhhh 四位十六进制字符 hhhh、\a 报警符 bell、\t 跳格制表符、\n 换行、\r 回车、\f 换页

正则表达式还增加了用"\"引导的元字符(匹配符及定位符)。

除了特殊字符以外的所有大小写字母、数字、标点符号、包括转义字符、元字符都是正

则表达式中的普通字符。

2. 元字符

元字符是用于表示某一类字符的通用匹配符。

- . 圆点代表除\n 换行符以外的任何一个字符,圆点本身可用\. 或\u002E。
- \d 代表 0~9 中的任何一个数字字符,等价于[0-9]。
- \D 代表除 0~9 以外的任何一个非数字字符,等价于[^0-9]。
- \w 代表任何一个单词字符(字母、数字、下画线),等价于[a-zA-Z0-9_]。
- \W 代表任何一个非单词字符(字母、数字、下画线除外),等价于[^\w]。
- \s 代表任何一个空格、制表、换页、换行空白字符,等价于[\t\n\v\f\r](第一个字符是空格)。
- \S 代表任何一个\s 除外的非空白字符,等价于[^\s]。

3. 定位符、标识符

定位符是用于表示字符串或正则表达式边界的符号。使用这些字符本身可用"\"引导。

- ^在文本中表示字符串开始位置,在[]中表示不接受、不能使用某些字符。
- $ 表示整个字符串的结尾,在允许多行的字符串模式中也表示'\n' '\r'回车换行符。
- \b 表示字符串行内一个单词的开始位置(即边界,隐含之前匹配多个空白符)。
- \B 表示非单词边界。

^与 $ 配合可实现精确匹配,其他为模糊匹配,即只要包含指定的字符就可以,其余有多少字符不影响。

例如:bucket 匹配在任意位置包含它们的字符串"…ssbucket…"、"bucketss…"、"…ssbucket"。

^bucket 匹配以 bucket 开头的字符串" bucket up …"、" bucketss …",不匹配"…bucket…"。

bucket $ 匹配"…bucket"、"…ssbucket",不能匹配"…buckets"、"…bucket …"。

^bucket $ 只能匹配"bucket"。

^\t、^\s、^\\、^\. 分别表示以制表符、空白符、反斜杠、圆点开始的字符串。

- ()标识子表达式,用于匹配文本中的一部分或表示匹配优先级。
- |表示在其前后两项中任选一个,即"或"运算或者"并集"运算。
- && 表示前后两项必须同时满足,即"与"运算或者"交集"运算。
- [ ]只匹配其中一个字符,可标识所有允许的字符集,但只能任选其一。
- 减号或负号,在[]内用于表示范围(包括两端字符),如[0-3]、[a-z],作为正常字符在[]之外可直接使用,也可使用"\-"。

4. 贪婪限定符

贪婪(尽可能多的匹配)限定符可限定它前面的字符 X 允许出现的次数。

- X{n}：X 恰好 n 次。如 yb{3}k 只匹配 "…ybbbk…"。
- X{n,}：X 至少 n 次。如 yb{3,}k 可匹配 "…ybbbk…" 或 "…ybbbbbbbk…"。
- X{n,m}：X 至少 n 次最多 m 次(n<=m)，逗号前后不能有空格。

如 yb{3,5}k 只匹配 "…ybbbk…"、"…ybbbbk…" 与 "…ybbbbbk…"。

- X?：X 零或 1 次，等价 X {0,1}。如 yo? k 只匹配 "…yk…" 与 "…yok…"。
- X∗：X 零或多次，等价 X {0,}。如 yo∗k 可匹配 "…yk…" 或 "…yooook…"。
- X+：X 1 或多次，等价 X {1,}。如 yo+k 可匹配 "…yok…" 或 "…yooook…"。

在以上符号后面如果再加上一个? 或+，其含义不变。

5. 正则表达式应用示例

[abc]可匹配 abc 任一字符，而[^abc]则匹配除 abc 外的任一字符。

[a-z]：表示 a～z 中任一个小写字母。

[a-zA-Z]：匹配任一大小写字母。

[a-d[m-p]：匹配 a-d 或 m-p 中任一字母，等价[a-dm-p]。

[a-z&&[def]]：匹配 a～z 中的任一字母但必须是 def 中的任一字母，等价于[def]。

[a-z&&[^m-p]]：匹配 a～z 中除了 m-p 范围的任一字母，等价于[a-lq-z]。

[0-9\.\-]：匹配数字、小数点和负号中的任一字符。

[\f\r\t\n]：匹配所有的空白字符(注意其中的空格)，等价于\s。

^[a-z][0-9]$ ：匹配一个小写字母与一个数字组成的字符串，如"z2"、"t6"。

^[^0-9][0-9]$ ：匹配一个非数字字符与一个数字组成的字符串，如"-2"、"_6"、"t6"。

[^\\\\/\^]：匹配除 \ / ^之外的任何字符。

^a$匹配"a"、^a{4}$ 匹配"aaaa"、^a{1,3}$ 匹配"a"、"aa"、"aaa"。

^a{2,}$：匹配两个以上 a。

^.5$：匹配除\n 外任何一个字符与数字 5 两个字符组成的字符串。

^[a-zA-Z0-9_]{1,}$ 或 ^[a-zA-Z0-9_]+$ 或 ^\w+$：匹配一个以上单词字符字符串。

^\-{0,1}[0-9]{1,}$ 或 ^\-? [0-9]+$：匹配正负整数包括 1 或多个 0,可以 0 开头。

^[0]{1}|([1-9]{1}[0-9]{0.})$ ：匹配所有非 0 开头的正整数包括一个 0。

^[0-9]{1,}$ 或 ^[0-9]+$：匹配所有正整数包括 1 或多个 0,可以 0 开头。

^[0]{1}|([1-9]{1}[0-9]{0.})$ ：匹配所有非 0 开头的正整数包括一个 0。

^\-? [0-9]{0,}\.? [0-9]{0,}$ 或 ^\-? [0-9]∗\.? [0-9]∗$：匹配所有实数,允许 i 输入任何内容,或者只输入一个负号或小数点而不输入任何数字。

^\-{0,1}[0-9]{1,}(\.{0,1}[0-9]{1,})? $：匹配所有实数,允许不输入任何内容,不允许单独输入一个负号,如果出现小数点,则要求小数点前后必须有数字,即形如".23"
"."和"23."的内容都是错误的。

(-? \d{1,2})|(-? [0-9]{1,2}\.[1-9])：正负 1～2 位整数或带一位非 0 小数。

8.4.2　RegExp 正则表达式对象的创建与属性

RegExp 正则表达式对象可用于制定检索文本内容、位置、类型的规则。

1．用构造函数创建 RegExp 对象

格式如下：

var patt=new RegExp("正则表达式 pattern" [, "模式 flags"]);

2．用正则表达式隐式创建 RegExp 对象

格式如下：

var patt=/正则表达式 pattern/[模式 flags];　　　　　　//正则表达式与模式都不允许加引号

也可直接创建无名对象使用或作为函数参数：

/正则表达式 pattern/[模式 flags]

其中参数 flags 是正则表达式对象的模式标志，取值为 g、i 或 m，可以组合使用：

- g 用于创建全局检索的正则表达式对象，以便分次循环检索所有匹配的文本，省略 g，默认非全局模式，只能检索第 1 个匹配的文本。
- i 用于创建忽略大小写的正则表达式对象，省略 i，默认区分大小写。
- m 用于创建可跨多行检索的正则表达式对象，如果正则表达式中含有^、$、\n 字符，则可以匹配每行的开头和结尾，省略 m 默认为不跨行检索。

例如，/W3School $ /im 为非全局、忽略大小写、可跨多行检索的正则表达式对象，可匹配字符串 "…w3school" 或 "…W3School\nisgreat…"。

3．正则表达式对象的属性

global：是否全局模式，创建对象时设置了 g 为 true，否则为 false。

ignoreCase：是否区分大小写，创建对象时设置了 i 为 true，否则为 false。

multiline：是否多行模式，创建对象时设置了 m 为 true，否则为 false。

source：保存正则表达式源文本 pattern，不包括定界符/…/，也不包括标志 g、i、m。

lastIndex：保存上次匹配文本之后第 1 个字符位置，是全局模式下次检索的起始依据。

lastIndex 属性保存的位置是全局对象 exec()或 test()方法检索的依据，创建对象时初始值为 0，之后由 exec()或 test()方法在找到匹配文本后自动记录，并作为下次检索的起点，循环重复调用这两个方法即可遍历字符串中所有匹配的文本。

当 exec()或 test()方法再也找不到匹配文本时，自动设置 lastIndex 属性为 0。

lastIndex 属性是可读写的，如果在一个字符串中检索了某个子字符串之后再检索另一个新子字符串，则必须把这个属性设置为 0。

8.4.3 RegExp 正则表达式对象的方法

使用 RegExp 正则表达式对象的方法可以检查字符串是否包含与 RegExp 对象匹配的文本、检索匹配的文本。

1. 检查字符串是否包含匹配文本 test(string)

test()方法用于检测指定字符串 string 中是否包含与当前正则表达式对象匹配的文本,包含返回 true,不包含返回 false。

非全局对象调用 test()方法每次都从头开始只检索第一次匹配的文本,不记录 lastIndex 属性。

全局对象调用 test()方法每次都从 lastIndex 属性指定的位置开始检索字符串,找到匹配文本时自动将 lastIndex 设置为匹配文本的下一个字符位置,到达字符串尾部再没有匹配文本时将 lastIndex 设置为 0。

【例 h8-8. html】 使用 test()方法判断注册密码的强弱。

输入密码时,可以包含的字符有数字 0~9、大写英文字母 A~Z、小写英文字母 a~z 和特殊字符!@#$%^&*。

密码强弱的判断结果一共包含三种情况:若是密码字符只包含上面四种字符中的一种,则定为弱,若是包含了上面四种字符中的任意两种或者三种字符,则定为中,若是包含了上面四种字符,则定为强。

代码如下:

```
<head>
<meta http-equiv="Content-Type" content="text/html; charset=gb2312" />
<title>无标题文档</title>
<style type="text/css">
    p span{font-size:10pt; color:#0d0;}
</style>
<script type="text/javascript">
function psdQr(){
    var psd1=document.getElementById('psd').value;
    var ptrn1=/\d/;
    var ptrn2=/[a-z]/;
    var ptrn3=/[A-Z]/;
    var ptrn4=/[!@#$%^&*]/;
    res1=0;res2=0;res3=0;res4=0;
    if(ptrn1.test(psd1)){res1=1;}          //若密码串中包含数字,则设置 res1 为 1
    if(ptrn2.test(psd1)){res2=1;}          //若密码串中包含小写字母,则设置 res2 为 1
    if(ptrn3.test(psd1)){res3=1;}          //若密码串中包含大写字母,则设置 res3 为 1
    if(ptrn4.test(psd1)){res4=1;}          //若密码串中包含特殊字符,则设置 res4 为 1
    res=res1+res2+res3+res4;
```

```
    if(res==1){                              //若 res 为 1,说明密码串中只包含一种字符
        var psd1qr=document.getElementById('sp1');
        sp1.firstChild.nodeValue='密码强弱:弱';
    }
    else if(res==2 || res==3){               //说明密码串中包含两种或三种字符
        var psd1qr=document.getElementById('sp1');
        sp1.firstChild.nodeValue='密码强弱:中';
    }
    else if(res==4){                         //说明密码串中包含四种字符
        var psd1qr=document.getElementById('sp1');
        sp1.firstChild.nodeValue='密码强弱:强';
    }
}
</script></head>
<body>
<p>注册密码: < input type="password" id="psd" onblur="psdQr();" /><br />
<span id="sp1"> </span></p>
</body>
```

例如,输入密码串 12a％34 之后的效果如图 8-7 所示。

图 8-7 h8-8.html 运行效果

2. 检索匹配的文本 exec(string)

exec()方法用于检索指定字符串 string 中与正则表达式匹配的文本。

非全局对象调用 exec()方法时,每次总是从头开始只检索第一次匹配的文本,找到匹配文本后返回包含匹配文本信息的数组,若检索不到匹配的文本则返回 null,lastIndex 仍保存原初始值。

全局对象调用 exec()方法,则从 lastIndex 属性指定的位置开始检索字符串,找到匹配文本后返回包含匹配文本信息的数组,并将 lastIndex 设置为匹配文本下一个字符的位置,到达结尾没有匹配文本时返回 null,并将 lastIndex 设置为 0。

全局 RegExp 对象通过循环调用 exec()方法可遍历字符串中所有匹配的文本,对每个匹配的文本都返回包含匹配信息的数组。

返回的匹配文本信息数组中,第一个元素存放检索到的匹配字符串,其余存放子匹配信息,如果正则表达式含有带小括号的子表达式,则从第二个元素开始依次存放与小括号子表达式匹配的子字符串(与 $1 \sim $9 相同)。

例如,有正则表达式:

```
(-?\d{1,2})|(-?\d{1,2}\.[1-9])
```

匹配的文本为:1~2 位的正负整数,或者 1~2 位的正负整数带 1 位非 0 小数。

返回数组 a 的元素为:a[0]为匹配的整个字符串,a[1]为整数字符串,a[2]为带小数

的字符串。

【例 h8-9. html】 使用 exec()方法。

设计要检索的字符串是"Visit W3School，W3School is a place to study web technology -w3school."，分别定义非全局对象 W3School 和全局区分大小写的对象 W3School，使用 exec()方法检索匹配的文本，分别输出检索前的位置和检索后的位置，以及检索到的对象的位置。

```
<head>
<meta http-equiv="Content-Type" content="text/html; charset=gb2312" />
<title>使用 exec()函数</title>
<head>
<body>
    <h3>用 exec()检索字符串中包含的匹配文本</h3>
<script type="text/javascript">
    var str =" Visit W3School, W3School is a place to study web technology -
w3school.";
    var patt1=new RegExp("W3School");              //非全局对象
    document.write("检索前位置: "+patt1.lastIndex+"<br />")
    var arry=patt1.exec(str);                      //检索到返回数组,否则返回 null
    document.write("检索后位置: "+patt1.lastIndex+"<br />")
    if ( arry!=null ){
        document.write("检索到的数组: "+arry+"<br />");
        document.write("被检索文本: "+ arry.input+"<br />检索到文本""+patt1.
        source+""的位置: "+arry.index+"<br />");
    }else {
        document.write("文本""+str+""中没有与""+patt1.source+""匹配的内容。<br
        />");
    }
    document.write("<hr />")                        //水平线
    var patt2=new RegExp("W3School", "g");     //全局对象
    while ( true ){                                //非全局对象会造成死循环
        document.write("检索前位置: "+patt2.lastIndex)
        if ( (arry=patt2.exec(str))==null ) break;
        document.write(" ,检索后位置: "+patt2.lastIndex+"<br />")
        document.write("本次检索"+patt2.source+""出现的位置是: "+arry.index+"
        <br />");
    }
    document.write("<br />全部检索结束的位置: "+patt2.lastIndex+"<br />");
</script>
</body>
```

运行效果如图 8-8 所示。

图 8-8　h8-9.html 运行效果

8.4.4　String 字符串对象使用正则表达式的方法

1. 查找匹配字符串位置 search(string||regexp)

search()方法在当前字串中检索 string 或与正则表达式对象 regexp 匹配的字符串，返回第 1 个匹配的子字符串的起始位置，检索不到返回-1。

参数 regexp 可以是已创建 RegExp 对象或无名对象/pattern/[flags]。

search()方法不执行全局匹配，每次总是从字符串的开头检索第 1 个匹配的字符串。

2. 检索匹配的文本 match(string||regexp)

match()方法与正则表达式 exec()方法相似，用于检索当前字符串中与 string 子字符串或正则表达式匹配的文本，但返回的是匹配的信息数组，找不到返回 null。

字符串或非全局正则表达式对象作参数时，match()方法每次总是从头开始只检索第一次匹配的文本，在返回的数组中，第一个元素存放匹配文本，其余元素存放与 regexp 匹配的信息，数组的 index 属性存放匹配文本第 1 个字符的位置，input 属性存放被检索原字符串对象的引用。

全局正则表达式对象作参数时，match()方法也仅执行一次全局检索，不需要循环且只返回一个数组，但数组元素会依次存放所有匹配的文本。

【例 h8-10. html】　使用 match 方法。

设计要检索的字符串是"Visit W3School，W3School is a place to study web technology -w3school."，定义字符串对象 W3School，使用 match()方法检索，输出检索到的数组以及位置；定义全局不区分大小写的对象 W3School，使用 match()方法检索匹配的文本,输出检索的结果数组信息。

```html
<body>
    <h3>用 match 检索字符串中包含的匹配文本</h3>
    <script type="text/javascript">
        var str="Visit W3School, W3School is a place to study web technology-
        w3school.";
        document.write("被检索文本:"+str+"<br />");
        var str1="w3school";
        var arr1=str.match(str1);
        document.write("要检索的是字符串 W3School<br />");
        if(arr1!=null){
            document.write("检索到的数组:"+arr1+"<br />");
            document.write("文本"+str1+"的位置是:"+arr1.index+"<br />");
        }
        document.write("<hr />");
        document.write("要检索的是全局对象 W3School,不区分大小写<br />");
        var ptrn=/W3School/gi;                //全局模式,不区分大小写
        var arr2=str.match(ptrn);
        if(arr2!=null){
            document.write("检索到的数组:"+arr2+"<br />");
        }
    </script>
</body>
```

运行效果如图 8-9 所示。

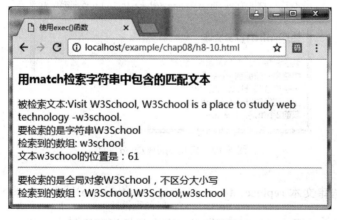

图 8-9　h8-10. html 运行效果

3. 拆分字符串 split(string‖regexp [，howmany])

split()方法用于把一个字符串按 string 字符串指定的分隔符或与正则表达式 regexp 匹配的分隔符拆分成若干个子字符串(不包括分隔符自身),返回拆分后的子字符串数组。

如果用空字符串""作分隔符,则按每个字符分隔,即每个字符都是一个子字符串元素。

howmany 参数用于指定返回数组的最大长度,若省略 howmany,则默认分隔整个字符串,返回包含全部子字符串的数组。

【例 h8-11. html】 使用 split()方法拆分字符串。

```
<head>
<meta http-equiv="Content-Type" content="text/html; charset=gb2312" />
<title>使用 split()方法</title>
</head>
<body>
    <h3>使用 split()拆分文本</h3>
    <script type="text/javascript">
        var str="How are you?"
        document.write("原字符串 str=""+str+""<br />")
        document.write("按空串分隔取前 3 个字母: "+str.split("",3)+"<br />")
        document.write("按空格分隔: "+str.split(" ")+"<br />")
        document.write("正则空白符: "+str.split(/\s+/)+"<br />")
        document.write("取前 2 个单词: "+str.split(" ", 2)+"<br />")
    </script>
</body>
```

运行效果如图 8-10 所示。

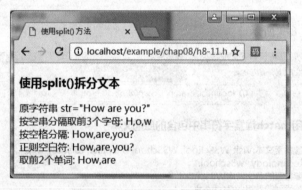

图 8-10　应用 split()拆分文本

4. 替换字符串文本 replace(string‖regexp, replacement)

replace()方法可用 replacement 指定的文本替换当前字符串中与 string 或 regexp 正则表达式匹配的文本,返回替换后的新字符串,不改变原字符串。

若用字符串 string 或非全局正则表达式对象 regexp 作参数,则 replace()方法只替换第一个匹配的文本,如果使用全局对象则可替换所有匹配的文本。

replacement 指定替换文本,也可以是能返回文本的函数。

在 replacement 的替换文本中可直接使用正则表达式的类属性 $1~$9,用于代表原文中与 regexp 对象 1~9 个小括号子表达式所匹配的文本。

例如：

```
replace(/(\w+)\s*,\s*(\w+)/, "xx$2yy, $1ab")
```

其中/(\w＋)\s＊,\s＊(\w＋)/可以匹配的文本为（1 个以上单词字符）＋0 个以上空白符＋,＋0 个以上空白符＋（1 个以上单词字符），原文本中与 2 个子表达式相匹配的文本则分别用＄1、＄2 表示，假设＄1 匹配 hhh、＄2 匹配 aaa，则替换文本为"xxaaayy，hhhab"，然后再去替换与/(\w＋)\s＊,\s＊(\w＋)/匹配的文本。

8.5 Math 对象

JavaScript 中还为保存数学公式和信息提供了一个对象，即 Math 对象，该对象中提供了辅助完成各种数学计算的属性和方法。

1. Math 对象的属性

Math.E：常量 e，自然对数的底数，约等于 2.71828。

Math.PI：圆周率，约等于 3.1415926。

Math.SQRT2：2 的平方根，约等于 1.414。

Math.SQRT1_2：1/2 的平方根，约等于 0.707。

Math.LN2：2 的自然对数，约等于 0.693。

Math.LN10：10 的自然对数，约等于 2.302。

Math.LOG2E：以 2 为底 e 的对数，约等于 1.414。

Math.LOG10E：以 10 为底 e 的对数，约等于 0.434。

2. Math 对象的方法

Math 对象提供的数学函数都是方法，必须用 Math 对象名调用。

Math.sqrt(x)：返回 x 的平方根。

Math.abs(x)：返回 x 的绝对值。

Math.random()：返回 0~1 之间的随机数。例如，"Math.floor(Math.random()＊11;"可得到 0~10 范围内的随机整数。

Math.round(x)：把 x 四舍五入为最接近的整数，如：Math.round(4.7)的值为 5。

Math.ceil(x)：对 x 进行上舍入（强制进位），返回不小于 x 的最小整数。例如，Math.ceil(0.30)的值为 1，Math.ceil(-5.9)的值为-5。

Math.floor(x)：对 x 进行下舍入（强制截断），返回不大于 x 的最大整数。例如：Math.floor(0.80)的值为 0，Math.floor(-5.1)的值为-6。

Math.min()：返回一组数中的最小值。例如，Math.min(32,14,67,21,45)结果为 14。

Math.max()：返回一组数中的最大值。例如，Math.max(32,14,67,21,45)结果

为 67。

【例 h8-12. html】 制作网页随机验证码。

网站为了防止用户利用机器人自动注册、登录、灌水,都采用了验证码技术。所谓验证码,就是将一串随机产生的数字或符号,生成一幅图片,图片里增加一些干扰因素,由用户识别其中的验证码字符,输入表单后提交到网站进行验证。

随机产生一个由 n 位数字和字母组成的验证码,如图 8-11 所示,单击"刷新"按钮能够随时刷新验证码。

代码如下:

图 8-11 随机验证码

```html
<head>
<meta http-equiv="Content-Type" content="text/html; charset=gb2312" />
<title>随机产生验证码</title>
<script type="text/javascript">
function validateCode(n){                //该函数用于随机产生字符
    var                    char                    ="
abcdefghijklmnopqrstuvwxyzABCDEFGHIJKLMNOPQRSTUVWXYZ0123456789";
                                //验证码中可能包含的字符
    var res="";                    //用于存放产生的字符
    for(i=0;i<n;i++){
        var index=Math.floor(Math.random() * 62);
                        //随机产生 0-62 之间的整数,作为字符串的下标使用
        res=res+char.charAt(index);
    }
    return res;
}
function show(){
    var msg=document.getElementById('msg');
    msg.innerHTML=validateCode(4);        //产生包含四个字符的验证码
}
window.onload=show;
</script>
</head><body>
    <span id="msg"></span>
    <input type="button" value=" 刷新 " onclick="show()" />
</body>
```

8.6 DOM

HTML DOM 是 W3C 规范中的 HTML 文档对象模型(Document Object Model for HTML),定义了访问和操作 HTML 文档的标准方法,可被 Java、JavaScript 和 VBscript 等任何编程语言使用。

HTML 文档为树形结构也称为文档树,而 DOM 把 HTML 文档进一步细化为带有标记元素、属性和文本节点的节点树,起始于文档根节点,每个标记元素、标记的属性、标记中的文本都是树中的一个 Node 节点,每一个节点都是一个对象。

document 对象代表了整个 HTML 文档页面的根节点对象,是所有节点对象的父对象,可用于访问整个页面的所有元素。

- 整个 HTML 文档是一个文档节点对象,即 document 对象。
- 每个 HTML 标记都是元素节点对象。
- 每个 HTML 标记的属性都是元素的属性节点对象。
- 每个 HTML 标记中的文本是元素的文本节点对象。
- 每个 HTML 注释都是注释节点对象。

除文档根节点 document 对象外,每个节点都有父节点,大部分元素还会有子节点。类似于<p>、<div>、<span>等节点对象可包含属性节点、文本节点及其他子标记节点等子对象。

通过 DOM 对象可以访问页面中的所有 HTML 标记元素以及它们所包含的属性及文本,可以创建、删除标记元素,也可以对元素内容进行修改和删除。

8.6.1 document 对象

document 对象表示整个 HTML 页面,是 window 对象的一个属性,因此可以将其作为全局对象来访问。

1. document 对象的属性

- documentElement:指向页面中的<html>元素。
- body:<body>元素,使用框架集时则表示为最外层的<frameset>。
- title:当前文档的标题,即<title>元素内的文本。
- URL:当前文档的 URL,等价于 location. href 属性。

2. document 对象的方法

- getElementById("id"):获取指定 id 的元素对象。
- getElementsByName("name"):获取指定 name 属性名称的元素对象数组。例如,获取一个复选框组或单选按钮组,如例 h8-5. html 中 document. getElementsByName('sport')的应用。
- getElementsByTagName("tagname"):获取指定标记名的对象集合数组。标记名不区分大小写,获取第 i 个<p>元素:document. getElementsByTagName("p")[i-1]。使用"getElementsByTagName(" * ");"可获取文档所有元素。
- createElement("标记名"):创建并返回新标记节点对象。
- createTextNode("文本内容"):创建并返回新文本节点对象。

【例 h8-13. html】 用 document 获取元素。

在页面中生成复选框组,包含三个选项,名称是 myIn,然后生成两个按钮,效果如图 8-12 所示。

单击"查看复选框组 myIn 的选项个数"按钮和"查看页面输入元素 input 的个数"按钮之后的效果如图 8-13 所示。

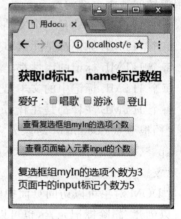

图 8-12 h8-13. html 的初始运行效果   图 8-13 单击两个按钮之后的效果

创建 h8-13. html 页面文档,代码如下:

```
<head>
<meta http-equiv="Content-Type" content="text/html; charset=gb2312" />
<title>用 document 获取元素</title>
<script type="text/javascript">
onunload=function() {};
onload=function(){
    var div1=document.getElementById('div1');
    var div2=document.getElementById('div2');
    document.getElementById("but1").onclick=function(){
        var x=document.getElementsByName("myIn");
        div1.firstChild.nodeValue="复选框组 myIn 的选项个数为"+x.length;
    }
    document.getElementById("but2").onclick=function(){
        var x=document.getElementsByTagName("input");
        div2.firstChild.nodeValue="页面中的 input 标记个数为"+x.length;
    }
}
</script></head><body>
<h3>获取 id 标记、name 标记数组</h2>
    <p>爱好: <input type="checkbox" name="myIn" value="sing" />唱歌
<input type="checkbox" name="myIn" value="swim" />游泳
<input type="checkbox" name="myIn" value="climb" />登山</p>
    <p><input type="button" id="but1" value="查看复选框组 myIn 的选项个数" /></p>
    <p><input type="button" id="but2" value=" 查看页面输入元素 input 的个数" /></p>
```

```
    <div id="div1"> </div>
    <div id="div2"> </div>
</body>
```

8.6.2　DOM 节点对象的通用属性

标记对象、标记的属性子对象、标记内的子标记对象或文本子对象等 DOM 节点对象都具有 nodeType 节点类型、nodeName 节点名称和 nodeValue 节点值三个通用属性。

nodeType 节点类型，取值含义为：

- 1——标记节点，页面中的各种标记，例如段落标记<p>。
- 2——属性节点，HTML 元素的属性，例如 color＝ "red"。
- 3——文本节点，HTML 元素中的文本内容，例如段落中的文本。
- 8——注释节点，注释符号< !--……-->之间的内容。
- 9——文档节点，document。

nodeName 节点名称，不同类型对象的属性值含义不同。

- body 文档节点对象值为♯document。
- 标记节点为的名称为标记名（全部大写），等价于 tagName 属性。如<div>标记对象的 nodeName 属性值为"DIV"，<img>标记对象的 tagName 属性值为" IMG"。
- 属性节点对象的名称为属性名称，如 style 属性节点对象的 nodeName 值为 style。
- 文本节点对象的名称为♯text。

nodeValue 节点值：

- 标记节点对象（包括 body 文档）没有该属性，其值为 null。
- 属性节点对象的值为属性值。
- 文本节点对象的值为所包含的文本字符串。

注意：文本区的文本节点应使用 value 属性，如果使用 nodeValue 属性很容易出错。

例如，要检查某个节点是否是一个元素，如果是，则取得并保存其 nodeName 的值，假设 someNode 代表要检查的节点，实现代码如下：

```
if ( someNode.nodeType==1){
    tName=someNode.nodeName
}
```

8.6.3　标记对象的属性

一个标记的所有属性都是该标记对象的子对象，通过 document 对象获取标记对象后，可使用"对象名.属性名"或调用 getAttribute()、setAttribute()方法获取或设置该对象的任意属性值。属性子对象也可通过自己的属性或方法操作自己的属性。

1. 标记对象的标准属性

- id：标记对象的 id 属性子对象。
- className：标记对象的 class 属性子对象。
- style：标记对象的 CSS 样式属性子对象。

2. 标记对象的通用属性及子标记属性

- name：标记的 name 属性，<area><option><table><frameset>不能使用该属性。
- tagName：标记的标记名称，等价于 nodeName 属性，全部为大写字母。
- tabIndex：标记 tab 键控制次序，<img><form><hidden><option><table><frameset>标记不能使用该属性。
- innerText：非空标记内的文本内容。
- innerHTML：设置或获取位于对象起始和结束标签内的 HTML。
- firstChild：当前标记内的第一个子标记节点，对非空文本标记一般是指文本内容。

例如，假设对象 x 表示页面中某个非空文本标记，获取该标记下面的文本内容可以使用如下几种方法：

第一种方法，

```
var text=x.innerHTML;
```

第二种方法，

```
var text=x.innerText;
```

第三种方法，

```
var text=x.firstChild.nodeValue;
```

- lastChild：当前标记内的最后一个子标记节点。
- nextSibling：当前标记节点的下一个兄弟节点。
- previousSibling：当前标记节点的上一个兄弟节点。

注意：IE 或 firefox 把标记内的空格、换行、制表符都作为子节点，如果同一个父标记内的兄弟标记之间有空格、换行、制表符，在使用 nextSibling、previousSibling 获取下一个、上一个兄弟节点时得到的将是文本节点"♯text"，因此使用 nextSibling、previousSibling 时标记之间不能留有空格也不能换行，如果需要换行时可以在标记内部换行。

- parentNode：当前标记的父节点，可用于改变文档结构。

例如，要删除 id 为 maindiv 的标记节点，代码如下：

```
var x=document.getElementById("maindiv");      //获取被删除节点
x.parentNode.removeChild(x);                   //由父节点执行删除
```

通过 parentNode、firstChild、lastChild 等特殊标记节点可快速获取相关标记或定位。

- offsetParent：距离当前标记最近的已进行 CSS 定位的父元素,如果所有父元素都没有定位,则为 body 根元素(浏览器页面)。
- childNodes[]：当前标记内所有子标记节点数组(按文档顺序,IE 火狐包括空白符)。

应用技巧:

对 IE 或 firefox 标记内空格、换行、制表符等子节点的处理:

```
function clearWhitespace(childNodes) {    //清除空白符子节点函数,参数为子节点集合
    for(var i=0; i<element.childNodes.length; i++){
        var node=element.childNodes[i];
        if ( node.nodeType==3 && /\s/.test(node.nodeValue) )
                                                          //文本节点且包含空白符
            { node.parentNode.removeChild(node); }        //删除该节点
    }
}
```

3. 标记对象的区域及位置属性

- offsetWidth：元素 width + padding + border + margin 的宽度总和(像素);对 <body>标记而言,offsetWidth 表示当前浏览器窗口的宽度。
- offsetHeight：元素 height + padding + border + margin 的高度总和(像素);对 <body>标记而言,offsetHeight 表示当前浏览器窗口的高度。
- clientTop：元素上边缘到客户区域顶端的距离(像素)。
- clientLeft：元素左边缘到客户区域左端的距离(像素)。
- offsetTop：元素上边缘到 offsetParent 已定位父对象上边缘的偏移量(像素)。
- offsetLeft：元素左边缘到 offsetParent 已定位父对象左边缘的偏移量(像素)。

注意：IE7 及以下 offsetTop、offsetLeft 属性存在 Bug,无论有无 offsetParent,也无论其取值如何,总是参照 body 计算,IE8 修正为与其他浏览器相同,都参照 offsetParent 对象计算。

在参照 body 计算时 IE 从左边框开始计算,而其他的浏览器将从左外边距开始计算。

8.6.4 标记对象的方法

创建标记对象后可使用"对象名.方法([参数])"任意调用该对象具有的方法。

1. 标记对象的通用方法

- setAttribute("属性名", "属性值")

为当前标记添加属性或替换已有属性值,例如:

假设已经存在 class 类选择符.pStyle,要将该样式应用在 id 为 p1 的段落中,需要使

用的代码如下：

```
document.getElementById('p1').setAttribute('class','pStyle')
```

也可通过直接赋值添加任意属性：

```
document.getElementById('p1').className='pStyle'
```

读者可观察 5.2.9 中例题 h5-8. html 中代码"divOut2. className＝'boxShadowShow';" 及最后的说明。

• getAttribute("属性名")

获取当前标记指定属性的属性值，对标记对象的自定义属性，IE 可以用"对象名. 属性名"或 getAttribute()获取，而火狐浏览器只能通过 getAttribute()获取。

• cloneNode(include)

返回当前标记的副本，即复制的当前节点。其中 include 取值为 true，表示连同子标记节点一起复制；取值为 false，不复制子节点。

2. 父标记操作子标记对象的方法（document 方法）

• hasChildNodes()：判断当前标记内是否具有子节点，有则返回 true，否则返回 false。
• appendChild(子节点对象)：在当前标记内的尾部添加指定的子节点。
• insertBefore(新子节点对象，插入位置的原子节点对象)：在指定原子节点之前插入新子节点，返回新插入子节点对象。
• replaceChild(新子节点对象，被替换子节点对象)：用新子节点替换原有子节点，返回被替换的子节点对象。
• removeChild(childNode)：删除当前标记内的指定子节点包括子节点中的子节点。

【例 h8-14. html】 单击如图 8-14 所示效果中的按钮，在框内插入或添加随机背景色的 div。

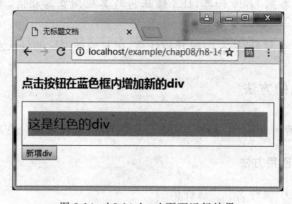

图 8-14　h8-14. html 页面运行效果

单击三次之后的效果如图 8-15 所示（每次刷新后单击产生的效果都不相同）。

图 8-15　单击三次按钮之后的效果

代码如下：

```
<head>
<meta http-equiv="Content-Type" content="text/html; charset=gb2312" />
<title>无标题文档</title>
<style type="text/css">
    .divD{width:400px; height:auto; padding:10px; margin:0; border:1px solid #00f;}
    .divD div{width:400px; height:40px; padding:0; margin:5px 0; font-size:
    16pt; line-height:40px;}
    .red{background:#f00;}
</style>
</head>
<body>
    <h3>单击按钮在蓝色框内增加新的 div</h3>
    <div class="divD" id="divD">
        <div class="red">这是红色的 div</div>
    </div>
    <input type="button" value="新增 div" onclick="appendDiv()" />
<script type="text/javascript">
function appendDiv(){
    var divD=document.getElementById('divD');
    var newDiv=document.createElement('div');           //创建一个 div 元素
    var redC=Math.floor(Math.random() * 256);           //随机产生红色分量值 0-255
    var greenC=Math.floor(Math.random() * 256);         //随机产生绿色分量值
    var blueC=Math.floor(Math.random() * 256);          //随机产生蓝色分量值
    newDiv.style.backgroundColor="rgb("+redC+","+greenC+","+blueC+")";
                                                        //使用 rgb()方法设置背景色
```

```
        for(var i=0; i<divD.childNodes.length; i++){
                                //通过循环去掉 divD 中的非 div 子元素
            var node=divD.childNodes[i];
            if ( node.nodeName!="DIV"){
                divD.removeChild(node);              //只保留 div 子节点
            }
        }
        var len=divD.childNodes.length;              //获取 div 子元素的个数
        var index=Math.floor(Math.random() * (len+1)); //产生插入新 div 的位置
        if(index>len){
            divD.appendChild(newDiv);    //若新生成的位置大于原来的个数,则采用添加方式
        }else{
            divD.insertBefore(newDiv,divD.childNodes[index]);
                                //将新 div 插入指定元素前面
        }
    }
</script>
</body>
```

8.6.5　表单脚本

1. 取得<form>元素的方法

取得<form>元素可以使用如下几种方式:

最常见的方式是为<form>添加 id 属性,使用 getElementById()方法获取它。例如,假设其 id 为 form1,则

```
var form1=document.getElementById("form1")
```

其次,通过 document.forms 可以取得页面中的所有表单,在这个集合中,可以通过数值索引或 name 值来获得特定的表单,例如,

```
var firstForm=document.forms[0];             //取得页面中第一个表单
var myForm=document.forms["form2"];          //取得页面中名称为 form2 的表单
```

2. <form>表单标记的属性及方法

elements:表单中所有控件的集合数组。

length:表单中控件的数量,可以对 elements 数组使用,也可以直接对表单对象使用。

reset():把表单的所有输入元素重置恢复为默认值,等价于单击重置按钮。

submit():向服务器提交表单数据,等价于单击提交按钮。

使用<form>对象的 elements 数组可以获取表单中的元素,例如:

```
var form1=document.getElementById("form1") ;
var firstField=form1.elements[0]          //获取第一个表单元素
var intr=form1.elements["intr"] //获取名称是 intr 的表单元素,也可能是一个组的元素
```

3. <form>内所有表单元素的通用属性

form:表示当前字段所属的表单。

disable:布尔值,表示当前字段是否被禁用。

name:当前字段的名称。

readonly:布尔值,表示当前字段是否是只读。

type:当前字段的类型,例如,checkbox、text 等。

value:当前字段将被提交给服务器的值。

4. 文本框、密码框、文本区、文件选择框的方法

select():自动选中框区中的文本,等价于用鼠标拖动选中。

5. <select>选择框的属性与方法

选择框是通过<select>和<option>元素创建的。为了方便与这个控件交互,除了表单字段共有的属性和方法外,HTMLSelectElement 类型还提供了下列属性和方法。

selectedIndex:被选中项目的位置索引号(从 0 开始),对于支持多选的控件,只表示选中项中第一项的索引。

options:所有选项标记<option>的集合数组,可以使用 options.length 确定选项个数。

remove(index):删除指定索引位置的选项标记,index 小于 0 或大于项数无效。

add(option,[before]):在索引 before 指定的选项标记前插入一个 option 选项标记对象,若省略 before,则在末尾添加新的选项。

size:选择框中可见的行数,等价于<select>中的 size 属性。

另外,为了方便访问<option>元素的数据,HTMLOptionElement 对象还添加了下列属性。

index:当前选项在 options 集合中的索引。

selected:布尔值,表示当前选项是否被选中,将这个属性设置为 true 可以选中当前项。

text:选项的文本。

value:选项的值。

例如,要获取 id 为 province 下拉列表框中第一个选项的文本和值,代码如下:

```
var pro=document.getElementById('province');
var firstText=pro.options[0].text;
var firstValue=pro.options[0].value;
```

6. 在<select>选择框中添加选项

添加选项的方式有很多，假设 selectbox 表示某个选择框。

第一种方式是使用 DOM 提供的普遍方法，如下所示：

```
var newOption=document.createElement("option");
var newOptionText=document.createTextNode("optionText");
newOption.appendChild(newOptionText);
newOption.setAttribute("value","optionValue");
selectbox.appendChild(newOption);
```

第二种方式是 DOM 普遍方法与<option>选项对象的属性结合

```
var newOption=document.createElement("option");
newOption.text=" newOptionText ";
newOption.value=" newOptionValue ";
selectbox.appendChild(newOption);
```

第三种方式是使用 Option 构造函数创建新选项，使用 add 方法将其添加到选择框中。Option 构造函数格式如下：

```
new Option(text,value)          //创建一个文本为 text、值为 value 的选项。
```

例如：

```
var newOption=new Option("newOptionText","newOptionValue");
selectbox.add(newOption);
```

推荐大家使用这种方法。

【例 h8-15. html】 使用二维数组实现省市二级联动菜单。

代码如下：

```
<head>
<meta http-equiv="Content-Type" content="text/html; charset=utf-8" />
<title>无标题文档</title>
<script type="text/javascript">
    var pro=["广东省","山东省","河北省","湖南省","浙江省"];
    var aCity=[
        [],      //对应省份中的列表项"--请选择--"(即第 0 项)
        ["广州市","深圳市","珠海市","汕头市","佛山市"],//对应第一项"广东省"
        ["济南市","潍坊市","菏泽市","青岛市","烟台市","威海市"],
        ["石家庄市","唐山市","秦皇岛","邯郸市"],
        ["长沙市","株洲市","湘潭市"],
        ["杭州市","台州市","温州市"]
    ];
window.onload=function(){
    province=document.getElementById('province');      //获取省份选择框
```

```
        for(i=0;i<pro.length;i++){
            province.options.add(new Option(pro[i]));    //将数组 pro 中的元素作为省份的选项
        }
        province.onchange=function(){          //选择省份后触发 onchange 事件
            var provinceIndex=province.selectedIndex;      //获取选择省份的索引
            var city=document.getElementById('city');
            city.options.length=1;        //将城市选择框初始化为只有"--请选择城市--"选项
            for(var i=0;i<aCity[provinceIndex].length;i++){
                city.add(new Option(aCity[provinceIndex][i]));
                                                //添加所选省份对应的城市选项
            }
        }
    }
</script>
</head>
<body>
    <h3>选择省份及城市</h3>
    <form>
        <p>省份
            <select name="province" id="province">
                <option>--请选择省份--</option>
            </select>
        </p>
        <p>城市
            <select name="city" id="city">
                <option>--请选择城市--</option>
            </select>
        </p>
    </form>
</body>
```

页面初始运行效果如图 8-16 所示,此时没有选择任何省份,所以城市列表中没有选项。选择"浙江省"之后,效果如图 8-17 所示。

图 8-16　h8-15.html 页面初始运行效果

图 8-17　选择"浙江省"之后的效果

8.6.6 节点对象综合应用案例

【例 h8-16. html】 在文本区中输入文本内容创建新的＜p＞标记(也可不输内容创建空标记),并根据下拉列表的选择及单击不同按钮进行不同操作,可将新标记加入或插入到＜/div＞标记,也可删除或替换＜/div＞中的其他标记,注意第一次操作必须是"添加节点"。

(1) 创建 h8-16. html 页面文档。

```
<head>
<meta http-equiv="Content-Type" content="text/html; charset=gb2312" />
<title>节点对象综合操作</title>
<style type="text/css">
    #txt{width:320px; height:40px; line-height:20px; font-size:10pt;}
</style>
<script type="text/javascript" src="j8-16.js"></script>
</head>
<body>
    <p>在文本区中输入新节点的文本内容: <br />
        <textarea id="txt"></textarea>
    </p>
        选择插入标记位置或删除的标记:
        <select id="nodeList"><option>最后元素</option></select>
    <p><input type="button" id="add" value="添加节点" />
        <input type="button" id="del" value="删除节点" />
        <input type="button" id="ins" value="插入节点" />
        <input type="button" id="rep" value="替换节点" />
    </p>
    <div id="modify"></div>
</body>
```

(2) 在同一目录下创建 js 外部脚本文件 j8-16. js。

```
var select, div;         //<select><div>全局标记对象,<div>可加入新创建的标记对象
onunload=function() {};
onload=function (){
    select=document.getElementById("nodeList");     //获取指定下拉列表全局对象
    div=document.getElementById("modify");          //获取指定<div>全局对象
    document.getElementById("add").onclick=addNode;      //添加节点
    document.getElementById("del").onclick=delNode;      //删除节点
    document.getElementById("ins").onclick=insertNode;   //插入节点
    document.getElementById("rep").onclick=replaceNode;  //替换节点
}
```

```
function addNode(){                          //在<div>最后添加节点
    var newNode=createP();                   //调用方法创建<p>标记
    if (newNode==null) return;
    div.appendChild(newNode);                // <p>标记加入<div>
    listChange();                            //调用方法修改下拉列表
}
function delNode(){                           //删除指定节点
    var num=select.selectedIndex;            //获取下拉列表被选中项索引
    var allTagPs=div.getElementsByTagName("p");   //<div>标记内所有<p>标记数组
    if (num==0){
        div.removeChild( allTagPs[allTagPs.length-1] );      //默认最后一个
    } else{
        div.removeChild( allTagPs.item(num-1) );//等价于 allTagPs[num-1]
    }
    listChange();                            //调用方法修改下拉列表
}
function insertNode(){                        //在指定位置插入节点
    var newNode=createP();                    //调用方法创建<p>标记
    if (newNode==null) return;
    var num=select.selectedIndex;             //获取下拉列表被选中项索引
    if (num==0) {
        div.appendChild(newNode);             //默认插入到最后
    } else {
        var allTagPs=div.getElementsByTagName("p");
        div.insertBefore(newNode, allTagPs[num-1]);     //在指定标记前插入新标记
    }
    listChange();
}
function replaceNode(){                        //替换指定位置的节点
    var newNode=createP();                     //调用方法创建<p>标记
    if (newNode==null) return;
    var num=select.selectedIndex;
    var allTagPs=div.getElementsByTagName("p");
    if (num==0) {
        num=allTagPs.length;                   //默认最后一个
    }
    div.replaceChild(newNode, allTagPs[num-1]);          //替换指定位置的节点
    listChange();
}
function createP(){                            //创建<p>标记对象
    var text=document.getElementById("txt").value;     //不要使用 firstChild.nodeValue
    if ( text==null || text=="" ) {
        var boo=confirm("您没有在文本区输入节点内容\n 单击确定：创建空标记\n 单击取
        消：返回输入节点内容重新操作");
```

```
            if (boo) { ext=" "; }
            else return null;
        }
        var newNode=document.createElement("p");          //创建<p>标记对象
        var newText=document.createTextNode(text);         //创建文本节点对象
        newNode.appendChild(newText);                      //文本节点加入<p>标记
        return newNode;
    }
    function listChange(){                                  //修改下拉列表
        var count=div.getElementsByTagName("p").length;
                                                           //<div>标记内<p>标记的数量
        select.options.length=0;                           //清空下拉列表
        select.options[0]=new Option("最后元素");          //创建下拉列表中第一个列表项对象
        for (var i=1; i<=count; i++){
            select.options[i]=new Option("p"+i);           //循环创建下拉列表中的列表项对象
        }
    }
```

　　页面初始运行效果如图 8-18 所示,在文本区中分别输入"添加第一个节点",单击"添加节点"按钮,再输入"添加第二个节点",单击"添加节点"按钮之后的效果如图 8-19 所示。

图 8-18　h8-16.html 页面初始运行效果

图 8-19　向页面添加两个节点对象

8.7　event 事件对象

　　页面中任何事件发生时 JavaScript 都会自动创建一个封装了事件状态的 event 对象,通过 event 对象可以获取引发事件的事件源对象、按键的键码、操作鼠标的左右键及坐标点。

　　对 IE 浏览器来说,event 对象是 window 窗口对象的子对象属性,可在事件函数中直接使用 window. event 事件对象,其中 window 可以省略,而不需要专门的参数接收 event 对象。

对非 IE 浏览器,event 对象不是 window 的子对象属性,在事件函数中需要使用 event 对象时,必须设置参数接收 event 对象,当引发事件后调用事件处理函数时会自动传递 event 对象而不需要显式传递。如果在事件函数中嵌套调用其他函数,则需要显式地向下传递 event 对象。

```
document.getElementsById(id).事件名=functionName;
                                           //调用函数不需要传递 event 对象
function functionName(evt)          //非 IE 浏览器需要时必须设置参数接收 event 对象
{   //对 IE 浏览器不会传递 event 对象,因此 evt 对 IE 不存在,解决浏览器的兼容方法:
    var e=evt || window.event;         //IE 浏览器必须单独获取
    //后续代码即可将 e 作为本次事件的 event.对象直接使用
}
```

1. event 对象的标准属性(DOM2)

event 事件对象只有属性没有方法。

type:当前事件的类型名,与事件名同名或删除事件名前缀"on"。

以下 DOM 标准属性 IE 浏览器不支持,用于非 IE 浏览器。

timeStamp:事件生成的日期时间。

target:触发事件的事件源对象(目标节点)。但在 mouseout 鼠标离开事件中,target 等于将要去往的元素 relatedTarget,如果想要得到当前元素,可通过 currentTarget 对象获取。

currentTarget:监听、处理该事件的元素、文档或窗口对象。

以下为 IE 浏览器专用的属性。

srcElement:触发事件的事件源对象,相当于 DOM 的 target 属性。

returnValue:比事件方法返回值的优先级更高的返回值,可自行设置。

keyCode:IE 浏览器获取被按下字符的 ASCII 码。

which:Netscape/Firefox/Opera 浏览器获取被按下字符的 ASCII 码。

【例 h8-17. html】 在页面中设置了四个按钮,id 分别是 bt1、bt2、bt3、bt4,创建函数 btn,通过 event 事件对象获取用户所单击按钮的 id 值。

```
<head>
<meta http-equiv="Content-Type" content="text/html; charset=gb2312" />
<title>无标题文档</title>
<style type="text/css">
    #div1{width:200px; height:30px; padding:0; margin:0; font-size:10pt;}
</style>
<script type="text/javascript">
window.onunload=function(){}
window.onload=function(){
```

```
        this.onclick=btn;                //this 表示所单击的按钮
    }
    function btn(evt){
        var div1=document.getElementById('div1');
        var e=evt || window.event;
        btnId=e.target.id || e.srcElement.id;
        div1.firstChild.nodeValue="你所单击的按钮的 ID 是："+btnId;
    }
    </script>
    </head>
    <body>
        <p><input type="button" id="bt1" value="第一个按钮" />
        <input type="button" id="bt2" value="第二个按钮" />
        <input type="button" id="bt3" value="第三个按钮" />
        <input type="button" id="bt4" value="第四个按钮" /></p>
        <div id="div1">此处显示你所单击的按钮的 id 值</div>
    </body>
```

初始运行效果如图 8-20 所示。单击"第二个按钮"按钮后的效果如图 8-21 所示。

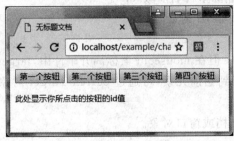

图 8-20　h8-17.html 初始运行效果　　　　图 8-21　单击第二个按钮的效果

上面实现方案的缺陷是单击页面中其他位置，也会调用函数，但是不显示按钮的 id 值。

【例 h8-17-1.html】 使用闭包解决上述问题。

修改后的页面部分代码不变，脚本部分代码如下：

```
<script type="text/javascript">
window.onunload=function(){}
window.onload=function(){
    var div1=document.getElementById('div1');
    var but=document.getElementsByTagName('input');
    for(var i=0; i<but.length; i++){
        (function(index){
            but[index].onclick=function(){
                div1.firstChild.nodeValue="你所单击的按钮的 ID 是："+this.id;
            }
```

```
        })(i)
    }
}
</script>
```

2. 与鼠标事件相关的属性

relatedTargent——DOM 标准属性 IE 不支持，IE 使用 fromElement（在 mouseover 鼠标进入事件中表示鼠标来自最近的上一个元素）、toElement（在 mouseout 鼠标离开事件中表示鼠标去向最近的下一个元素）。

button——IE 浏览器的鼠标值：1 左键、2 右键、3 左右同时按、4 中键；

其他浏览器鼠标值：0 左键、2 右键；

非鼠标事件返回 undefined。

clientX/clientY——鼠标指针在浏览器客户区（不包括工具栏、滚动条等）中的坐标。

screenX/screenY——鼠标指针在屏幕中的坐标。

以下为 IE 浏览器专用的属性：

fromElement——在 mouseover 鼠标进入事件中表示鼠标来自最近的上个元素，而在鼠标离开时 fromElement 等于当前事件源 srcElement。

toElement——在 mouseout 鼠标离开事件中表示鼠标去向最近的下一个元素，而在鼠标进入时 toElement 等于当前事件源 srcElement。

offsetX/offsetY——事件发生点在事件源对象中的 x、y 坐标。

x，y——事件发生点在最内层 CSS 定位对象中的 x、y 坐标（火狐 pageX，pageY）。

【例 h8-18. html】 单击 div 中的某个位置，获取该位置在 div 内部的坐标并显示。

代码如下：

```
<head>
<meta http-equiv="Content-Type" content="text/html; charset=gb2312" />
<title>无标题文档</title>
<style type="text/css">
    #div1{width:400px; height:100px; background:#aaf; border:1px solid #00f;
    font-size:12pt; text-align:center; line-height:50px;}
</style>
</head>
<body>
    <div id="div1">div 内部的文本</div>
<script type="text/javascript">
window.onload=function(){
    var div1=     document.getElementById('div1');
    div1.onclick=function(eve){
        var x=event.offsetX;
        var y=event.offsetY;
        div1.innerHTML="鼠标单击处在 div 内部的坐标("+x+","+y+")";
```

```
            }
        }
    </script>
</body>
```

页面初始运行效果如图 8-22 所示，单击 div 内部某处结果如图 8-23 所示。

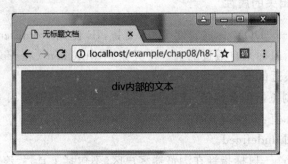

图 8-22　h8-18. html 初始运行效果

图 8-23　单击 div 内部某处显示的坐标值

8.8　style 样式对象

XHTML 将 style 作为标记的样式属性节点子对象，style 对象的属性就是 CSS 样式属性，在 JavaScript 中每个 HTML 标记都可通过其 style 子对象设置 CSS 样式。

CSS 设置标记样式规则：

样式属性:属性值;

JavaScript 设置标记样式：

标记对象.style.CSS 样式属性="属性值";

JavaScript 样式属性与 CSS 样式属性的区别：

对于 CSS 中的浮动样式 float，在 IE、Opera 浏览器中使用的格式为：

标记对象.style.styleFloat="属性值";

而在火狐及其他浏览器中使用的格式为：

标记对象.style.cssFloat="属性值";

除 float 外,对于 CSS 样式属性中的单一单词,JavaScript 样式属性与其表示方式完全相同。例如 CSS 字符颜色 color、块元素宽度 width、综合边框 border、定位 position、显示方式 display 等在 JavaScript 中仍表示为 color、width、border、position、display。

对于 CSS 样式属性中用"-"连接的多个单词,JavaScript 样式属性统一表示为去掉连接符"-",将后面单词的第一个字母大写。例如,CSS 字号大小 font-size、水平对齐方式 text-align、背景图像 background-image、上边框样式 border-top-style 等在 JavaScript 中分别表示为 fontSize、textAlign、backgroundImage、borderTopStyle。

注意:JavaScript 中标记的 style 子对象是指标记内部的 style 属性,如果 HTML 标记使用 style 属性设置 CSS 样式,则 JavaScript 可通过 style 子对象直接获取使用,但如果用样式表为 HTML 标记设置样式,则 JavaScript 中该标记的 style 子对象及样式属性不存在,必须先使用 标记对象.style.CSS 样式属性="属性值";赋值激活(添加属性)后方可使用。

例如,设置 id="dis"标记的隐藏或显示时如果使用样式表设置其初始状态不可见:

```
#dis { display:none; }
```

假设在单击事件函数中使用 JavaScript 代码:

```
var menuStyle=document.getElementById("dis").style;
menuStyle.display=(menuStyle.display=="block")?"none ":"block ";
```

或

```
menuStyle.display=(menuStyle.display!="block")?"block":"none";
```

则打开页面第一次单击时不起作用。这是因为该标记中不存在 style.display 属性,无法正确进行比较,都会执行"menuStyle.display="none";",一旦赋值激活 menuStyle.display 之后就可以正常操作了。除了使用先赋值激活的方法外也可以在条件判断时不使用其初始值而使用相反值进行判断,然后再通过赋新值激活。

例如:

```
menuStyle.display=(menuStyle.display=="block") ? "none" : "block";
```

或:

```
menuStyle.display=(menuStyle.display!="block") ? "block" : "none";
```

这样虽然第一次 display 不存在,但恰好符合初始状态,执行"menuStyle.display="block";"时的激活有效,保证可正常操作。

【例 h8-19.html】 生成如图 8-24 所示的页面,单击文本"单击查看或隐藏答案"时显示或隐藏相关问题的答案。

代码如下:

```
<head>
```

```
<meta http-equiv="Content-Type" content="text/html; charset=gb2312" />
<title>无标题文档</title>
<style type="text/css">
    .answer{width:500px; height: auto; padding: 10px; margin: 0; border: 1px
    dashed # aaf; background: # eef; display: none; font - size: 12pt; line -
    height:25px;}
    p{font-size:12pt;}
    p span{color:#00f; cursor:pointer; text-decoration:underline;}
</style>
<script type="text/javascript">
function showOrHideAnswer(index){
    var answer=document.getElementById('ans'+index);
    if(answer.style.display=='block'){
                                //div初始状态为隐藏的,此处使用block进行判断
        answer.style.display='none';
    }else{
        answer.style.display='block';
    }
}
</script>
</head>
<body>
    <h3>问答式的教案设计</h3>
    <p id="ques1">在 JavaScript 中如何设置段落加粗效果?<br />
        <span onclick="showOrHideAnswer(1)">单击查看或隐藏答案</span></p>
    <div class="answer" id="ans1">使用"段落对象.style.fontWeight='bold'"方式
    设置</div>
    <p id="ques2">表单列表元素的 selectedIndex 属性表示什么?<br />
        <span onclick="showOrHideAnswer(2)">单击查看或隐藏答案</span></p>
    <div class="answer" id="ans2">表示被选中列表项的索引,也可以用于设置某个列表
    项被选中</div>
</body>
```

单击第一个问题下面的"单击查看或隐藏答案",显示效果如图 8-25 所示。

8.9 习题

一、选择题

1. 数组对象 Array 的方法中不改变原数组顺序和内容的是(　　)。
　　A. sort()　　　　　　B. reverse()　　　　　C. slice()　　　　　　D. concat()
2. "中国".length 的结果是(　　)。
　　A. 2　　　　　　　　B. 4
3. 下面代码运行之后,变量 len 的值为(　　)。

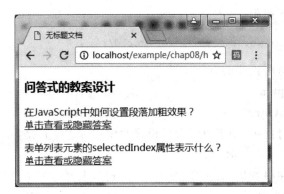

图 8-24 h8-19.html 初始运行效果

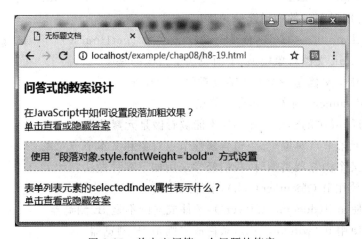

图 8-25 单击查阅第一个问题的答案

```
var str1="中国 China";    var len=0;
for (i=0;i<str1.length;i++){
    if(str1.charCodeAt(i)>=0 && str1.charCodeAt(i)<=255) {
        len=len+2;
    }    else {    len=len+1;    }
}
```

 A. 7   B. 5   C. 9   D. 11

4. 要求用户名称只能以字母开始,包含 6～18 个字母数字或下画线,相应的正则表达式是( )。

 A. /^[A-Za-z]\w{6,18}/   B. /^[A-Za-z]\w{6,}/
 C. /[^A-Za-z]\w{6,18}/   D. /[A-Za-z]\w{6,18}/

5. 假设已经存在正则表达式 ptrn,验证字符串 str 是否符合正则表达式的要求,以下代码正确的是( )。

 A. str. test(ptrn)   B. ptrn. test(str)
 C. str. search(ptrn)   D. ptrn. search(str)

6. 假设存在如下代码

```
var str="Hello world!";var ptrn=/world/;
```

下列表达式写法正确的有(　　)。

A. str. test(ptrn)　　　　　　　　　B. ptrn. test(str)

C. str. match(ptrn)　　　　　　　　D. ptrn. match(str)

7. 正则表达式对象中,用于设置全局模式的模式标志字符是(　　)。

A. i　　　　　　　　B. g　　　　　　　　C. m

8. 假设已经存在串变量 str＝"I am a teacher!",取其前三个单词的做法是(　　)。

A. str. split(" ")　　　　　　　　　B. str. split("")

C. str. split(" ",3)　　　　　　　　D. str. split("",3)

9. 下列日期时间函数中错误的是(　　)。

A. getDate()　　　　B. getDays()　　　　C. getHours()　　　　D. getTime()

10. 关于 html 文档对象模型,下面说法中错误的是(　　)。

A. 整个文档是一个文档节点对象 document

B. document 对象不具有父节点

C. Html 中的标记<span>不能被看做是元素节点对象

D. 元素节点对象<p>包含属性节点对象和文本节点对象

11. 识别某个浏览器类型时,我们经常采用如下哪种做法?(　　)

A. 使用 if (document. all),条件成立则是 IE 浏览器

B. 使用 if(document. layers),条件成立则不是 IE 浏览器

C. 使用 if (window. all),条件成立则是 IE 浏览器

12. 获取 ID 属性值为 p1 的元素节点,代码是(　　)。

A. document. p1

B. document. getElementById(p1)

C. document. getElementById('p1')

D. document. getElementByName(p1)

13. 获取文档所有节点,可以使用下面哪种做法?(　　)

A. document. getElementById("")

B. document. getElementById(" * ")

C. document. getElementByName(" * ")

D. document. getElementByTagName(" * ")

二、操作题

1. 存在数组 values＝[18,21,13,4,25,16,10,7,8],定义比较函数,使用 sort()进行排序后,得到如图 8-26 所示效果。

2. 完成如图 8-27 所示的页面界面,并按要求编写代码:

(1) 在左侧框中选中的元素可以在单击">"按钮后移动到右侧框中,反之亦然。

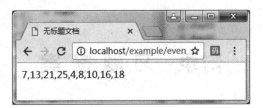

图 8-26　效果图

（2）单击"＞＞"按钮可以把左侧框中剩余的全部元素移动到右侧框中，反之亦然。

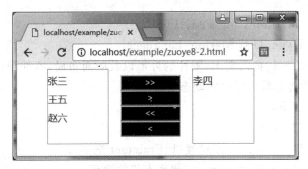

图 8-27　效果图

3. 存在下面数组，使用脚本代码以如图 8-28 所示的表格方式输出数组内容。

```
stu=[
    {no:"2016080910",name:"liuli",age:20,sex:"女",height:169},
    {no:"2016080904",name:"zhangyan",age:20,sex:"女",height:164},
    {no:"2016080906",name:"wangbin",age:21,sex:"男",height:176},
    {no:"2016080912",name:"tianwei",age:19,sex:"男",height:175}
];
```

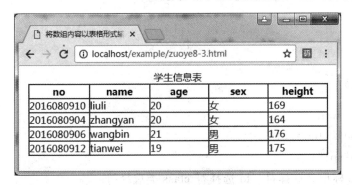

图 8-28　效果图

附录：习 题 答 案

第 1 章

一、填空题

1. HyperText Markup Language、HTML
2. eXtensible HyperText Markup Language
3. 用于设置 HTML 页面文本、图片的外形以及版面布局，即外观样式
4. 用于客户端浏览器与用户的动态交互
5. <title>、</title>
6. <hr size="1" />
7. Strict 严格型、Transitional 过渡型、Frameset 框架型
8. HyperText Transfer Protocol 、超文本传输协议
9. <meta http-equiv="refresh" content="20;url=www. sina. com. cn" />
10. <link href="相对路径/目标文档或资源 URL" type="目标文件类型" rel="stylesheet" />

二、选择题

1	2	3	4	5	6
A	C	C	D	B	A

第 2 章

一、填空题

1. cursor   wait
2. rgb(100%,100%,0%)
3. class="sp1"
4. HTML 标记名选择符   id 选择符 class 类选择符
5. 空格   英文逗号
6. line-height:40px;
7. !important
8. :fist-letter   :first-line

二、选择题

1	2	3	4	5	6	7	8	9	10	11
B	B	B	A	D	C	D	B	A	C	D

第 3 章

一、选择题

1	2	3	4	5	6
A	B	A	B	D	A

二、操作题（略）

第 4 章

一、选择题

1	2	3	4	5	6	7	8	9	10	11
B	A	BC	AC	B	C	C	A	A	C	CD

二、操作题

1. 参考答案为：

```
<body>
    <dl><dt>孔雀</dt><dd>印度的国鸟</dd>
        <dt>互联网</dt><dd>网络的网络</dd>
        <dt>HTML</dt><dd>超文本标记语言</dd>
    </dl>
</body>
```

2. 参考答案为：

```
<body>
<ol><li>HTML 简介</li>
    <ol type="a">
        <li>万维网简介</li>
        <li>HTML 标记简介</li>
            <ul><li>设置文本格式</li><li>增强文本效果</li></ul>
    </ol>
```

```
        <li>设计网站</li>
        <ol type="i"><li>设计网页</li><li>设计导航</li><li>创建超链接</li></ol>
</ol>
</body>
```

第 5 章

操作题

1. 参考答案:

```
<body>
<marquee behavior="scroll">看,我一圈一圈绕着走!</marquee>
<marquee behavior="slide">呵呵,我只走一趟</marquee>
<marquee behavior="alternate">哎呀,我碰到墙壁就回头</marquee>
</body>
```

2. 参考答案:

```
<!DOCTYPE html PUBLIC "-//W3C//DTD XHTML 1.0 Transitional//EN" "http://www.w3.
org/TR/xhtml1/DTD/xhtml1-transitional.dtd">
<html xmlns="http://www.w3.org/1999/xhtml">
<head><meta http-equiv="Content-Type" content="text/html; charset=gb2312" />
<title>无标题文档</title>
<style type="text/css">
    table{border:3px double #00f; width:500px;}
    table td{ height:30px; font-size:10pt; color:#00a;}
    table caption{font-size:14pt; color:#008;}
    .inp{width:250px; height:20px;}
    .txtar{width:250px; height:50px; line-height:25px;}
</style></head><body>
<form method=post>
    <table align="center" cellpadding="0" cellspacing="0">
    <caption>手机使用意见调查表</caption>
    <tr>
        <td width="100">姓   名:</td>
      <td width="400"><input type="text" name="username" class="inp"></td>
    </tr>
    <tr>
        <td>E-mail:</td><td><input type="text" name="usermail" class="
        inp" value="username@mailserver"></td>
    </tr>
    <tr>
```

```
        <td>年   龄:</td>
        <td><input type="radio" name="userage" value="未满 20 岁">未满 20 岁
              <input type="radio" name="userage" value="20~29">20~29
              <input type="radio" name="userage" value="30~39">30~39
              <input type="radio" name="userage" value="40~49">40~49
              <input type="radio" name="userage" value="50 岁以上">50 岁以上
        </td>
    </tr>
    <tr>
        <td>使用的手机品牌:</td>
        <td><input type="checkbox" name="userphone" value="诺基亚">诺基亚
            <input type="checkbox" name="userphone" value="摩托罗拉">摩托罗拉
            <input type="checkbox" name="userphone" value="爱立信">爱立信
            <input type="checkbox" name="userphone" value="三星">三星
        </td>
    </tr>
    <tr>
        <td>最常碰到的问题:</td>
        <td><textarea name="usertrouble" class="txtar">线路太忙</textarea></td>
    </tr><tr><td width=200>使用的手机网(可复选):</td>
        <td><select name="usernumber" size="3" multiple>
          <option value="中国电信">中国电信
          <option value="中国连通">中国连通
          <option value="远传">远传
          <option value="铁路网">铁路网
          <option value="其他">其他
              </select>
        </td></tr>
    <tr><td colspan="2" align="center">
    <input type=submit value=" 提  交 "><input type=reset value=" 重  填 ">
      </td></tr>
  </table>
</form></body></html>
```

第 6 章

一、选择题

1	2	3	4	5	6	7	8	9	10	11	12	13	14	15
ABCD	ACD	A	A	B	D	D	A	ABC	CD	A	C	BD	AC	B

二、操作题

脚本文件 xiti6-1.js 代码如下:

```
function cal(op){
    var n1,n2,res;
    n1=parseFloat(document.getElementById("n1").value);
    n2=parseFloat(document.getElementById("n2").value);
    if(op=='+')    res=n1+n2;
    if(op=='-')    resu=n1-n2;
    if(op=='×')res=n1 * n2;
    if(op=='÷')res=n1/n2;
    document.getElementById("res").value=res;
}
```

页面文件 xiti6-1.html 代码如下：

```
<html><head>
<script src="xiti6-1.js" type="text/javascript">
</head><body>
<form name="f1">
    第一个数 <input type=text name="n1" id="n1"><p>
    第二个数 <input type=text name="n2" id="n2"><p>
    <input type="button" name="add" value="  +  " onclick="cal('+')">
    <input type="button" name="sub" value="  -  " onclick="cal('-')">
    <input type="button" name="mul" value="  ×  " onclick="cal('×')">
    <input type="button" name="div" value="  ÷  " onclick="cal('÷')"><p>
    计算结果   <input type=text name="res" id="res">
</form></body></html>
```

第 7 章

选择题

1	2	3	4	5	6
C	A	AC	C	C	BC

第 8 章

一、选择题

1	2	3	4	5	6	7	8	9	10	11	12	13		
CD	C	C	A	B	BC	B	C	B	C	A	C	D		

二、操作题

1. 页面代码如下：

```
<script type="text/javascript">
var values=[18,21,13,4,25,16,10,7,8];
document.write(values.sort(comp));
function comp(x,y){
    if((x%2==0 && y%2==0)||(x%2==1 && y%2==1)){
        return x-y;
    }
    if(x%2==0 && y%2==1){
        return 1;
    }
    if(x%2==1 && y%2==0){
        return-1;
    }
}
</script>
```

2. HTML 页面代码如下：

```
<!DOCTYPE html PUBLIC "-//W3C//DTD XHTML 1.0 Transitional//EN" "http://www.w3.
org/TR/xhtml1/DTD/xhtml1-transitional.dtd">
<html xmlns="http://www.w3.org/1999/xhtml">
<head>
<style type="text/css">
    #divw{width:360px;height:120px;margin:0 auto; }
    #divleft,#divright{width:100px;height:120px;border:1px solid #aaf;float:
     left;margin:0; }
    #divcenter{width:100px;height:100px;margin:0 20px;
        padding:10px 0 0;text-align:center;float:left; }
    # divleft p, # divright p {color: # 00d; font - size: 12pt; line - height: 24px;
     margin:6px 0; }
    input{width:100px; height: 25px; background: # 000; text - align: center;
    color:#fff;}
</style>
    <script type="text/javascript" src="ch8-2.js"></script>
</head>
<body>
    <div id="divw">
      <div id="divleft">
          <p id="p1">张三</p>
          <p id="p2">李四</p>
          <p id="p3">王五</p>
          <p id="p4">赵六</p>
      </div>
      <div id="divcenter">
          <input type="button" id="bt1" value="&gt;&gt;" onclick="movealls('
```

```
        divleft','divright');"><br />
         < input type ="button" id ="bt2" value ="&gt;" onclick ="btclick ('
        divleft','divright');"><br />
        <input type="button" id="bt3" value="&lt;&lt;" onclick="movealls ('
        divright','divleft');"><br />
         < input type ="button" id ="bt4" value ="&lt;" onclick ="btclick ('
        divright','divleft');">
      </div>
      <div id="divright"></div>
    </div>
 </body>
 </html>
```

脚本部分代码如下：

```
window.onunload=function(){};
window.onload=function(){
    document.getElementById('p1').onclick=ponclick;
    document.getElementById('p2').onclick=ponclick;
    document.getElementById('p3').onclick=ponclick;
    document.getElementById('p4').onclick=ponclick;
}
var pid;
function ponclick(evt){
    var e=evt || window.event;
    pid=e.target.id || e.srcElement.id;
    for(i=1;i<=4;i++){
        var p=document.getElementById("p"+i);
        if(pid=="p"+i){p.style.backgroundColor="#aaf";}
        else{p.style.backgroundColor="#fff";}
    }
}
function btclick(sourdiv,destdiv){
    var sour=document.getElementById(sourdiv);
    var dest=document.getElementById(destdiv);
    var ps=document.getElementById(pid);
    dest.appendChild(ps);
    ps.style.backgroundColor='#fff';
}
function movealls(sourdiv,destdiv){
    var sour=document.getElementById(sourdiv);
    var dest=document.getElementById(destdiv);
    for(i=1;i<=4;i++)
    {
        ps=document.getElementById("p"+i);
```

```
        ps.style.backgroundColor='#fff';
        dest.appendChild(ps);
    }
}
```

3. 页面代码如下：

```
<head>
<meta http-equiv="Content-Type" content="text/html; charset=gb2312" />
<title>将数组内容以表格形式输出</title>
<script type="text/javascript">
var stu=[
    {no:"2016080910",name:"liuli",age:20,sex:"女",height:169},
    {no:"2016080904",name:"zhangyan",age:20,sex:"女",height:164},
    {no:"2016080906",name:"wangbin",age:21,sex:"男",height:176},
    {no:"2016080912",name:"tianwei",age:19,sex:"男",height:175}
];
document.write("<table width='500' align='center' border='1' cellspacing='0'
cellpadding='0'>");
document.write("<caption>学生信息表</caption>");
document.write("<tr>");
for(var index in stu[0]){
    document.write("<th width='100'>"+index+"</th>");
}
document.write("</tr>");
for(var i=0;i<stu.length;i++){
    document.write("<tr>");
    for(var index in stu[i]){
        document.write("<td width='100'>"+stu[i][index]+"</td>");
    }
    document.write("</tr>");
}
document.write("</table>");
</script>
</head>
```